新质驱动·产教融合
中望高等职业教育技能进阶系列教材

中望建筑 CAD 项目式教程
（微课版）

雷 华 主 编

徐炳进　廖晓波　武海勇　副主编

郑童宜 参 编

电子工业出版社
Publishing House of Electronics Industry
北京·BEIJING

内 容 提 要

本书详细介绍了如何使用中望建筑 CAD 绘制建筑设计图和结构设计图,包括 4 个模块和 2 个项目,分别是熟悉中望建筑 CAD 基本操作、绘制二维建筑单元、熟练使用快速绘图功能、灵活使用屏幕菜单、绘制别墅建筑设计图和绘制别墅结构设计图。本书采用实例讲解的形式,不仅可以提高读者的动手能力,还可以加深读者对知识点的理解。

本书按照绘制建筑设计图和结构设计图相关内容谋篇布局,内容通俗易懂,操作步骤详尽,图文并茂,既可作为大、中专院校相关专业的教学用书,也可作为建筑设计相关技术人员的参考用书。

未经许可,不得以任何方式复制或抄袭本书之部分或全部内容。
版权所有,侵权必究。

图书在版编目(CIP)数据

中望建筑 CAD 项目式教程:微课版 / 雷华主编.
北京:电子工业出版社,2024. 12. -- ISBN 978-7-121-48219-9
Ⅰ.TU201.4
中国国家版本馆 CIP 数据核字第 2024X4P790 号

责任编辑:李书乐
印　　刷:天津嘉恒印务有限公司
装　　订:天津嘉恒印务有限公司
出版发行:电子工业出版社
　　　　　北京市海淀区万寿路 173 信箱　　邮编:100036
开　　本:787×1092　1/16　印张:16.5　字数:422.4 千字
版　　次:2024 年 12 月第 1 版
印　　次:2024 年 12 月第 1 次印刷
定　　价:52.80 元

凡所购买电子工业出版社图书有缺损问题,请向购买书店调换。若书店售缺,请与本社发行部联系,联系及邮购电话:(010)88254888,88258888。

质量投诉请发邮件至 zlts@phei.com.cn,盗版侵权举报请发邮件至 dbqq@phei.com.cn。
本书咨询联系方式:(010)88254571,lishl@phei.com.cn。

前 言

党的二十大报告指出，教育是国之大计、党之大计。培养什么人、怎样培养人、为谁培养人是教育的根本问题。育人的根本在于立德。全面贯彻党的教育方针，落实立德树人根本任务，培养德智体美劳全面发展的社会主义建设者和接班人。

为了深入贯彻党的二十大精神，我们在充分调研和论证的基础上，精心编写了本书。

中望建筑 CAD 采用自定义对象技术，以建筑构件作为基本设计单元，具有人性化、智能化、参数化、可视化等特征；集二维工程图、三维表现和建筑信息于一体，为建筑设计人员轻松完成全程设计任务提供完整的解决方案，已广泛应用于建筑设计及相关专业。

本书以由浅入深、循序渐进的方式展开讲解，从基础的二维建筑单元绘制到复杂的建筑设计图和结构设计图绘制，以合理的结构和经典的范例对基本知识和实用知识进行了详细介绍，具有极高的实用价值。通过本书的学习，读者不仅可以掌握建筑设计图和结构设计图绘制的基本知识和应用技巧，还可以掌握中望建筑 CAD 的基本功能。

一、本书特点

- ✓ 循序渐进，由浅入深

本书首先介绍中望建筑 CAD 基本操作和二维建筑单元的绘制方法，然后介绍快速绘图功能和屏幕菜单的使用方法，最后介绍别墅建筑设计图和结构设计图的具体绘制方法。

- ✓ 案例丰富，简单易懂

本书从帮助读者快速掌握建筑设计相关知识的角度出发，尽量结合实际应用给出详尽的操作步骤与技巧提示，力求将常见的方法与技巧全面、细致地介绍给读者，使读者更容易掌握。

- ✓ 项目式教学，实操性强

本书把中望建筑 CAD 建筑设计相关知识分解并融入一个个实践操作的训练项目中，增强了本书的实操性。

- ✓ 专业技能与素质教育紧密结合

本书在讲解建筑设计专业知识的同时，紧密结合素质教育主旋律，从专业知识角度触类旁通，全面提高学生的综合素质。

二、本书内容

本书包括 4 个模块和 2 个项目，分别是熟悉中望建筑 CAD 基本操作、绘制二维建筑单元、熟练使用快速绘图功能、灵活使用屏幕菜单、绘制别墅建筑设计图和绘制别墅结构设计图。本书采用实例讲解的形式，不仅可以提高读者的动手能力，还可以加深读者对知识点的理解。

三、适用读者

本书内容全面、讲解充分、图文并茂，融入了编者的实际操作心得，既可作为大、中专院校相关专业的教学用书，也可作为建筑设计相关技术人员的参考用书。

四、致谢

本书为校企合作共建示范教材，由广州城市职业学院的雷华副教授担任主编，由广州城市职业学院的徐炳进副教授、廖晓波副教授及沧州职业技术学院的武海勇老师担任副主编。同时，广州城市职业学院的郑童宜老师和河北智略科技有限公司参与了部分章节的编写，广州中望龙腾软件股份有限公司的苏昌盛老师为本书的出版提供了技术支持，在此表示真挚的感谢。

由于编者水平有限，书中难免存在不足和疏漏之处。读者如遇有关本书的技术问题，可以将问题发送到电子邮箱（E-mail：714491436@qq.com），我们将及时回复。同时欢迎读者加入图书学习交流群（QQ：595241694）交流探讨。

编者
2024 年 4 月

目 录

上篇　中望建筑 CAD 使用介绍

模块 1　熟悉中望建筑 CAD 基本操作 ... 2

1.1　设置操作环境 ... 2
　　操作步骤 ... 3
　　知识点详解 ... 7
1.2　文件管理 ... 10
　　操作步骤 ... 10
　　知识点详解 ... 12
1.3　图形显示 ... 13
　　操作步骤 ... 13
　　知识点详解 ... 15
1.4　命令和数值输入方式 ... 16
　　操作步骤 ... 17
　　知识点详解 ... 19
上机实验 ... 19

模块 2　绘制二维建筑单元 ... 21

2.1　绘制折叠门 ... 22
　　操作步骤 ... 22
　　知识点详解 ... 23
2.2　绘制洗脸盆 ... 24
　　操作步骤 ... 25
　　知识点详解 ... 26
2.3　绘制台阶三视图 ... 27
　　操作步骤 ... 27
　　知识点详解 ... 28
2.4　绘制布纹沙发 ... 29
　　操作步骤 ... 30

    知识点详解...32
  2.5 绘制双扇门...33
    操作步骤...34
    知识点详解...34
  2.6 绘制书柜...36
    操作步骤...36
    知识点详解...38
  2.7 绘制镂空屏风...38
    操作步骤...39
    知识点详解...39
  2.8 绘制四人餐桌...41
    操作步骤...41
    知识点详解...44
  2.9 绘制标题栏...45
    操作步骤...46
    知识点详解...48
  2.10 绘制建筑设计制图 A3 样板图...48
    操作步骤...49
    知识点详解...53
  上机实验...55

模块 3 熟练使用快速绘图功能..57

  3.1 建筑设计样板图图层设置...58
    操作步骤...58
    知识点详解...62
  3.2 绘制住宅建筑平面图墙线...64
    操作步骤...65
    知识点详解...68
  3.3 标注住宅建筑平面图...70
    操作步骤...70
    知识点详解...75
  3.4 利用图块布置居室图...76
    操作步骤...76
    知识点详解...78
  3.5 标注轴号...81
    操作步骤...81
    知识点详解...83

3.6 绘制居室平面布置图 84
    操作步骤 85
    知识点详解 87
上机实验 88

模块 4　灵活使用屏幕菜单 90

4.1 正交轴网 90
    操作步骤 90
    知识点详解 92
4.2 轴网标注 94
    操作步骤 94
    知识点详解 95
4.3 轴号标注 95
    操作步骤 95
    知识点详解 96
4.4 墙生轴网 96
    操作步骤 96
    知识点详解 97
4.5 添加轴线 97
    操作步骤 97
    知识点详解 98
4.6 标准柱 98
    操作步骤 99
    知识点详解 100
4.7 角柱 100
    操作步骤 100
    知识点详解 101
4.8 构造柱 101
    操作步骤 101
    知识点详解 102
4.9 创建墙梁 102
    操作步骤 102
    知识点详解 103
4.10 偏移建墙 103
    操作步骤 103
    知识点详解 104
4.11 单线变墙 104

　　　　操作步骤 104
　　　　知识点详解 105
　　4.12　倒墙角 106
　　　　操作步骤 106
　　　　知识点详解 106
　　4.13　门窗 107
　　　　操作步骤 107
　　　　知识点详解 110
　　4.14　门窗组合 110
　　　　操作步骤 110
　　　　知识点详解 111
　　4.15　带形窗 111
　　　　操作步骤 111
　　　　知识点详解 112
　　4.16　转角窗 112
　　　　操作步骤 112
　　　　知识点详解 113
　　4.17　门窗表 113
　　　　操作步骤 113
　　　　知识点详解 113
　　4.18　直线梯段 114
　　　　操作步骤 114
　　　　知识点详解 114
　　4.19　双跑楼梯 115
　　　　操作步骤 115
　　　　知识点详解 116
　　4.20　添加扶手 117
　　　　操作步骤 117
　　　　知识点详解 118
上机实验 118

下篇　实战练习

项目 1　绘制别墅建筑设计图 122
　任务 1　绘制别墅地下室平面图 122
　　　　任务背景 122
　　　　操作步骤 123

  任务 2 绘制别墅 A-E 立面图 144
    任务背景 144
    操作步骤 144
  任务 3 绘制别墅剖面图 163
    任务背景 163
    操作步骤 163
  任务 4 绘制别墅外墙身详图 178
    任务背景 178
    操作步骤 178

项目 2 绘制别墅结构设计图 184
  任务 1 绘制别墅地下室顶板结构平面图 184
    任务背景 184
    操作步骤 185
  任务 2 绘制别墅基础平面图 209
    任务背景 209
    操作步骤 209
  任务 3 绘制别墅基础断面图 219
    任务背景 219
    操作步骤 220
  任务 4 绘制别墅楼梯结构配筋图 230
    任务背景 230
    操作步骤 231
  任务 5 绘制别墅烟囱详图 240
    任务背景 240
    操作步骤 241

上篇

中望建筑 CAD 使用介绍

模块 1　熟悉中望建筑 CAD 基本操作

学习情境

到目前为止，大家还没有正式接触中望建筑 CAD，对软件的基本操作环境和操作功能等还没有一个基本的认识。

在本模块中，我们将循序渐进地学习中望建筑 CAD 绘图的有关基础知识。我们将了解如何设置操作环境，熟悉有关文件管理的基本操作方法，包括新建文件、保存文件、打开文件、输入文件和输出文件，掌握图形显示操作、命令和数值输入方式，为后续的系统学习准备必要的前提知识。

素质目标

通过强调操作规范和精确度要求，培养学生严谨细致的工作态度和专业素养。

能力目标

- 能够设置操作环境。
- 熟悉有关文件管理的基本操作方法。
- 掌握图形显示操作。
- 掌握命令和数值输入方式。

1.1　设置操作环境

在操作任何一款软件之前，首先要对该软件的操作界面有一个基本的认识，能够进行基本的参数设置，从而为后续的具体操作做好准备。

本节要求读者熟悉中望建筑 CAD 的操作界面和各个区域的大体功能范畴。为了便于读者后续的绘图操作，在本节中可以试着修改十字光标的大小和绘图区的颜色等操作环境。

模块 1 熟悉中望建筑 CAD 基本操作

操作步骤

1．熟悉操作界面

（1）双击桌面快捷图标，打开中望建筑 CAD 的操作界面。

（2）单击操作界面右下角的"设置工作空间"按钮，在弹出的菜单中选择"ZWCAD 经典"命令，如图 1-1 所示，这时将显示如图 1-2 所示的操作界面。

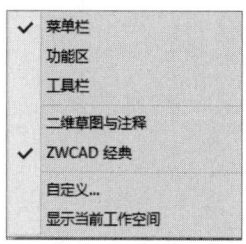

图 1-1 工作空间转换

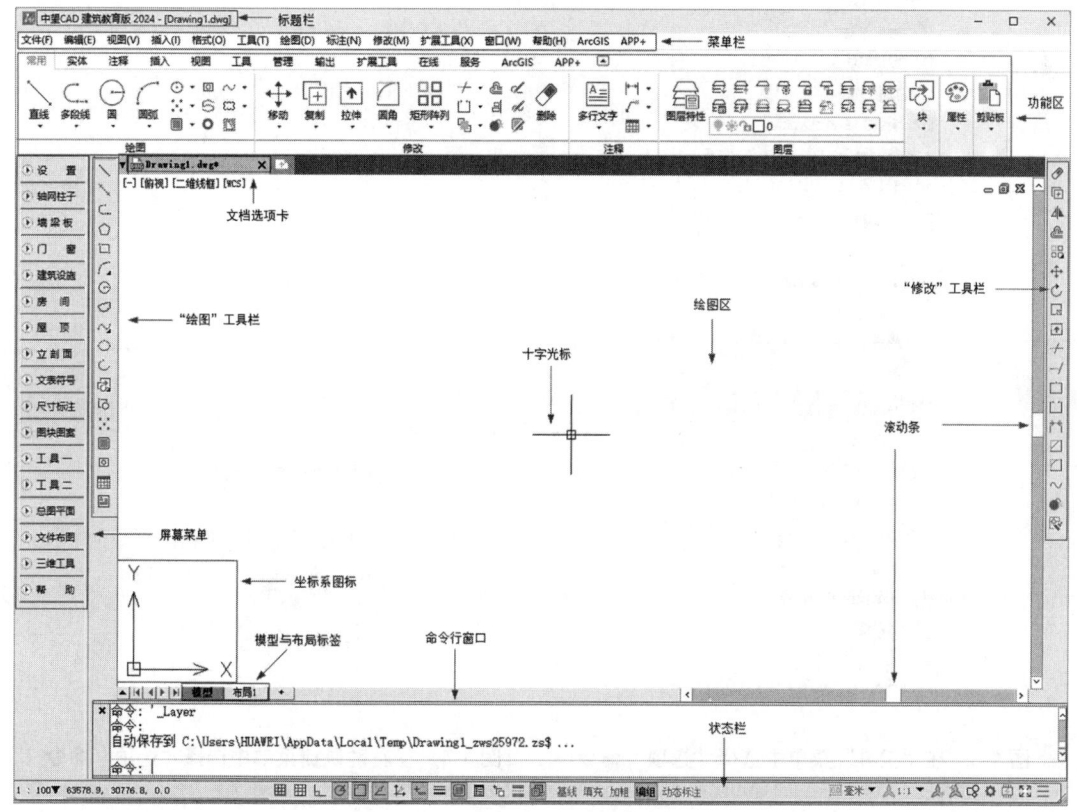

图 1-2 中望建筑 CAD 的操作界面

中望建筑 CAD 的完整操作界面由标题栏、菜单栏、工具栏（可以通过设置显示不同的工具栏）、功能区、绘图区、屏幕菜单、十字光标、坐标系图标、命令行窗口、状态栏、模型与布局标签、滚动条、文档选项卡等组成。

2. 设置绘图系统

在如图 1-3 所示的"工具"菜单中选择"选项"命令,或者在命令行窗口中单击鼠标右键,在如图 1-4 所示的右键快捷菜单中选择"选项"命令,将打开"选项"对话框,可以在该对话框中对绘图系统进行设置。

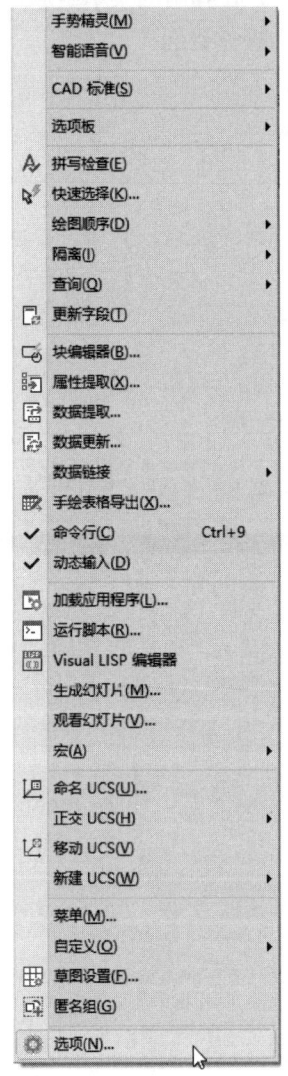
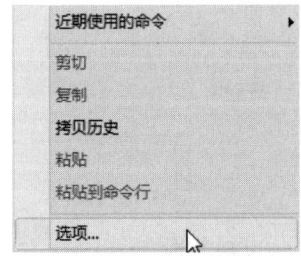

图 1-3 在"工具"菜单中选择"选项"命令   图 1-4 在右键快捷菜单中选择"选项"命令

3. 设置工具栏

(1)调出工具栏。在工具栏空白处单击鼠标右键,在弹出的快捷菜单中选择"ZWCAD"命令,将打开工具栏标签列表,如图 1-5 所示。单击某个工具栏标签,将在其前面显示 ✔ 图标,同时在操作界面中显示该工具栏;再次单击该工具栏标签,将关闭该工具栏。

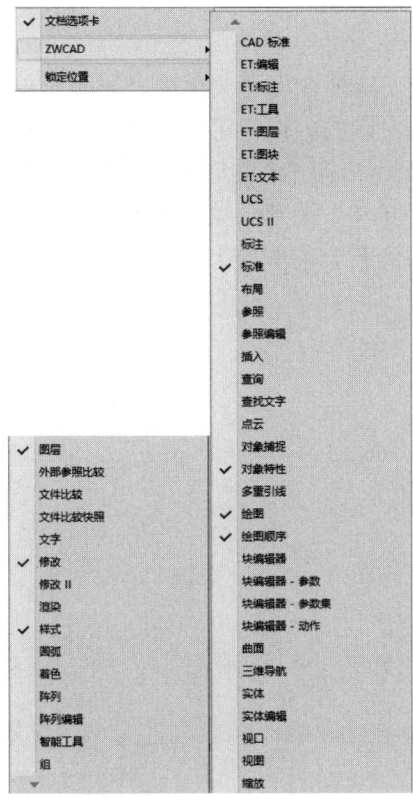

图 1-5　工具栏标签列表

（2）工具栏可以在绘图区浮动，如图 1-6 所示。可以将浮动工具栏拖动到绘图区边界，使它变成固定工具栏。也可以将固定工具栏拖出，使它变成浮动工具栏。

（3）工具栏中有些按钮的右下角带有一个黑色小三角形，单击该按钮且不松手会显示相应的隐藏按钮，如图 1-7 所示。按住鼠标左键并拖动鼠标到某个隐藏按钮上，释放鼠标左键，该按钮将成为当前按钮。单击当前按钮，就会执行相应的操作。

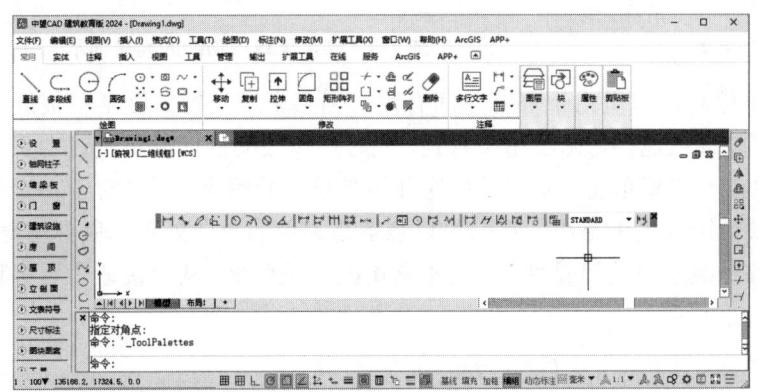

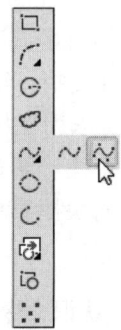

图 1-6　浮动工具栏　　　　　　　　　　图 1-7　显示隐藏按钮

4．设置屏幕菜单

中望建筑 CAD 的一些功能列在屏幕菜单中，屏幕菜单采用折叠式的两级结构，如图 1-8 所示。单击一级菜单左侧的 按钮可以展开显示二级菜单。在任何时候最多只能展开一个一级菜单，在展开另一个一级菜单时，原来展开的一级菜单将自动合拢。二级菜单是真正可以执行任务的菜单，大部分菜单项都有图标，以方便用户更快地确定菜单项的位置。将鼠标指针移动到某个菜单项上，状态栏左侧将显示该菜单项功能的简短提示，如图 1-9 所示。

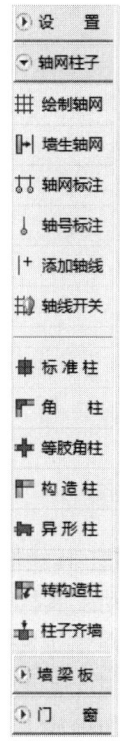

图 1-8　屏幕菜单　　　　　　　　图 1-9　显示菜单项功能的简短提示

虽然折叠式菜单效率更高，但是由于屏幕空间有限，当某个较长的二级菜单被展开后，下方某些一级菜单可能会被遮挡，无法完全看到。此时可以滚动鼠标滚轮快速上下移动，也可以用鼠标右键单击一级菜单将其展开，但这并不是最好的解决方法。对于特定的工作，有些一级菜单难得一用或根本不用，那么可以在屏幕菜单的空白处单击鼠标右键，在弹出的快捷菜单中设置一级菜单的可见性，关闭不常用的一级菜单，从而快速为屏幕菜单"减肥"。

5．认识命令行窗口

命令行窗口是输入命令和显示命令提示的区域，默认位于绘图区下方，如图 1-10 所示。

模块 1 熟悉中望建筑 CAD 基本操作

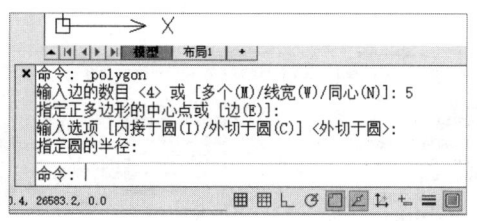

图 1-10 命令行窗口

6. 通过滚动条浏览图形

在绘图区的下方和右侧分别提供了用来浏览图形的水平和竖直方向的滚动条。在滚动条上单击，或者拖动滚动条中的滚动块，可以在绘图区按水平或竖直方向浏览图形。

7. 切换模型空间与图纸空间

系统默认设定一个"模型"空间布局标签和一个"布局1"图纸空间布局标签。单击绘图区下方的"模型"按钮和"布局1"按钮，可以在模型空间与图纸空间之间进行切换。

8. 认识状态栏

状态栏位于操作界面底部，依次有"坐标""捕捉模式""栅格显示""正交模式""极轴追踪""对象捕捉""对象捕捉追踪""动态UCS""动态输入""显示/隐藏线宽""显示/隐藏透明度""快捷特性""选择循环""模型或图纸空间""图形单位""注释比例""注释可见性""自动缩放""隔离对象""设置工作空间""硬件加速""全屏显示""自定义" 23 个功能按钮，如图 1-11 所示。单击部分功能按钮，可以开启/关闭这些功能；也可以通过部分功能按钮控制图形或绘图区的状态。

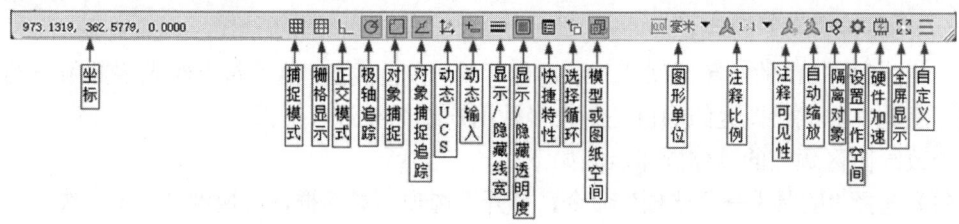

图 1-11 状态栏

📖 知识点详解

1."选项"对话框中的"显示"选项卡

"选项"对话框中的"显示"选项卡如图 1-12 所示。在该选项卡中可以设置绘图区的颜色、十字光标的大小、是否显示滚动条、命令行窗口中的文本字体及大小，以及中望建筑 CAD 运行时的其他各项性能参数。下面介绍如何修改十字光标的大小和绘图区的颜色。

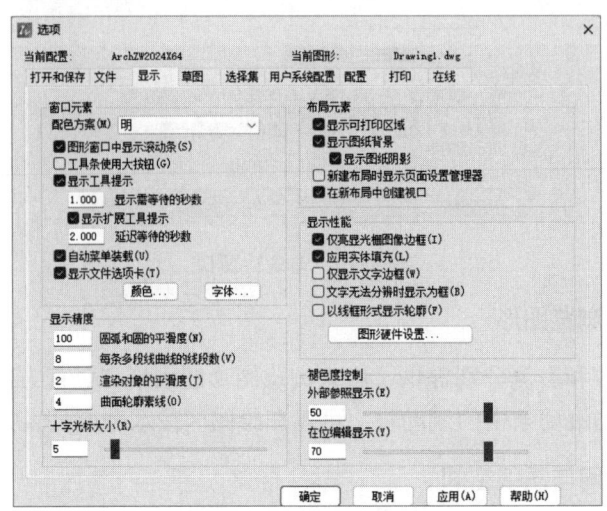

图1-12 "选项"对话框中的"显示"选项卡

1)修改十字光标的大小

系统将十字光标的大小预设为屏幕大小的5%,用户可以根据绘图的实际需要更改其大小。

在图1-12中,在"十字光标大小"选项组的文本框中直接输入数值,或者拖动文本框右侧的滑块,即可对十字光标的大小进行调整。

此外,还可以通过设置系统变量CURSORSIZE的值,实现对十字光标大小的更改。命令行提示与操作如下。

```
命令:↙
输入 CURSORSIZE 的新值 <5>:
```

在提示下输入新值即可。默认值为5%。

2)修改绘图区的颜色

中望建筑CAD的绘图区默认显示黑色背景、白色线条,这不符合绝大多数用户的视觉习惯。因此,修改绘图区的颜色是绝大多数用户都需要进行的操作。

修改绘图区颜色的具体操作步骤如下。

(1)选择"工具"→"选项"命令,打开"选项"对话框,切换到"显示"选项卡,单击"窗口元素"选项组中的"颜色"按钮,打开如图1-13所示的"图形窗口颜色"对话框。

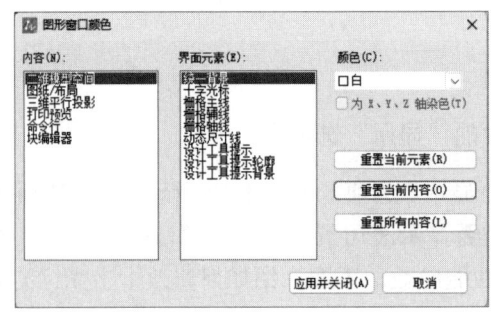

图1-13 "图形窗口颜色"对话框

（2）在"内容"列表框中选择"二维模型空间"选项，在"界面元素"列表框中选择"统一背景"选项，单击"颜色"字样右侧的下拉按钮，在弹出的下拉列表中选择需要的颜色（通常按视觉习惯选择白色作为绘图区颜色），单击"应用并关闭"按钮，此时中望建筑 CAD 的绘图区颜色就会发生改变。

2．命令行窗口

（1）移动拆分条，可以扩大或缩小命令行窗口。

（2）可以拖动命令行窗口，将其布置在操作界面的其他位置。

（3）对于当前命令行窗口中输入的内容，可以按 F2 键打开如图 1-14 所示的文本窗口，用文本编辑的方法进行编辑。中望建筑 CAD 的文本窗口和命令行窗口相似，可以显示当前进程中命令的输入和执行过程。在执行某些命令时，中望建筑 CAD 会自动切换到文本窗口，列出有关信息。

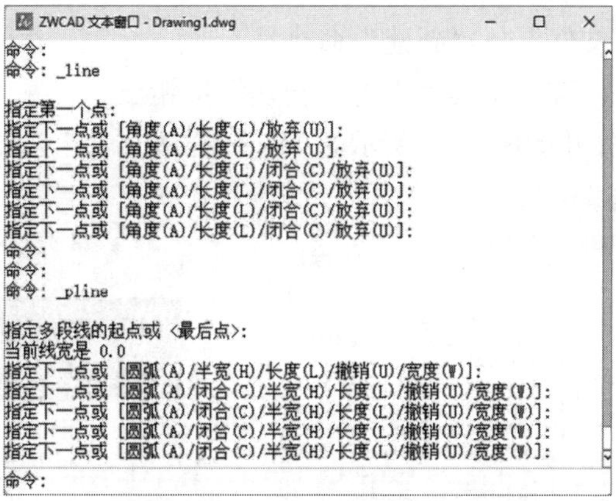

图 1-14　文本窗口

（4）中望建筑 CAD 通过命令行窗口反馈各种信息，包括出错信息。因此，用户要时刻关注在命令行窗口中出现的信息。

3．模型空间与图纸空间

1）模型空间

模型空间是三维空间，主要用于设计工作，可以绘制和修改几何图形，以及进行各种几何运算和建模操作。

2）图纸空间

图纸空间是二维空间，主要用于布局和打印。在图纸空间中，可以将模型空间中的设计模型以特定的比例和视图方向放置在一张图纸上，并添加必要的注释、标注和标题栏等。

模型空间和图纸空间的主要区别在于它们的功能和用途。模型空间主要用于设计工作，而图纸空间主要用于将设计结果以可视化的形式呈现出来，以便于审查、校对和打印。

1.2 文件管理

对于任何应用软件来说,在进入具体操作环节之前,文件管理都是用户首先要熟悉的环节。

本节将介绍有关文件管理的一些基本操作方法,包括新建文件、保存文件、打开文件、输入文件和输出文件,这些都是进行中望建筑 CAD 操作最基础的知识。

📖 操作步骤

1. 新建文件

【执行方式】

- 命令行:NEW(快捷命令:Ctrl+N)。
- 菜单栏:选择"文件"→"新建"命令。
- 工具栏:单击"标准"工具栏中的"新建"按钮 。

执行该命令后,将打开如图 1-15 所示的"选择样板文件"对话框。

图 1-15 "选择样板文件"对话框

2. 保存文件

【执行方式】

- 命令行:QSAVE(快捷命令:Ctrl+S)/SAVEAS(快捷命令:Ctrl+Shift+S)/SAVEALL(快捷命令:Ctrl+Shift+L)。
- 菜单栏:选择"文件"→"保存"/"另存为"/"全部保存"命令。
- 工具栏:单击"标准"工具栏中的"保存"按钮 /"另存为"按钮 /"全部保存"按钮 。

执行该命令后,如果用户对图形所做的修改尚未被保存,则将打开"图形另存为"对话框，如图 1-16 所示。输入文件名，选择保存位置和文件类型，单击"保存"按钮，即可保存文件。

图 1-16 "图形另存为"对话框

3．打开文件

【执行方式】

- 命令行：OPEN（快捷命令：Ctrl+O）。
- 菜单栏：选择"文件"→"打开"命令。
- 工具栏：单击"标准"工具栏中的"打开"按钮。

执行该命令后，将打开"选择文件"对话框，如图 1-17 所示。在"文件类型"下拉列表中可以选择.dwg、.dxf、.dwf、.dwfx、.dws 或 .dwt 文件，在文件列表框中选择需要的样板文件，单击"打开"按钮，即可打开该文件。其中，.dxf 文件是以文本形式存储的图形文件，能够被其他应用程序读取，因此许多第三方应用程序都支持.dxf 格式。

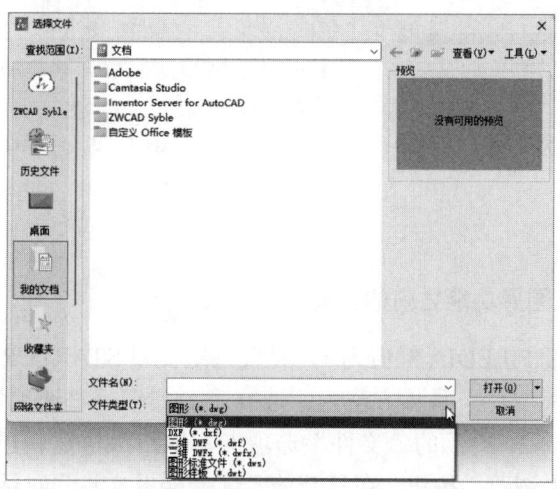

图 1-17 "选择文件"对话框

4．输入文件

【执行方式】

- 命令行：IMPORT。
- 菜单栏：选择"文件"→"输入"命令。

执行该命令后，将打开"输入文件"对话框，如图 1-18 所示。可输入的文件类型有.wmf、.sat、.dgn 和 .pdf。

5．输出文件

【执行方式】

- 命令行：EXPORT。
- 菜单栏：选择"文件"→"输出"命令。

执行该命令后，将打开"输出数据"对话框，如图 1-19 所示。可输出的文件类型有.wmf、.sat、.dwg、.bmp、.jpg、.png、.tif、.dwf、.dwfx、.dgn 和 .stl。

图 1-18 "输入文件"对话框　　　　图 1-19 "输出数据"对话框

📖 知识点详解

1．运行快速创建图形功能之前的设置

（1）设置系统变量 FILEDIA 的值为 1，设置系统变量 STARTUP 的值为 0。

（2）设置默认样板文件。具体方法为：选择"工具"→"选项"命令，打开"选项"对话框，切换到如图 1-20 所示的"文件"选项卡，单击"快速新建的默认模板文件名"下的文件地址，单击"浏览"按钮，在打开的"选择样板文件"对话框中选择需要的样板文件。

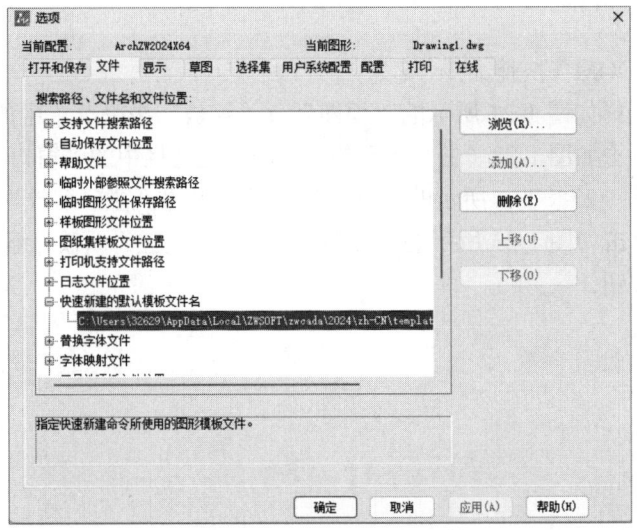

图 1-20 "选项"对话框中的"文件"选项卡

2．对当前文件进行自动保存的设置

（1）利用系统变量 SAVEFILEPATH 设置所有自动保存文件的保存位置，如 C:\HU\。

（2）利用系统变量 SAVEFILE 存储自动保存文件的文件名。该系统变量存储的文件是只读文件，用户可以从中查询自动保存的文件名。

（3）利用系统变量 SAVETIME 指定在使用自动保存功能时每隔多长时间保存一次文件。

1.3 图形显示

在绘制或查看图形时，经常需要转换绘制或查看图形的区域，或者需要查看图形某部分的细节，这就需要用到中望建筑 CAD 的图形显示工具。

改变视图的常用方法就是利用缩放和平移命令，可以在绘图区放大或缩小图形显示，或者改变观察位置。

操作步骤

1．图形缩放

缩放命令类似于照相机的镜头，可以放大或缩小屏幕所显示的范围，只改变视图的比例，而对象的实际尺寸并不发生改变。当放大图形一部分的显示尺寸时，可以更清楚地查看这个区域的细节；相反，如果缩小图形的显示尺寸，则可以查看更大的区域，如整体浏览。

缩放命令在绘制大幅面机械图纸，尤其是装配图时非常有用，是使用频率非常高的命令之一。该命令可以被透明地使用，也就是说，该命令可以在其他命令执行过程中运行。当透明命令执行完成后，系统会自动返回上一个命令中断的地方继续执行。

【执行方式】
- 命令行：ZOOM（快捷命令：Z）。
- 菜单栏：选择如图 1-21 所示的"视图"→"缩放"级联菜单中的任意一个命令。
- 工具栏：单击如图 1-22（上）所示的"标准"工具栏中的"窗口缩放"按钮 ，或者单击如图 1-22（下）所示的"缩放"工具栏中的"窗口缩放"按钮 。
- 功能区：单击如图 1-23 所示的"视图"选项卡"定位"面板"缩放"下拉列表中的任意一个按钮。

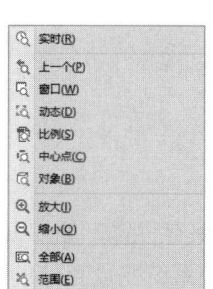

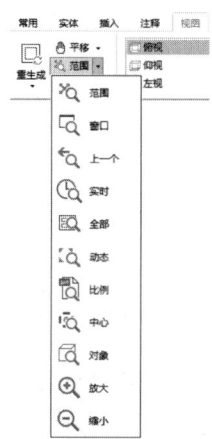

图 1-21　"缩放"级联菜单　　图 1-22　"标准"和"缩放"工具栏　　图 1-23　"缩放"下拉列表

执行该命令后，命令行提示如下。

```
指定窗口的角点，输入比例因子 (nX 或 nXP)，或者
[全部(A)/中心(C)/动态(D)/范围(E)/上一个(P)/比例(S)/窗口(W)/对象(O)] <实时>：
```

2．图形平移

当图形幅面大于当前视口时，比如使用缩放命令将图形放大，如果需要在当前视口以外观察或绘制一个特定区域，则可以使用平移命令来实现。平移命令能将在当前视口以外的图形的一部分移动进来并进行查看或编辑，而不会改变图形的缩放比例。

【执行方式】
- 命令行：PAN（快捷命令：P）。
- 菜单栏：选择如图 1-24 所示的"视图"→"平移"级联菜单中的任意一个命令。
- 工具栏：单击"标准"工具栏中的"实时平移"按钮 。
- 功能区：单击如图 1-25 所示的"视图"选项卡"定位"面板中的"平移"按钮 。

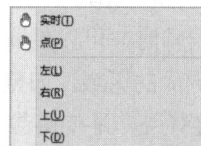
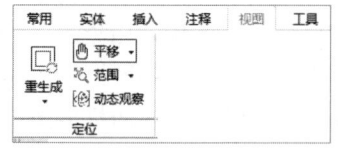

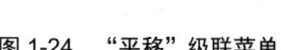

图 1-24　"平移"级联菜单　　　　图 1-25　"视图"选项卡中的"定位"面板

📖 知识点详解

1. 缩放命令

缩放命令的命令行提示中各选项的含义如下。

（1）输入比例因子(nX 或 nXP)：根据输入的比例因子，以当前的视图窗口为中心，将视图窗口显示的内容放大或缩小输入的比例倍数。其中，nX 用于指定相对于当前视图的比例，nXP 用于指定相对于图纸空间单位的比例。

（2）全部(A)：执行缩放命令后，在提示文字后输入 A，即可执行"全部(A)"缩放操作。不论图形有多大，该操作都将显示图形的边界或范围，即使对象不包括在边界以内，它们也将被显示。因此，选择"全部(A)"缩放选项，可以查看当前视口中的整个图形。

（3）中心(C)：通过指定一个中心点，可以定义一个新的显示窗口。在操作过程中需要指定中心点，以及输入比例或高度。默认新的中心点就是视图的中心点。默认输入的高度就是当前视图的高度，直接按 Enter 键后，图形将不会被放大。输入的比例数值越大，图形放大倍数也将越大。也可以在数值后面紧跟一个"X"，如 3X，表示在放大图形时不是按照绝对值变化的，而是按照相对于当前视图的相对值变化的。

（4）动态(D)：通过操作一个表示视口的视图框，可以确定需要显示的区域。选择该选项后，在绘图区将出现一个小的视图框，按住鼠标左键左右移动可以改变视图框的大小，定形后释放鼠标左键；再次按住鼠标左键移动视图框，确定图形中的放大位置，系统将清除当前视口并显示一个特定的视图选择屏幕，这个特定屏幕由有关当前视图及有效视图的信息所构成。

（5）范围(E)：通过该选项可以使图形缩放至整个显示范围。图形的范围由图形所在的区域构成，剩余的空白区域将被忽略。选择该选项后，图形中所有的对象都将尽可能地被放大。

（6）上一个(P)：在绘制一幅复杂的图形时，有时需要放大图形的一部分以进行细节的编辑。编辑完成后，有时希望回到前一个视图。这种操作可以通过选择"上一个(P)"选项来实现。对于当前视口由缩放命令的各种选项或移动视图、视图恢复、平行投影、透视命令等操作引起的任何变化，系统都将进行保存。每个视口中最多可以保存 10 个视图。连续选择"上一个(P)"选项可以恢复前 10 个视图。

（7）比例(S)：该选项提供了 3 种用法。第一种用法是在提示信息下，直接输入比例因子，系统将按照该比例因子放大或缩小图形的显示尺寸。第二种用法是在比例因子后面加一个"X"，表示相对于当前视图计算的比例因子。第三种用法是在图纸空间中布排或打印多个视图时，为了使每个视图都与图纸空间单位成比例，通过选择"比例(S)"选项，使每个视图都有单独的比例。

（8）窗口(W)：通过确定一个矩形的两个对角点来指定需要缩放的区域（缩放窗口），对角点可以由鼠标指定，也可以通过输入坐标来确定。缩放窗口的中心点将成为新的显示窗口的中心点，窗口中的图形将被放大或缩小。在调用 ZOOM 命令时，可以在没有选择任何选项的情况下，利用鼠标在绘图区直接指定缩放窗口的两个对角点。

（9）对象(O)：通过该选项可以尽可能大地显示一个或多个选定的对象并使其位于视图的中心。可以在启动 ZOOM 命令前后选择对象。

（10）实时：这是缩放命令的默认操作，即在输入 ZOOM 命令后，直接按 Enter 键，将自动执行实时缩放操作。实时缩放就是通过按住鼠标左键并向上或向下拖动鼠标来放大或缩小图形。当需要从实时缩放操作中退出时，可以直接按 Enter 键或 Esc 键，也可以单击鼠标右键，在弹出的快捷菜单中选择"退出"命令。

释放鼠标左键，将停止缩放图形。可以在释放鼠标左键后将鼠标指针移动到图形的另一个位置，再次按住鼠标左键便可以从该位置继续缩放图形。

> **注意**
>
> 这里所提到的诸如放大、缩小或移动的操作，仅仅针对图形在屏幕上的显示进行控制，图形本身并没有任何改变。

2．平移命令

激活平移命令后，鼠标指针将变成一只"小手"形状，可以在绘图区任意移动，以示当前正处于平移模式。按下鼠标左键将鼠标指针锁定在当前位置，即"小手"已经抓住图形，拖动图形至所需位置，释放鼠标左键，将停止平移图形。可以反复按下鼠标左键、拖动、释放鼠标左键，将图形平移到其他位置。

平移命令预先定义了一些不同的选项，可用于在特定方向上平移图形。激活平移命令后，这些选项可以从"视图"→"平移"级联菜单中调用。

（1）实时：这是平移命令中最常用的选项，也是默认选项。前面提到的平移操作都是指实时平移，即通过鼠标的拖动来实现任意方向上的平移。

（2）点：该选项要求确定位移量，这就需要确定图形平移的方向和距离。可以通过输入点的坐标或用鼠标指定点的坐标来确定位移量。

（3）左：选择该选项向右平移图形后，将使屏幕左侧的图形进入显示窗口。

（4）右：选择该选项向左平移图形后，将使屏幕右侧的图形进入显示窗口。

（5）上：选择该选项向底部平移图形后，将使屏幕顶部的图形进入显示窗口。

（6）下：选择该选项向顶部平移图形后，将使屏幕底部的图形进入显示窗口。

1.4 命令和数值输入方式

在中望建筑 CAD 中，点的坐标可以用直角坐标、极坐标、球面坐标和柱面坐标表示，每种坐标又分别有两种输入方式：绝对坐标和相对坐标。其中，直角坐标和极坐标最为常用。

本节将通过绘制一条线段，介绍利用中望建筑 CAD 绘图时具体的命令和数值输入方式。

操作步骤

1. 采用直角坐标法输入数值绘制线段

（1）绝对坐标输入方式。命令行提示与操作如下。

```
命令：LINE✓（LINE 是"直线"命令，不区分字母大小写，✓表示按 Enter 键）
指定第一个点：0,0✓（这里输入的是用直角坐标法表示的点的 X、Y 坐标值）
指定下一点或 [放弃(U)]：15,18✓（表示输入了一个 X、Y 坐标值分别为 15、18 的点。此为绝对坐标输入方式，表示该点的坐标是相对于坐标原点的坐标值，如图 1-26（a）所示）
指定下一点或 [放弃(U)]：✓（直接按 Enter 键，表示结束当前命令）
```

> **注意**
>
> 分隔数值一定要用西文状态下的逗号，否则系统不会准确地输入数值。

（2）相对坐标输入方式。命令行提示与操作如下。

```
命令：L✓（L 是"直线"命令的快捷输入方式，和完整输入方式等效）
指定第一个点：10,8✓
指定下一点或 [放弃(U)]：@10,20✓（此为相对坐标输入方式，表示该点的坐标是相对于前一点的坐标值，如图 1-26（c）所示）
指定下一点或 [放弃(U)]：✓（如果输入 U，则表示放弃上一步的操作）
```

2. 采用极坐标法输入数值绘制线段

（1）绝对坐标输入方式。选择"绘图"→"直线"命令，命令行提示与操作如下。

```
命令：_line✓（line 命令前面加一个"_"符号，表示"直线"命令的菜单或工具栏输入方式，和命令行输入方式等效）
指定第一个点：0,0✓
指定下一点或 [放弃(U)]：25<50✓（此为绝对坐标输入方式下，采用极坐标法输入数值的方式，25 表示该点到坐标原点的距离，50 表示该点和坐标原点的连线与 X 轴正向的夹角，如图 1-26（b）所示）
指定下一点或 [放弃(U)]：✓
```

（2）相对坐标输入方式。单击"绘图"工具栏中的"直线"按钮，命令行提示与操作如下。

```
命令：_line✓
指定第一个点：8,6✓
指定下一点或 [放弃(U)]：@25<45✓（此为相对坐标输入方式下，采用极坐标法输入数值的方式，25 表示该点到前一点的距离，45 表示该点和前一点的连线与 X 轴正向的夹角，如图 1-26（d）所示）
指定下一点或 [放弃(U)]：✓
```

有时候我们看不清楚绘制的线段，可以在当前命令执行过程中执行一些显示控制命令，比如单击"标准"工具栏中的"实时平移"按钮，命令行提示与操作如下。

```
命令：'_pan
按 Esc 或 Enter 键退出，或者单击鼠标右键显示快捷菜单。
```

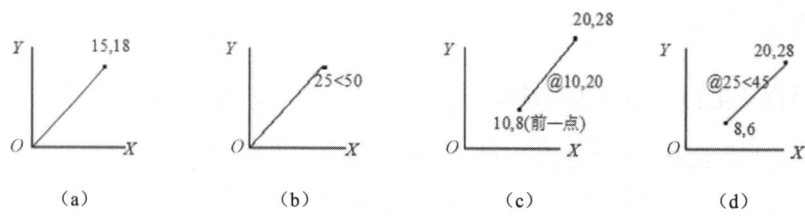

图 1-26 4 种数值输入方式

> ⚠ 提示
>
> 命令前面加一个"'"符号,表示此命令为透明命令。所谓透明命令,是指在其他命令执行过程中可以随时插入执行的命令。执行完透明命令后,系统回到原命令的执行过程中,不影响原命令的执行。

3．直接输入长度值绘制线段

在命令行中单击鼠标右键,打开右键快捷菜单,在"近期使用的命令"子菜单中选择需要的命令,如图 1-27 所示。"近期使用的命令"子菜单中存储了最近使用的多个命令。如果用户经常重复使用某个命令,那么使用这种方法比较便捷。

命令行提示与操作如下。

```
命令: _line
指定第一点：（在屏幕上指定一点）
指定下一点或 [放弃(U)]:
```

这时在屏幕上移动鼠标指明线段的方向,但不要单击确认,之后在命令行中输入 10,就可以在指定方向上准确地绘制长度为 10mm 的线段,如图 1-28 所示。

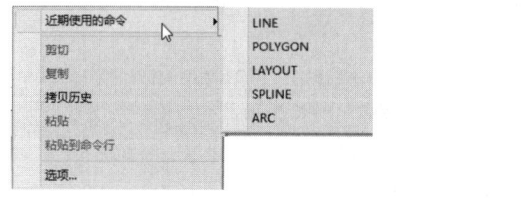
图 1-27 命令行右键快捷菜单

图 1-28 绘制线段

4．动态输入数值绘制线段

(1) 单击状态栏上的"动态输入"按钮 ,系统将开启动态输入功能,可以在屏幕上动态地输入数值。

例如,在绘制线段时,在十字光标附近会动态地显示"指定第一个点:"及后面的坐标框,当前显示的是十字光标所在位置,可以输入数值,两个数值之间以逗号分隔,如图 1-29 所示。指定第一个点后,系统将动态显示直线的角度,同时要求输入线段的长度值,如图 1-30 所示,其输入效果与"@距离<角度"方式的输入效果相同。

图 1-29 动态输入坐标值　　　　图 1-30 动态输入长度值

（2）在命令行中直接按 Enter 键，表示重复执行上一次使用的"直线"命令，在绘图区指定一点作为线段的起点。

知识点详解

1．直角坐标法

直角坐标是用点的 X、Y 坐标值表示的坐标。直角坐标法使用两个垂直的坐标轴（X 轴和 Y 轴）来确定点的位置。

在中望建筑 CAD 中输入点的直角坐标时，通常采用"X,Y"格式。例如，在命令行中输入"100,100"就表示一个点，它距离坐标原点沿 X 轴方向 100 个单位，沿 Y 轴方向 100 个单位。

2．极坐标法

极坐标是用距离和角度表示的坐标，只能用来表示二维点的坐标。极坐标法使用一个点到坐标原点的直线距离及这条直线与 X 轴正向的夹角来确定该点的位置。

极坐标的一般表示方法为"距离<角度"。例如，"50<30"表示一个点，它距离坐标原点 50 个单位，且位于从坐标原点出发的射线上，此射线与 X 轴正向的夹角为 30°。

上机实验

实验 1　熟悉中望建筑 CAD 的操作界面

姓名		学号	
评分人		评分	

◆ 目的要求

操作界面是用户绘制图形的平台，操作界面的各部分都有其独特的功能，熟悉操作界面有助于用户方便、快速地绘制图形。本实验要求读者了解中望建筑 CAD 操作界面各部分的功能，掌握修改十字光标大小和绘图区颜色的方法，能够熟练地打开、移动、关闭工具栏。

◆ 操作提示

（1）启动中望建筑 CAD，进入其操作界面。
（2）调整操作界面的大小。
（3）修改十字光标的大小与绘图区的颜色。
（4）打开、移动、关闭工具栏。
（5）尝试同时利用命令行、级联菜单和工具栏绘制一条线段

实验 2　输入数值

姓名		学号	
评分人		评分	

◆ 目的要求

本实验要求读者熟练地掌握各种数值输入方式。

◆ 操作提示

（1）在命令行中输入 LINE 命令。

（2）输入起点的直角坐标方式下的绝对坐标值。

（3）输入下一点的直角坐标方式下的相对坐标值。

（4）输入下一点的极坐标方式下的绝对坐标值。

（5）输入下一点的极坐标方式下的相对坐标值。

（6）用鼠标直接指定下一点的位置。

（7）单击状态栏上的"正交模式"按钮 ，用鼠标拉出下一点的方向，在命令行中输入一个数值。

（8）单击状态栏上的"动态输入"按钮 ，按住鼠标左键并拖动鼠标，系统会动态显示角度，拖动鼠标到指定角度后，在长度文本框中输入长度值。

（9）按 Enter 键结束绘制

实验 3　查看平面图的细节

姓名		学号	
评分人		评分	

◆ 目的要求

本实验要求读者熟练地使用各种平移和缩放工具灵活地查看图形。本实验需要用到源文件中的别墅 1-7 立面图，如图 1-31 所示。

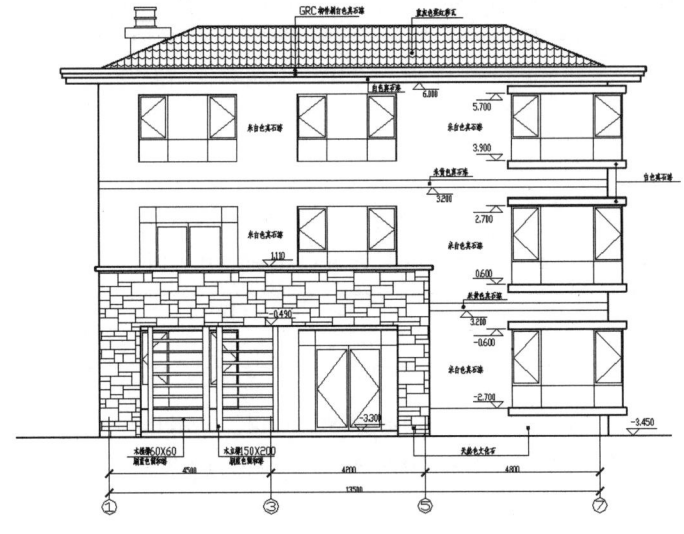

图 1-31　别墅 1-7 立面图

◆ 操作提示

（1）使用平移工具对图形进行平移。

（2）综合使用各种缩放工具对图形细节进行缩放查看

模块 2　绘制二维建筑单元

学习情境

到目前为止，大家只是了解了中望建筑 CAD 的基本操作环境和操作功能，还不知道怎样具体绘制二维建筑单元，本模块就来解决这个问题。

中望建筑 CAD 提供了大量的绘图工具，可以帮助用户完成各种二维建筑单元的绘制。具体包括直线、圆、椭圆、椭圆弧、矩形等绘图命令，以及复制、镜像、偏移、阵列、移动、旋转等编辑命令。

文字注释是图形中很重要的一部分内容。在进行各种设计时，通常不仅要绘制出图形，还要在图形中标注一些文字，如技术要求、注释说明等，对图形对象加以解释。此外，表格在图形中也有大量的应用，如明细表、参数表、标题栏、会签栏等。

素质目标

> 鼓励学生不仅要学会绘图命令和编辑命令的基本使用方法，还要思考如何更高效地使用这些命令，激发学生的创新思维。
> 通过实际操作练习，使学生能够熟练地使用各种绘图命令和编辑命令，强化实践能力。

能力目标

> 掌握直线类命令的使用方法。
> 掌握圆类命令的使用方法。
> 掌握平面图形类命令的使用方法。
> 掌握"多段线""样条曲线""多线""图案填充"等复杂二维绘图命令的使用方法。
> 掌握复制类命令的使用方法。
> 掌握改变位置类命令的使用方法。
> 掌握调整尺寸类命令的使用方法。
> 掌握"圆角""倒角"等复杂编辑命令的使用方法。
> 熟悉文字注释和表格功能。

2.1 绘制折叠门

所有二维建筑单元都是由直线和曲线等图形单元组成的，要想绘制二维建筑单元，自然要先学会绘制这些简单的图形单元。最简单的图形单元是直线。直线类命令包括"直线""构造线"等命令，本节以"直线"命令为例来介绍这类命令。

本节将通过折叠门的绘制过程来讲解"直线"命令的使用方法。折叠门如图 2-1 所示。

图 2-1 折叠门

操作步骤

单击"常用"选项卡"绘图"面板中的"直线"按钮，命令行提示与操作如下。

```
命令：LINE✓（在命令行中输入"直线"命令 LINE，不区分字母大小写）
指定第一个点：0,0✓
指定下一点或 [角度(A)/长度(L)/放弃(U)]：100,0✓
指定下一点或 [角度(A)/长度(L)/放弃(U)]：100,50✓
指定下一点或 [角度(A)/长度(L)/闭合(C)/放弃(U)]：0,50✓
指定下一点或 [角度(A)/长度(L)/闭合(C)/放弃(U)]：✓（如图 2-2 所示）
命令：_line（选择"绘图"→"直线"命令或单击"常用"选项卡"绘图"面板中的"直线"按钮）
指定第一个点：440,0✓
指定下一点或 [角度(A)/长度(L)/放弃(U)]：@-100,0✓（相对直角坐标数值输入方式，此方式便于控制线段长度）
指定下一点或 [角度(A)/长度(L)/放弃(U)]：@0,50✓
指定下一点或 [角度(A)/长度(L)/闭合(C)/放弃(U)]：@100,0✓
指定下一点或 [角度(A)/长度(L)/闭合(C)/放弃(U)]：✓（如图 2-3 所示）
命令：✓（直接按 Enter 键，表示执行上一次执行的命令）
_LINE
指定第一个点：100,40✓
指定下一点或 [角度(A)/长度(L)/放弃(U)]：@60<60✓（相对极坐标数值输入方式，此方式便于控制线段长度和倾斜角度）
指定下一点或 [角度(A)/长度(L)/放弃(U)]：@60<-60✓
指定下一点或 [角度(A)/长度(L)/闭合(C)/放弃(U)]：✓
命令：L✓（在命令行中输入"直线"命令的快捷输入方式 L）
指定第一个点：340,40✓
指定下一点或 [角度(A)/长度(L)/放弃(U)]：@60<120✓
指定下一点或 [角度(A)/长度(L)/放弃(U)]：@60<210✓
指定下一点或 [角度(A)/长度(L)/闭合(C)/放弃(U)]：u（表示上一步执行错误，撤销该操作）
指定下一点或 [角度(A)/长度(L)/放弃(U)]：@60<240✓（也可以单击状态栏上的"动态输入"
```

按钮 ，在鼠标指针位置为 240°时，动态输入"60"，如图 2-4 所示）

指定下一点或 [角度(A)/长度(L)/闭合(C)/放弃(U)]：✓（按 Enter 键结束"直线"命令）

图 2-2　绘制左门框　　　　　　　　　图 2-3　绘制右门框

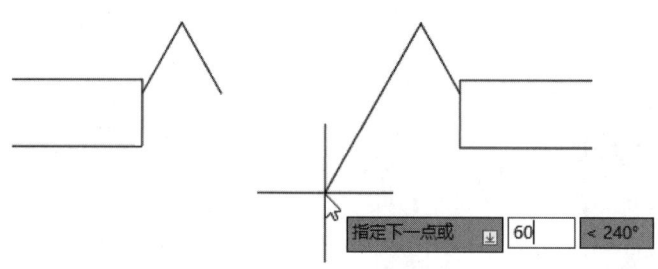

图 2-4　动态输入

最终效果如图 2-1 所示。

知识点详解

下面以"直线"命令为例讲解直线类命令的执行方式。其他绘图命令的执行方式与"直线"命令的执行方式类似，不再赘述。

【执行方式】
- 命令行：LINE（快捷命令：L）。
- 菜单栏：选择"绘图"→"直线"命令。"绘图"菜单如图 2-5 所示。
- 工具栏：单击如图 2-6 所示"绘图"工具栏中的"直线"按钮 。
- 功能区：单击如图 2-7 所示"常用"选项卡"绘图"面板中的"直线"按钮 。

直线类命令及其快捷命令如表 2-1 所示。

表 2-1　直线类命令及其快捷命令

命令名称	命令行命令	快捷命令
直线	LINE	L
构造线	XLINE	XL

在"直线"命令的命令行提示中，各选项的含义如下。

（1）如果按 Enter 键响应"指定第一个点"提示，那么系统会把上次绘制图线的终点作为本次绘制图线的起点。如果上次操作为绘制圆弧，那么按 Enter 键响应后将绘制出通过圆弧终点并与该圆弧相切的直线段，该线段的长度为用鼠标在绘图区指定的一点与切点之间的距离。

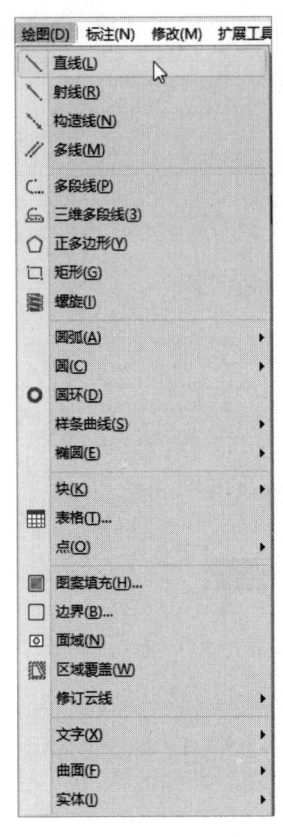

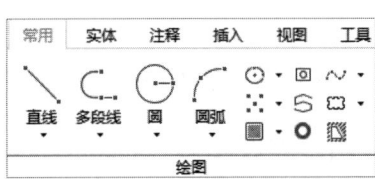

图 2-5 "绘图"菜单　　图 2-6 "绘图"工具栏　　图 2-7 "常用"选项卡中的"绘图"面板

（2）在"指定下一点"提示下，用户可以指定多个端点，从而绘制出多条直线段。每条直线段都是一个独立的对象，可以进行单独的编辑操作。

（3）绘制两条以上的直线段后，如果输入选项 C 响应"指定下一点"提示，那么系统会自动连接起点和最后一个端点，从而绘制出封闭的图形。

（4）如果输入选项 U 响应"指定下一点"提示，那么系统会删除最近一次绘制的直线段。

（5）如果设置正交方式（单击状态栏上的"正交模式"按钮），则只能绘制水平线段或垂直线段。

（6）如果设置动态数值输入方式（单击状态栏上的"动态输入"按钮），则可以动态输入坐标值或长度值，其效果与非动态数值输入方式的效果类似。除非特别需要，否则只按非动态数值输入方式输入相关数值。

2.2 绘制洗脸盆

在绘图过程中，除了要用到最基本的直线类命令绘制直线，还要经常绘制曲线。最简单的曲线类命令是圆类命令，主要包括"圆""圆弧""圆环""椭圆""椭圆弧"等命令。

本节将通过洗脸盆的绘制过程来讲解圆类命令的使用方法。洗脸盆如图 2-8 所示。

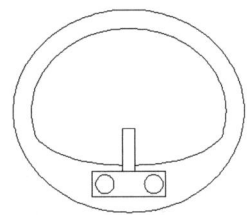

图 2-8　洗脸盆

操作步骤

（1）单击"常用"选项卡"绘图"面板中的"直线"按钮，绘制水龙头，如图 2-9 所示。

（2）单击"常用"选项卡"绘图"面板"圆"下拉列表中的"圆心，半径"按钮，绘制两个水龙头旋钮，如图 2-10 所示。

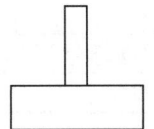

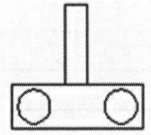

图 2-9　绘制水龙头　　　　　　　图 2-10　绘制水龙头旋钮

（3）单击"常用"选项卡"绘图"面板"椭圆"下拉列表中的"轴，端点"按钮，绘制洗脸盆外沿，如图 2-11 所示。命令行提示与操作如下。

```
命令:_ellipse
指定椭圆的第一个端点或 [弧(A)/中心(C)/同心(N)]:（用鼠标指定椭圆的一个轴端点）
指定轴向第二端点:（用鼠标指定椭圆的另一个轴端点）
指定其他轴或 [旋转(R)]:（用鼠标在屏幕上拉出另一半轴长度）
```

（4）单击"常用"选项卡"绘图"面板"椭圆"下拉列表中的"椭圆弧"按钮，绘制洗脸盆部分内沿，如图 2-12 所示。命令行提示与操作如下。

```
命令:_ellipse
指定椭圆的第一个端点或 [弧(A)/中心(C)/同心(N)]:_a
指定椭圆的第一个端点或 [中心(C)]:C
指定椭圆的中心:（捕捉上一步绘制的椭圆中心点）
指定轴向第二端点:（适当指定一点）
指定其他轴或 [旋转(R)]:（用鼠标在屏幕上拉出另一半轴长度）
指定弧的起始角度或 [参数(P)]:（用鼠标拉出起始角度）
指定终止角度或 [参数(P)/包含(I)]:（用鼠标拉出终止角度）
```

（5）单击"常用"选项卡"绘图"面板中的"圆弧"按钮，绘制洗脸盆内沿的其他部分，最终效果如图 2-8 所示。

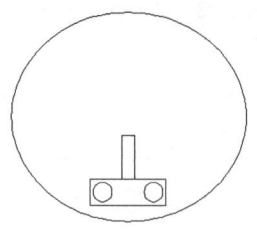
图 2-11　绘制洗脸盆外沿

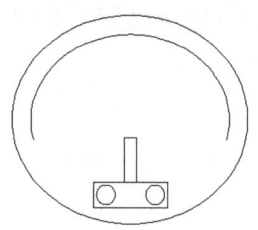
图 2-12　绘制洗脸盆部分内沿

知识点详解

圆类命令及其快捷命令如表 2-2 所示。

表 2-2　圆类命令及其快捷命令

命令名称	命令行命令	快捷命令
圆	CIRCLE	C
圆弧	ARC	A
圆环	DONUT	DO
椭圆、椭圆弧	ELLIPSE	EL

在"椭圆"命令的命令行提示中，各选项的含义如下。

（1）指定椭圆的轴端点：根据两个端点，定义椭圆的第一条轴。第一条轴的角度决定了整个椭圆的角度。第一条轴既可定义为椭圆的长轴，也可定义为椭圆的短轴。

（2）其他轴：以第一条轴的中点拖曳选择第三点来定义椭圆的另一条轴。

（3）旋转(R)：以第一条轴为主轴，通过旋转一定的角度确定离心率来绘制椭圆。

注意

角度值的有效范围为 0°～89.4°。输入值越大，椭圆的离心率越大，输入 0 将绘制圆。

（4）中心(C)：通过指定中心点来绘制椭圆。

（5）起始/终止角度：指定椭圆弧端点角度的一种方式。十字光标与椭圆中心点连线的夹角为椭圆弧端点的角度。

（6）参数(P)：指定椭圆弧端点角度的另一种方式。该方式通过以下矢量参数方程式来绘制椭圆弧。

$$p(u) = c + a \cdot \cos(u) + b \cdot \sin(u)$$

其中，c 为椭圆中心点相对于原点的矢量，a 和 b 分别为椭圆的长轴端点和短轴端点相对于中心点的矢量，u 为十字光标与椭圆中心点连线的夹角。

（7）包含(I)：定义从起始角度开始的包含角度。

2.3 绘制台阶三视图

在绘图过程中，有时需要用到平面图形类命令。简单的平面图形类命令包括"矩形""多边形"等命令。

本节将通过台阶三视图（俯视图、主视图、左视图）的绘制过程来讲解"矩形"命令的使用方法。台阶三视图如图 2-13 所示。

图 2-13　台阶三视图

操作步骤

（1）单击"视图"选项卡"定位"面板中的"中心"按钮，缩放图形至合适的比例。命令行提示与操作如下。

```
命令:'_zoom
指定窗口的角点，输入比例因子(nX 或 nXP)，或者[全部(A)/中心(C)/动态(D)/范围(E)/上一个(P)/比例(S)/窗口(W)/对象(O)]<实时>:_c
指定中心点:1400,600✓
输入比例或高度<1549.7885>:2000✓
```

（2）单击"常用"选项卡"绘图"面板中的"矩形"按钮，绘制矩形，如图 2-14 所示。命令行提示与操作如下。

```
命令:_rectang
指定第一个角点或　[倒角(C)/标高(E)/圆角(F)/正方形(S)/厚度(T)/宽度(W)/倾斜(O)/同心(N)]:0,0✓
指定其他的角点或　[面积(A)/尺寸(D)/旋转(R)]:@2000,210✓
```

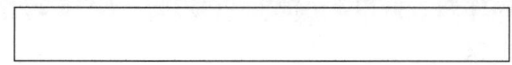

图 2-14　绘制矩形

（3）单击"常用"选项卡"绘图"面板中的"矩形"按钮，绘制台阶俯视图。命令行提示与操作如下。

```
命令:_rectang
指定第一个角点或　[倒角(C)/标高(E)/圆角(F)/正方形(S)/厚度(T)/宽度(W)/倾斜(O)/同心(N)]:0,210✓
指定其他的角点或　[面积(A)/尺寸(D)/旋转(R)]:@2000,210✓
命令:_rectang
指定第一个角点或　[倒角(C)/标高(E)/圆角(F)/正方形(S)/厚度(T)/宽度(W)/倾斜(O)/同心
```

(N)]:0,420↙
　　指定其他的角点或 [面积(A)/尺寸(D)/旋转(R)]:@2000,210↙

绘制效果如图2-15所示。

（4）单击"常用"选项卡"绘图"面板中的"矩形"按钮▢，绘制台阶主视图。命令行提示与操作如下。

命令:_rectang
指定第一个角点或 [倒角(C)/标高(E)/圆角(F)/正方形(S)/厚度(T)/宽度(W)/倾斜(O)/同心(N)]:0,950↙
　　指定其他的角点或 [面积(A)/尺寸(D)/旋转(R)]:@2000,150↙
命令:_rectang
指定第一个角点或 [倒角(C)/标高(E)/圆角(F)/正方形(S)/厚度(T)/宽度(W)/倾斜(O)/同心(N)]:0,950↙
　　指定其他的角点或 [面积(A)/尺寸(D)/旋转(R)]:@2000,-150↙

绘制效果如图2-16所示。

图2-15　台阶俯视图　　　　　　　　图2-16　台阶主视图

（5）单击"常用"选项卡"绘图"面板中的"直线"按钮╲，绘制台阶左视图。命令行提示与操作如下。

命令:_line
指定第一个点:2300,800↙
指定下一点或 [角度(A)/长度(L)/放弃(U)]:@210,0↙
指定下一点或 [角度(A)/长度(L)/放弃(U)]:@0,150↙
指定下一点或 [角度(A)/长度(L)/闭合(C)/放弃(U)]:@210,0↙
指定下一点或 [角度(A)/长度(L)/闭合(C)/放弃(U)]:@0,150↙
指定下一点或 [角度(A)/长度(L)/闭合(C)/放弃(U)]:@210,0↙
指定下一点或 [角度(A)/长度(L)/闭合(C)/放弃(U)]:@0,-300↙
指定下一点或 [角度(A)/长度(L)/闭合(C)/放弃(U)]:c

最终效果如图2-13所示。

📖 知识点详解

平面图形类命令及其快捷命令如表2-3所示。

表2-3　平面图形类命令及其快捷命令

命令名称	命令行命令	快捷命令
矩形	RECTANG	REC
多边形	POLYGON	POL

在"矩形"命令的命令行提示中,各选项的含义如下。

(1) 角点:通过指定两个角点来绘制矩形,如图 2-17(a)所示。

(2) 倒角(C):通过指定倒角距离来绘制带倒角的矩形,如图 2-17(b)所示。每个角点逆时针和顺时针方向的倒角距离可以相同,也可以不同。其中,第一个倒角距离是指角点逆时针方向的倒角距离,第二个倒角距离是指角点顺时针方向的倒角距离。

(3) 标高(E):设置矩形对象的标高。图 2-17(c)所示分别为标高为 0 和 50 的矩形。

(4) 圆角(F):通过指定圆角半径来绘制带圆角的矩形,如图 2-17(d)所示。

(5) 正方形(S):通过指定正方形一条边的两个端点来绘制正方形,如图 2-17(e)所示。

(6) 厚度(T):指定矩形的厚度,如图 2-17(f)所示。

(7) 宽度(W):指定矩形的线宽,如图 2-17(g)所示。

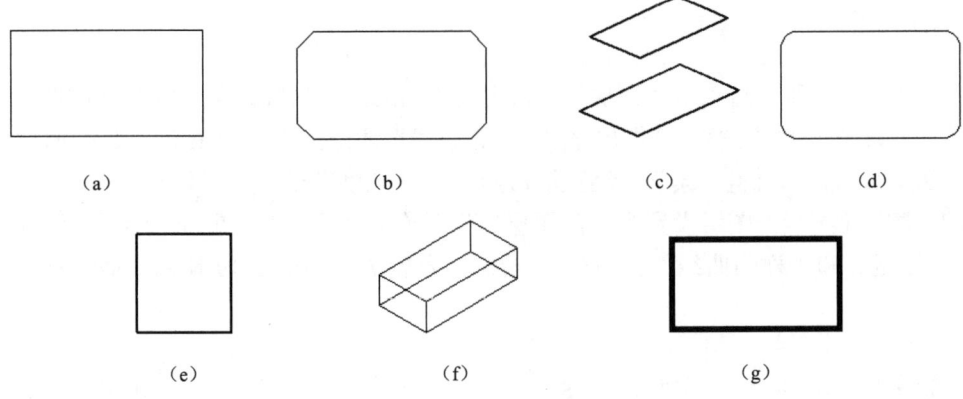

图 2-17 矩形的不同绘制方法

(8) 倾斜(O):绘制带有倾斜角度的矩形。

(9) 同心(N):通过指定矩形外接圆的圆心、直径(半径)或偏移距离来绘制一系列同心矩形。

(10) 面积(A):输入以当前单位计算的矩形面积值,通过指定矩形的面积来绘制矩形。在指定了长度或宽度后,根据命令行提示指定一个角点,即可确定矩形另一个角点的位置。

(11) 尺寸(D):通过指定长度和宽度来绘制矩形。第二个角点将矩形定位在与第一个角点相关的 4 个位置之一。

(12) 旋转(R):通过指定旋转角度来绘制矩形。在指定了拾取点或旋转角度后,根据命令行提示指定另一个角点。

2.4 绘制布纹沙发

在绘图过程中,除了要用到上述简单的二维绘图命令,还要用到一些复杂的二维绘图命令。复杂的二维绘图命令主要包括"多段线""样条曲线""多线""图案填充"等命令。本节将使用"直线""圆弧""多段线""样条曲线""图案填充"等命令来绘制布纹沙发,通过布纹沙发的绘制过程来讲解复杂二维绘图命令的使用方法。布纹沙发如图 2-18 所示。

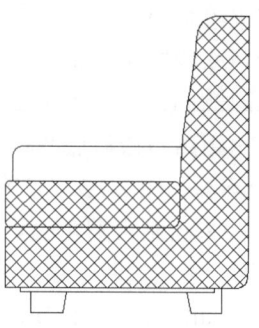

图 2-18　布纹沙发

操作步骤

（1）单击"常用"选项卡"图层"面板中的"图层特性"按钮，在打开的图层特性管理器中新建两个图层：第一个图层命名为"轮廓线"，颜色设置为洋红色，其余属性默认；第二个图层命名为"材料图案"，颜色设置为8，其余属性默认。

（2）将"轮廓线"图层设置为当前图层。分别单击"常用"选项卡"绘图"面板中的"直线"按钮和"样条曲线"按钮，绘制沙发轮廓，如图 2-19 所示。命令行提示与操作如下。

```
命令：_spline
当前设置：方式=拟合    节点=弦
指定第一个点或 [方式(M)/节点(K)/对象(O)]：_m
输入样条曲线创建方式 [拟合(F)/控制点(CV)] <拟合>：_f
当前设置：方式=拟合    节点=弦
指定第一个点或 [方式(M)/节点(K)/对象(O)]：（在合适位置指定样条曲线的起点）
指定下一点：（指定下一点）
指定下一点或 [闭合(C)/拟合公差(F)/放弃(U)] <起点切向>：（指定下一点）
指定下一点或 [闭合(C)/拟合公差(F)/放弃(U)] <起点切向>：（指定下一点）
指定下一点或 [闭合(C)/拟合公差(F)/放弃(U)] <起点切向>：（指定下一点）
指定下一点或 [闭合(C)/拟合公差(F)/放弃(U)] <起点切向>：（指定下一点）
指定起点切向：（指定起点的切线方向）
指定端点切向：（指定端点的切线方向）
```

（3）单击"常用"选项卡"绘图"面板中的"多段线"按钮，绘制沙发垫，如图 2-20 所示。命令行提示与操作如下。

```
命令：_pline
指定多段线的起点或 <最后点>：（指定多段线的起点）
当前线宽是 0.0
指定下一点或 [圆弧(A)/半宽(H)/长度(L)/撤销(U)/宽度(W)]：（指定直线段的下一点）
指定下一点或 [圆弧(A)/闭合(C)/半宽(H)/长度(L)/撤销(U)/宽度(W)]：A
指定圆弧的端点（按住 Ctrl 键以切换方向）或
 [角度(A)/圆心(CE)/闭合(CL)/方向(D)/半宽(H)/直线(L)/半径(R)/第二个点(S)/宽度
```

(W)/撤销(U)]：(指定圆弧段的端点)
　　指定圆弧的端点（按住 Ctrl 键以切换方向）或
　　[角度(A)/圆心(CE)/闭合(CL)/方向(D)/半宽(H)/直线(L)/半径(R)/第二个点(S)/宽度(W)/撤销(U)]：L↙
　　指定下一点或 [圆弧(A)/闭合(C)/半宽(H)/长度(L)/撤销(U)/宽度(W)]：(指定直线段的下一点)
　　指定下一点或 [圆弧(A)/闭合(C)/半宽(H)/长度(L)/撤销(U)/宽度(W)]：A
　　指定圆弧的端点（按住 Ctrl 键以切换方向）或
　　[角度(A)/圆心(CE)/闭合(CL)/方向(D)/半宽(H)/直线(L)/半径(R)/第二个点(S)/宽度(W)/撤销(U)]：(指定圆弧段的端点)
　　指定圆弧的端点（按住 Ctrl 键以切换方向）或
　　[角度(A)/圆心(CE)/闭合(CL)/方向(D)/半宽(H)/直线(L)/半径(R)/第二个点(S)/宽度(W)/撤销(U)]：L↙
　　指定下一点或 [圆弧(A)/闭合(C)/半宽(H)/长度(L)/撤销(U)/宽度(W)]：(指定直线段的下一点)
　　指定下一点或 [圆弧(A)/闭合(C)/半宽(H)/长度(L)/撤销(U)/宽度(W)]：A
　　指定圆弧的端点（按住 Ctrl 键以切换方向）或
　　[角度(A)/圆心(CE)/闭合(CL)/方向(D)/半宽(H)/直线(L)/半径(R)/第二个点(S)/宽度(W)/撤销(U)]：(指定圆弧段的端点)
　　指定圆弧的端点（按住 Ctrl 键以切换方向）或
　　[角度(A)/圆心(CE)/闭合(CL)/方向(D)/半宽(H)/直线(L)/半径(R)/第二个点(S)/宽度(W)/撤销(U)]：L↙
　　指定下一点或 [圆弧(A)/闭合(C)/半宽(H)/长度(L)/撤销(U)/宽度(W)]：(指定直线段的下一点)
　　指定下一点或 [圆弧(A)/闭合(C)/半宽(H)/长度(L)/撤销(U)/宽度(W)]：A
　　指定圆弧的端点（按住 Ctrl 键以切换方向）或
　　[角度(A)/圆心(CE)/闭合(CL)/方向(D)/半宽(H)/直线(L)/半径(R)/第二个点(S)/宽度(W)/撤销(U)]：(指定圆弧段的端点)
　　指定圆弧的端点（按住 Ctrl 键以切换方向）或
　　[角度(A)/圆心(CE)/闭合(CL)/方向(D)/半宽(H)/直线(L)/半径(R)/第二个点(S)/宽度(W)/撤销(U)]：↙（按 Enter 键退出）

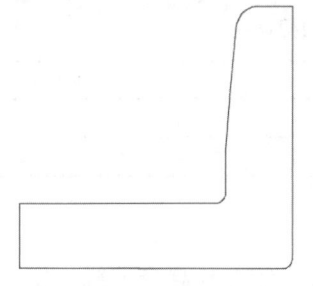

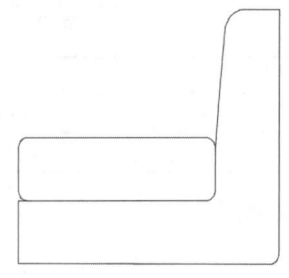

图 2-19　绘制沙发轮廓　　　　　　　　图 2-20　绘制沙发垫

（4）分别单击"常用"选项卡"绘图"面板中的"直线"按钮和"圆弧"按钮，绘制沙发扶手，如图 2-21 所示。

（5）单击"常用"选项卡"绘图"面板中的"多段线"按钮，绘制沙发腿，如图 2-22 所示。

（6）将"材料图案"图层设置为当前图层。单击"常用"选项卡"绘图"面板中的"图案填充"按钮，打开"图案填充创建"选项卡，如图 2-23 所示。在"图案"面板中选择

NET 作为填充图案，设置角度为 45°、填充比例为 10，填充沙发图形。

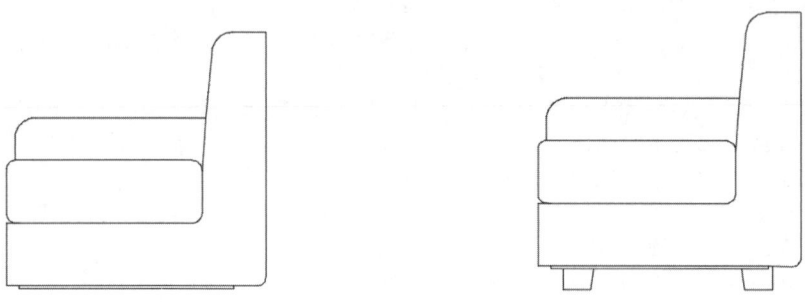

图 2-21　绘制沙发扶手　　　　　　图 2-22　绘制沙发腿

图 2-23　"图案填充创建"选项卡

最终效果如图 2-18 所示。

📖 知识点详解

1. 多段线

多段线是作为单个对象创建的相互连接的线段组合图形。该组合图形作为一个整体，可以由直线段、圆弧段或两者的组合线段组成，并且可以是任意开放或封闭的图形。多段线相关命令及其快捷命令如表 2-4 所示。

表 2-4　多段线相关命令及其快捷命令

命令名称	命令行命令	快捷命令
绘制多段线	PLINE	PL
编辑多段线	PEDIT	PE

2. 样条曲线

中望建筑 CAD 中有一种特殊的样条曲线，即非均匀有理 B 样条曲线，使用拟合点或控制点来定义。在默认情况下，拟合点与样条曲线完全重合；控制点定义控制框，控制框提供便捷的方法来控制样条曲线的形状。样条曲线示例如图 2-24 所示。

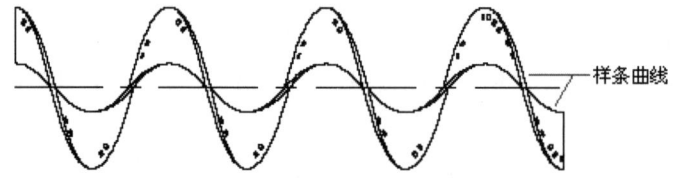

图 2-24　样条曲线示例

样条曲线相关命令及其快捷命令如表 2-5 所示。

表 2-5　样条曲线相关命令及其快捷命令

命令名称	命令行命令	快捷命令
绘制样条曲线	SPLINE	SPL
编辑样条曲线	SPLINEDIT	SPE

3．多线

多线是一种复合线，由连续的直线段复合组成。多线的一个突出优点是能够提高绘图效率，保证图线之间的统一性。多线一般用于电子线路、建筑墙体等的绘制。多线相关命令及其快捷命令如表 2-6 所示。

表 2-6　多线相关命令及其快捷命令

命令名称	命令行命令	快捷命令
定义多线样式	MLSTYLE	无
绘制多线	MLINE	ML
编辑多线	MLEDIT	无

4．图案填充

为了标识某个区域的材质或用料，常对其填充一定的图案。图形中的填充图案表明了对象的材料特性，增加了图形的可读性。此外，还可以创建渐变色填充，增强图形的演示效果。图案填充相关命令及其快捷命令如表 2-7 所示。

表 2-7　图案填充相关命令及其快捷命令

命令名称	命令行命令	快捷命令
图案填充	BHATCH	H
渐变色	GRADIENT	无
编辑图案填充	HATCHEDIT	HE

2.5　绘制双扇门

编辑命令配合绘图命令的使用，可以进一步完成复杂图形对象的绘制工作，并且可以使用户合理安排和组织图形，保证绘图准确，减少重复操作。因此，对编辑命令的熟练掌握和应用有助于提高设计和绘图效率。

简单的编辑命令主要包括复制类命令、改变位置类命令和调整尺寸类命令，下面先介绍复制类命令。复制类命令主要包括"复制""镜像""偏移""阵列"等命令，下面以"镜像"命令为例介绍这类命令。

本节将通过双扇门的绘制过程来讲解"镜像"命令的使用方法。首先使用"矩形""圆弧"

命令绘制一侧的图形，然后使用"镜像"命令绘制另一侧的图形，效果如图 2-25 所示。

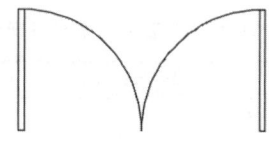

图 2-25　双扇门

📖 **操作步骤**

（1）单击"常用"选项卡"绘图"面板中的"矩形"按钮▭，输入相对坐标"@50,1000"，在绘图区的适当位置绘制一个 50×1000 的矩形作为门扇。

（2）单击"常用"选项卡"绘图"面板中的"圆弧"按钮⌒，以矩形右下角点为圆心、以矩形右上角点为起点绘制一段圆弧，即可完成单扇门的绘制，如图 2-26 所示。

图 2-26　绘制单扇门

（3）单击"常用"选项卡"修改"面板"复制"下拉列表中的"镜像"按钮⊿，选中上一步绘制的单扇门，以单扇门弧线的下端点为镜像第一点，以该点垂直向上或向下任意一点为镜像第二点，执行镜像操作，如图 2-27 所示（注意，需事先按 F8 键调整到正交模式下）。命令行操作与提示如下。

```
命令：_mirror
选择对象：
指定对角点：（框选单扇门）
选择对象：✓
指定镜像线的第一点：（捕捉单扇门弧线的下端点）
指定镜像线的第二点：（捕捉垂直线上任意一点）
是否删除源对象？[是(Y)/否(N)] <N>：✓
```

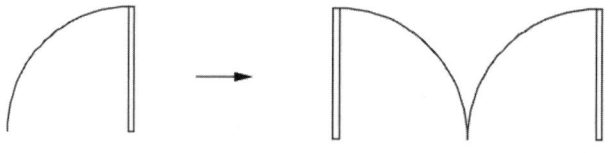

图 2-27　镜像单扇门

最终效果如图 2-25 所示。

📖 **知识点详解**

下面以"复制"命令为例讲解复制类命令的执行方式。其他编辑命令的执行方式与"复制"命令的执行方式类似,不再赘述。

【执行方式】

- 命令行:COPY(快捷命令:CO)。
- 菜单栏:选择"修改"→"复制"命令。"修改"菜单如图2-28所示。
- 工具栏:单击如图2-29所示"修改"工具栏中的"复制"按钮。
- 功能区:单击如图2-30所示"常用"选项卡"修改"面板中的"复制"按钮。

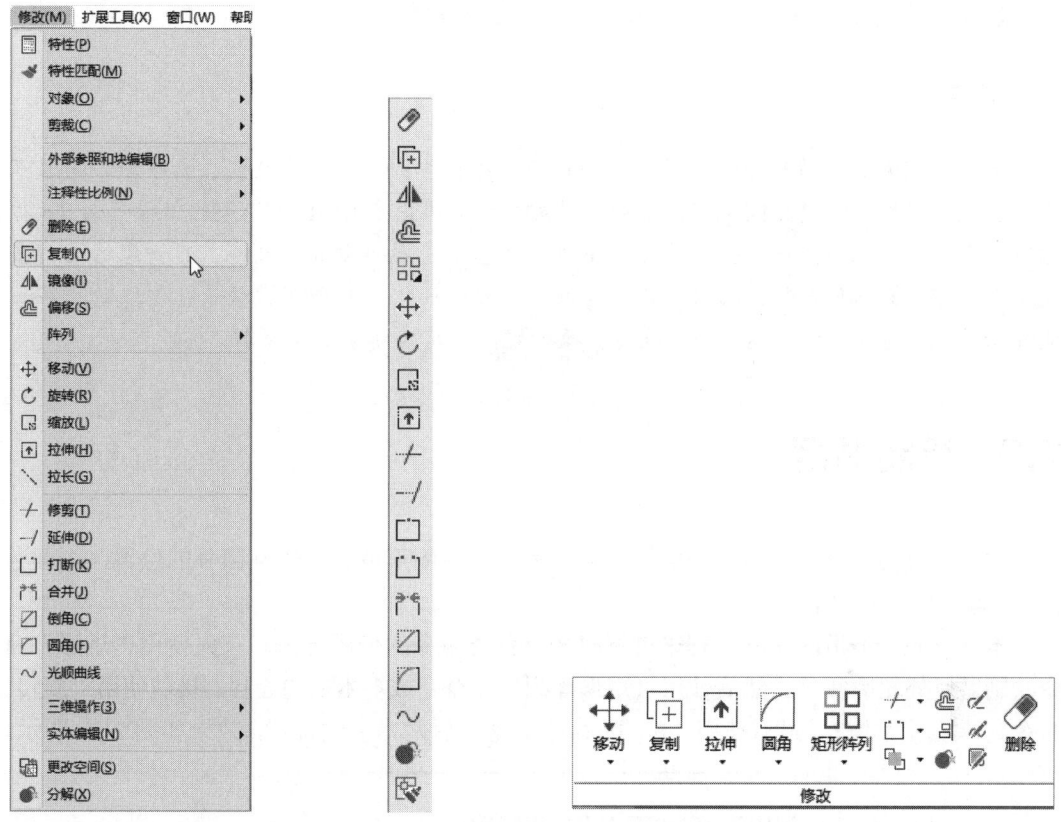

图2-28 "修改"菜单　　图2-29 "修改"工具栏　　图2-30 "常用"选项卡中的"修改"面板

复制类命令及其快捷命令如表2-8所示。

表2-8 复制类命令及其快捷命令

命令名称	命令行命令	快捷命令
复制	COPY	CO
镜像	MIRROR	MI
偏移	OFFSET	O
阵列	ARRAY	AR

在"镜像"命令的命令行提示中,各选项的含义如下。

(1)选择对象:选择要创建镜像副本的对象,按Enter键结束选择。

（2）指定镜像线的第一点/第二点：通过指定镜像线的两点来确定一条镜像线，以镜像线为基准创建对象的镜像副本。

对于三维空间中的镜像，将相对于用户坐标系（User Coordinate System，UCS）中垂直于 XY 平面且包含镜像线的镜像平面创建选中三维对象的镜像副本。

（3）是否删除源对象：执行镜像操作后，可以选择是否删除源对象。

① 是：删除源对象，仅保留创建的镜像副本。

② 否：保留源对象，并在当前图形中创建镜像副本。

注意

> 对于文字对象，执行镜像操作后，其对齐和对正方式不会发生改变，文字的方向也不会发生改变。如果需要更改文字的方向，则需要将系统变量 MIRRTEXT 的值设置为 1。对于使用 TEXT/ATTDEF/MTEXT 命令、属性定义和变量属性创建的文字，其镜像结果由系统变量 MIRRTEXT 控制；而对于作为插入块一部分的文字和使用常量属性创建的文字，则不管系统变量 MIRRTEXT 如何设置，执行镜像操作后都会将其反转。

2.6 绘制书柜

改变位置类命令的功能是按照指定要求改变当前图形或图形中某部分的位置，主要包括"移动""旋转"等命令。

本节将通过书柜的绘制过程来讲解改变位置类命令的使用方法。首先使用"矩形"命令绘制书柜外轮廓和书，然后使用"矩形阵列"命令完成多本书的绘制，接着使用"旋转"命令旋转最后两本书，最后使用"移动"命令调整最后两本书的位置，效果如图 2-31 所示。

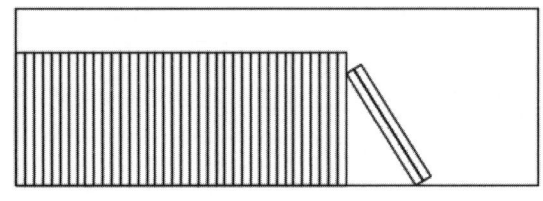

图 2-31 书柜

操作步骤

（1）单击"常用"选项卡"绘图"面板中的"矩形"按钮 ▢，绘制书柜外轮廓，尺寸为 1200×400，如图 2-32 所示。

（2）单击"常用"选项卡"绘图"面板中的"矩形"按钮 ▢，以大矩形的左下角点为第一个角点，绘制一个尺寸为 20×300 的矩形作为书，如图 2-33 所示。

图 2-32 绘制书柜外轮廓　　　　　　图 2-33 绘制书

（3）单击"常用"选项卡"修改"面板中的"矩形阵列"按钮，对矩形进行阵列，如图 2-34 所示。命令行提示与操作如下。

```
命令：_arrayrect
选择对象：（选择矩形）
类型 = 矩形  关联 = 否
选择夹点以编辑阵列或 [关联(AS)/基点(B)/计数(COU)/间距(S)/列数(COL)/行数(R)/层数(L)/退出(X)] <退出>：R✓
输入行数 <3>：1✓
指定行间距或 [总计(T)] <450>：✓
指定行之间的标高增量 <0>：✓
选择夹点以编辑阵列或 [关联(AS)/基点(B)/计数(COU)/间距(S)/列数(COL)/行数(R)/层数(L)/退出(X)] <退出>：COL✓
输入列数 <4>：40✓
指定列间距或[总计(T)] <30>：20✓
```

（4）单击"常用"选项卡"修改"面板"移动"下拉列表中的"旋转"按钮，旋转最后两个矩形，如图 2-35 所示。命令行提示与操作如下。

```
命令：_rotate
选择对象：（选择最后两个矩形）
选择对象：✓
指定基点：（选择倒数第三个矩形的右上角点作为旋转基点，如图 2-34 所示）
指定旋转角度或 [复制(C)/参照(R)] <0>:25✓
```

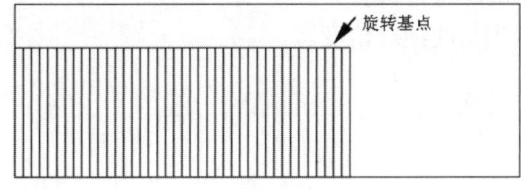

图 2-34 阵列矩形　　　　　　图 2-35 旋转矩形

（5）单击"常用"选项卡"修改"面板中的"移动"按钮，将旋转后的图形向下移动。命令行提示与操作如下。

```
命令：_move
选择对象：（选择最后两个矩形）
选择对象：✓
指定基点或 [位移(D)] <位移>：（选择倒数第二个矩形的左下角点作为移动基点，如图 2-35 所示）
```

指定第二点的位移或 <使用第一点当作位移>：（打开正交模式，在追踪线的提示下，选择追踪线和书柜的交点）

最终效果如图 2-31 所示。

知识点详解

改变位置类命令及其快捷命令如表 2-9 所示。

表 2-9 改变位置类命令及其快捷命令

命令名称	命令行命令	快捷命令
移动	MOVE	M
旋转	ROTATE	RO

在"移动"命令的命令行提示中，各选项的含义如下。

（1）选择对象：选择要移动的对象，按 Enter 键结束选择。

（2）指定基点：指定对象移动的基点。

（3）指定第二点的位移：和指定的基点一起，指定对象移动的方向和距离。按 Enter 键使用第一点当作位移，则指定的第一点被看作对象沿 X 轴和 Y 轴的位移。例如，指定第一点为 (3,4)，则对象沿 X 轴移动 3 个单位，沿 Y 轴移动 4 个单位。

（4）位移(D)：指定对象移动的方向和距离。

在"旋转"命令的命令行提示中，各选项的含义如下。

（1）选择对象：选择要旋转的对象，按 Enter 键结束选择。

（2）指定基点：指定对象旋转的基点。

（3）指定旋转角度：指定对象绕基点旋转的角度。可以直接输入旋转的角度值，也可以通过在绘图区按住鼠标左键并拖动鼠标来指定旋转角度。输入旋转的角度值后，对象的旋转方向取决于系统变量 ANGDIR 的值。

（4）复制(C)：保留源对象，创建源对象的副本并旋转。

（5）参照(R)：将对象从指定的角度旋转到新的绝对角度。

2.7 绘制镂空屏风

调整尺寸类命令主要包括"修剪""延伸""缩放"等命令，下面以"修剪"命令为例介绍这类命令。

本节将通过镂空屏风的绘制过程来讲解"修剪"命令的使用方法。首先使用"直线"命令绘制屏风的轮廓，然后使用"偏移"命令绘制屏风的水平和竖直分隔线，最后使用"修剪"命令修剪多余的线段，效果如图 2-36 所示。

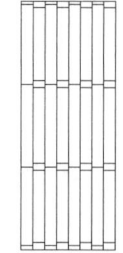

图 2-36 镂空屏风

操作步骤

(1) 单击"常用"选项卡"绘图"面板中的"直线"按钮，绘制一个尺寸为 600×1500 的矩形，如图 2-37 所示。

(2) 单击"常用"选项卡"修改"面板中的"偏移"按钮，将左侧的竖直直线向右偏移 7 次，偏移距离均为 75，如图 2-38 所示。

(3) 单击"常用"选项卡"修改"面板中的"偏移"按钮，将水平直线向上偏移到适当位置，如图 2-39 所示。

图 2-37 绘制矩形

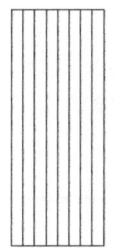
图 2-38 偏移竖直直线

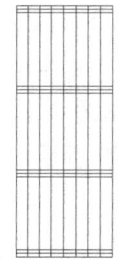
图 2-39 偏移水平直线

(4) 单击"常用"选项卡"修改"面板中的"修剪"按钮，修剪多余的线段。命令行提示与操作如下。

```
命令：_trim
当前设置：投影 = 用户坐标系, 边延伸模式 = 不延伸(N), 模式 = 标准(S)
选取边界对象作修剪或 [模式(O)] <全选>:✓
选择要修剪的对象，或按住 Shift 键选择要延伸的对象，或
[剪切边(T)/边延伸模式(E)/栏选(F)/窗交(C)/模式(O)/投影(P)/删除(R)/放弃(U)]:（选择要修剪的水平直线）
选择要修剪的对象，或按住 Shift 键选择要延伸的对象，或
[剪切边(T)/边延伸模式(E)/栏选(F)/窗交(C)/模式(O)/投影(P)/删除(R)/放弃(U)]:（选择要修剪的水平直线）
选择要修剪的对象，或按住 Shift 键选择要延伸的对象，或
[剪切边(T)/边延伸模式(E)/栏选(F)/窗交(C)/模式(O)/投影(P)/删除(R)/放弃(U)]:（选择要修剪的水平直线）
选择要修剪的对象，或按住 Shift 键选择要延伸的对象，或
[剪切边(T)/边延伸模式(E)/栏选(F)/窗交(C)/模式(O)/投影(P)/删除(R)/放弃(U)]:✓
```

最终效果如图 2-36 所示。

知识点详解

调整尺寸类命令及其快捷命令如表 2-10 所示。

表 2-10 调整尺寸类命令及其快捷命令

命令名称	命令行命令	快捷命令
修剪	TRIM	TR

续表

命令名称	命令行命令	快捷命令
延伸	EXTEND	EX
缩放	SCALE	SC

在"修剪"命令的命令行提示中,各选项的含义如下。

(1)选取边界对象作修剪:选择对象作为修剪边界或按 Enter 键选择所有对象作为修剪边界。完成修剪边界的选择后,用户可以选择要修剪的对象,或者按住 Shift 键选择要延伸的对象。

(2)边延伸模式(E):选择该选项后,可以选择对象的修剪方式——延伸和不延伸。

① 延伸(E):沿修剪边界的延长线修剪选择的对象。在此修剪方式下,如果剪切边没有与要修剪的对象相交,那么系统会先延伸剪切边直至与要修剪的对象相交,再修剪对象,如图 2-40 所示。

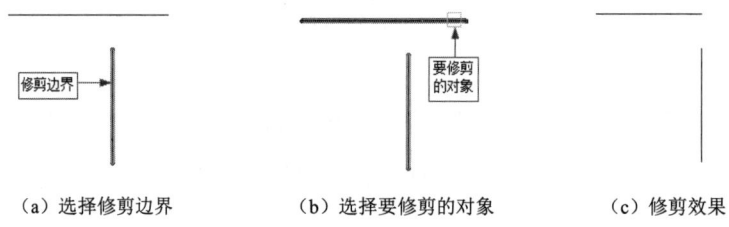

(a)选择修剪边界　　　　(b)选择要修剪的对象　　　　(c)修剪效果

图 2-40　采用延伸方式修剪对象

② 不延伸(N):不延伸边界修剪对象。在此修剪方式下,只修剪与剪切边相交的对象。

(3)栏选(F):选择该选项后,系统将以栏选方式选择要修剪的对象,如图 2-41 所示。

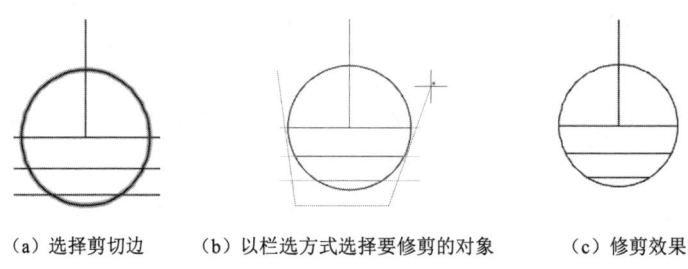

(a)选择剪切边　　　　(b)以栏选方式选择要修剪的对象　　　　(c)修剪效果

图 2-41　采用栏选方式修剪对象

(4)窗交(C):选择该选项后,系统将以窗交方式选择要修剪的对象,如图 2-42 所示。

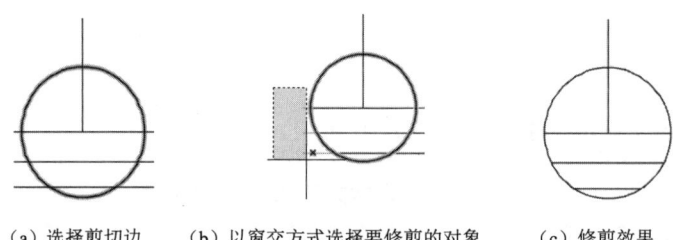

(a)选择剪切边　　　　(b)以窗交方式选择要修剪的对象　　　　(c)修剪效果

图 2-42　采用窗交方式修剪对象

（5）投影(P)：指定修剪对象时使用的投影模式。选择该选项后，命令行提示如下。

输入投影选项 [无(N)/用户坐标系(U)/视图(V)] <UCS>：

① 无(N)：在修剪对象时指定无投影，且只修剪在三维空间中与修剪边界相交的对象。
② 用户坐标系(U)：修剪在三维空间中不与修剪边界相交的对象，并投影在当前用户坐标系的 XY 平面上。
③ 视图(V)：修剪当前视图中与修剪边界相交的对象，并沿当前视图方向投影。
（6）删除(R)：在执行"修剪"命令的过程中，从图形中删除选定的对象。
（7）放弃(U)：撤销上一步修剪操作。
（8）按住 Shift 键：在选择对象时，如果按住 Shift 键，那么系统会自动将"修剪"命令转换为"延伸"命令。

2.8 绘制四人餐桌

除简单的编辑命令外，还有一些复杂的编辑命令。复杂的编辑命令主要包括"圆角""倒角"等命令。在绘图过程中，经常要进行圆角和倒角操作。在使用"圆角"和"倒角"命令时，要先设置圆角半径和倒角距离，否则执行命令后，很可能看不到任何效果。

本节将通过四人餐桌的绘制过程来讲解"圆角""倒角"命令的使用方法。本节将使用"矩形""直线""偏移""复制""镜像""移动""倒角""圆角"等命令绘制并细化图形。四人餐桌如图 2-43 所示。

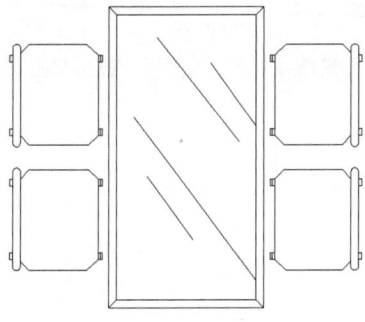

图 2-43　四人餐桌

📖 操作步骤

（1）单击"常用"选项卡"绘图"面板中的"矩形"按钮▭，绘制一个尺寸为 800×1500 的矩形，如图 2-44 所示。
（2）单击"常用"选项卡"修改"面板中的"偏移"按钮⊘，选择上一步绘制的矩形为偏移对象并向内进行偏移，偏移距离为 40，如图 2-45 所示。
（3）单击"常用"选项卡"绘图"面板中的"直线"按钮╲，绘制 4 条斜向直线，如图 2-46 所示。

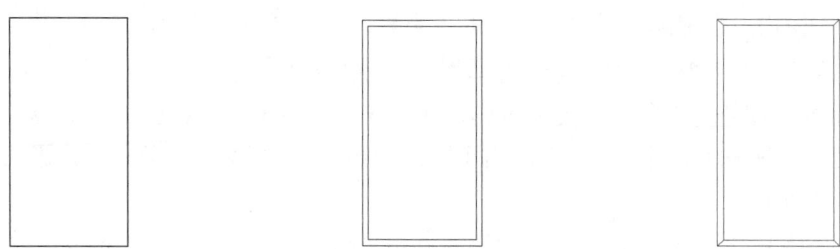

图 2-44　绘制矩形（1）　　　图 2-45　偏移矩形　　　图 2-46　绘制斜向直线（1）

（4）单击"常用"选项卡"绘图"面板中的"直线"按钮，在矩形内绘制多条斜向直线，如图 2-47 所示。

（5）单击"常用"选项卡"绘图"面板中的"矩形"按钮，绘制一个尺寸为 400×500 的矩形，如图 2-48 所示。

（6）单击"常用"选项卡"修改"面板中的"倒角"按钮，选择第（5）步绘制的矩形的 4 条边为倒角对象并对其进行倒角处理，倒角距离为 81，如图 2-49 所示。命令行提示与操作如下。

```
命令：_chamfer
当前设置：模式 = TRIM，距离 1 = 0.0，距离 2 = 0.0
选择第一条直线或 [多段线(P)/距离(D)/角度(A)/方式(E)/修剪(T)/多个(M)/放弃(U)]：D↙
设置距离方式的倒角方式。
指定基准对象的倒角距离 <0.0>：81↙
指定另一个对象的倒角距离 <81.0>：↙
选择第一条直线或　[多段线(P)/距离(D)/角度(A)/方式(E)/修剪(T)/多个(M)/放弃(U)]：
（选择矩形的一条边线）
选择第二个对象或按住 Shift 键选择对象以应用角点：（选择矩形的另一条边线）
```

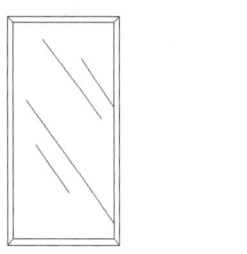  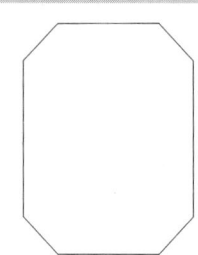

图 2-47　绘制斜向直线（2）　　　图 2-48　绘制矩形（2）　　　图 2-49　倒角处理

（7）单击"常用"选项卡"绘图"面板中的"矩形"按钮，在第（6）步倒角后的矩形右下端绘制一个尺寸为 22×32 的矩形，如图 2-50 所示。

（8）单击"常用"选项卡"绘图"面板中的"直线"按钮，在第（7）步绘制的矩形内绘制一条竖直直线，如图 2-51 所示。

（9）单击"常用"选项卡"修改"面板中的"复制"按钮，选择第（8）步绘制的图形为复制对象并向上进行复制，如图 2-52 所示。

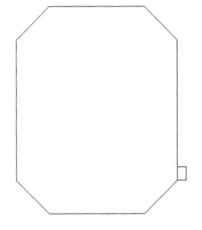
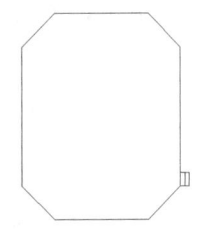
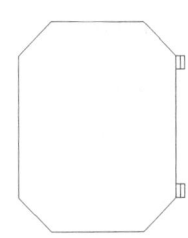

图 2-50　绘制矩形（3）　　　图 2-51　绘制竖直直线　　　图 2-52　复制图形

（10）单击"常用"选项卡"绘图"面板中的"矩形"按钮，在第（6）步倒角后的矩形左端绘制一个尺寸为 38×510 的矩形，如图 2-53 所示。

（11）单击"常用"选项卡"修改"面板中的"圆角"按钮，选择第（10）步绘制的矩形为圆角对象并对其进行圆角处理，圆角半径为 15，如图 2-54 所示。命令行提示与操作如下：

```
命令：_fillet
当前设置：模式 = TRIM，半径 = 0.0
选取第一个对象或 [多段线(P)/半径(R)/修剪(T)/多个(M)/放弃(U)]：r↙
圆角半径<0.0>：15↙
当前设置：模式 = TRIM，半径 = 15.0
选取第一个对象或 [多段线(P)/半径(R)/修剪(T)/多个(M)/放弃(U)]：m↙
当前设置：模式 = TRIM，半径 = 15.0
选取第一个对象或 [多段线(P)/半径(R)/修剪(T)/多个(M)/放弃(U)]：（选择矩形左竖直边靠上端）
选择第二个对象或按住 Shift 键选择对象以应用角点：（选择矩形上水平边靠左端）
当前设置：模式 = TRIM，半径 = 15.0
选取第一个对象或 [多段线(P)/半径(R)/修剪(T)/多个(M)/放弃(U)]：（选择矩形上水平边靠右端）
选择第二个对象或按住 Shift 键选择对象以应用角点：（选择矩形右竖直边靠上端）
当前设置：模式 = TRIM，半径 = 15.0
选取第一个对象或 [多段线(P)/半径(R)/修剪(T)/多个(M)/放弃(U)]：（选择矩形左竖直边靠下端）
选择第二个对象或按住 Shift 键选择对象以应用角点：（选择矩形下水平边靠左端）
当前设置：模式 = TRIM，半径 = 15.0
选取第一个对象或 [多段线(P)/半径(R)/修剪(T)/多个(M)/放弃(U)]：（选择矩形右竖直边靠下端）
选择第二个对象或按住 Shift 键选择对象以应用角点：（选择矩形下水平边靠右端）
当前设置：模式 = TRIM，半径 = 15.0
选取第一个对象或 [多段线(P)/半径(R)/修剪(T)/多个(M)/放弃(U)] ：↙
```

（12）单击"常用"选项卡"绘图"面板中的"矩形"按钮，在第（10）步绘制的矩形左下端绘制一个尺寸为 18×32 的矩形，如图 2-55 所示。

（13）单击"常用"选项卡"修改"面板中的"复制"按钮，选择第（12）步绘制的矩形为复制对象并向上进行复制，完成椅子图形的绘制，如图 2-56 所示。

（14）单击"常用"选项卡"修改"面板中的"移动"按钮，选择第（13）步绘制完成的椅子图形为移动对象,将其移动到餐桌处,如图 2-57 所示。

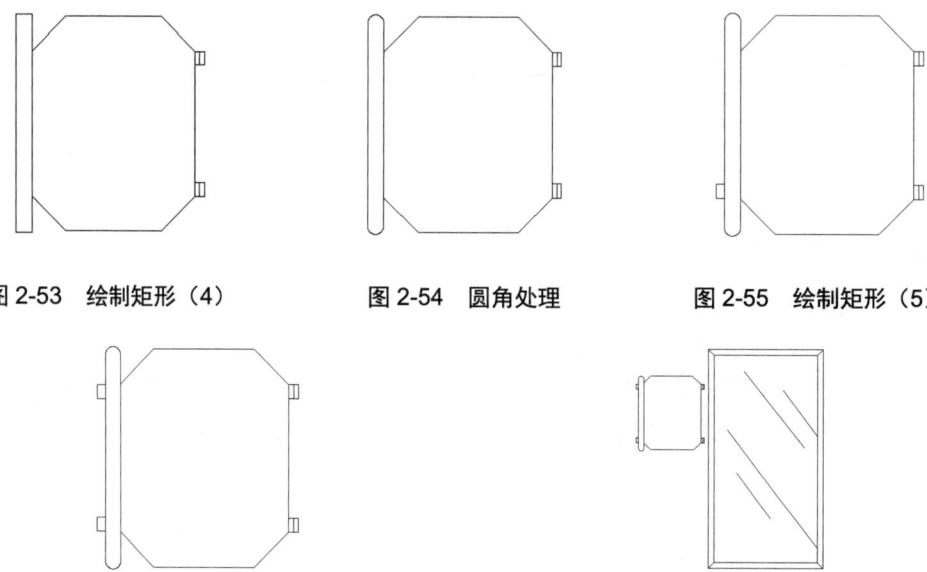

图 2-53　绘制矩形（4）　　　图 2-54　圆角处理　　　图 2-55　绘制矩形（5）

图 2-56　复制矩形　　　　　　　　图 2-57　移动椅子图形

（15）单击"常用"选项卡"修改"面板中的"复制"按钮，选择第（14）步移动的椅子图形为复制对象并向下进行复制。

（16）单击"常用"选项卡"修改"面板"复制"下拉列表中的"镜像"按钮，选择第（15）步绘制的两个椅子图形为镜像对象并向右侧进行镜像,最终效果如图 2-43 所示。

📖 知识点详解

"圆角"和"倒角"命令及其快捷命令如表 2-11 所示。

表 2-11　"圆角"和"倒角"命令及其快捷命令

命令名称	命令行命令	快捷命令
圆角	FILLET	F
倒角	CHAMFER	CHA

在"圆角"命令的命令行提示中,各选项的含义如下。

（1）多段线(P)：在一条二维多段线的两段直线段的节点处插入圆滑的弧。选择该选项后,系统会根据指定的圆弧半径把多段线各顶点用圆滑的弧连接起来。

（2）半径(R)：按住 Shift 键并选择两条直线,可以快速创建零距离倒角或零半径圆角。

（3）修剪(T)：决定在用圆角连接两条边时,是否修剪这两条边。

如果选择"修剪",那么系统变量 TRIMMODE 的值将被设置为 1。此时,如果选定的两条边相交,则直接将这两条边修剪到圆角弧的端点；如果选定的两条边不相交,则先自动延伸两条边使其相交,再将这两条边修剪到圆角弧的端点,如图 2-58（a）所示。

如果选择"不修剪",那么系统变量 TRIMMODE 的值将被设置为 0,直接创建圆角,不做其他修剪,如图 2-58(b)所示。

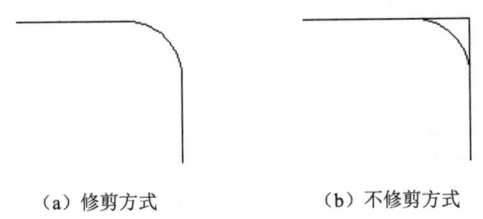

(a)修剪方式　　　　(b)不修剪方式

图 2-58　圆角连接

(4)多个(M):可以同时对多个对象进行圆角处理,而不必重新启用命令。

在"倒角"命令的命令行提示中,各选项的含义如下。

(1)多段线(P):对多段线的各个交叉点进行倒角处理。为了得到最好的连接效果,一般设置斜线距离为相等的值。系统根据指定的斜线距离把多段线的各个交叉点都用斜线连接起来,连接的斜线成为多段线新添加的构成部分,如图 2-59 所示。

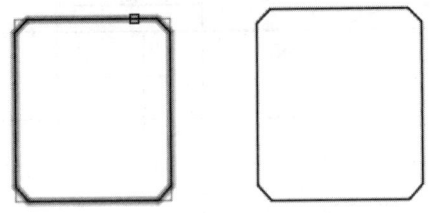

图 2-59　用斜线连接多段线

(2)距离(D):设置倒角的两个斜线距离。这两个斜线距离可以相同,也可以不同。如果二者均为 0,则系统不会绘制连接的斜线,而会把两个对象延伸至相交并修剪超出的部分。

(3)角度(A):设置第一条直线的斜线距离和第一条直线的倒角角度。

(4)方式(E):决定采用"距离"方式还是"角度"方式来进行倒角处理。

(5)修剪(T):决定连接对象后是否修剪源对象。

(6)多个(M):可以同时对多个对象进行倒角处理,而不必重新启用命令。

注意

在执行"圆角"和"倒角"命令时,有时会发现命令执行前后图形没什么变化,那是因为系统默认圆角半径和斜线距离均为 0。如果不事先设置圆角半径或斜线距离,那么系统会以默认值执行命令。

2.9　绘制标题栏

文字注释是图形中很重要的一部分内容。在进行各种设计时,通常不仅要绘制出图形,还要在其中标注一些文字，如技术要求、注释说明等，对图形对象加以解释。

本节将通过标题栏的绘制过程来讲解"多行文字"命令的使用方法。标题栏如图 2-60 所示。

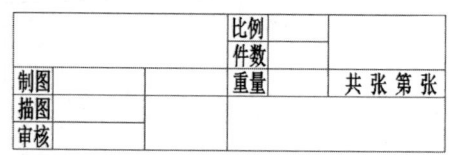

图 2-60　标题栏

操作步骤

（1）先分别单击"常用"选项卡"绘图"面板中的"矩形"按钮 ▭、"直线"按钮 ╲，再分别单击"常用"选项卡"修改"面板中的"偏移"按钮 ⬓、"修剪"按钮 ⊢，按图中所标注尺寸绘制标题栏图框，如图 2-61 所示。

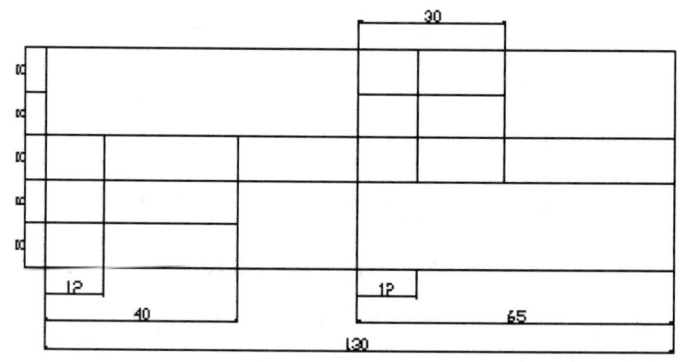

图 2-61　绘制标题栏图框

（2）单击"工具"选项卡"样式管理器"面板中的"文字样式"按钮 A，打开"文字样式管理器"对话框；单击"新建"按钮，打开"新建文字样式"对话框，如图 2-62 所示；采用"样式 1"样式名称，单击"确定"按钮退出。

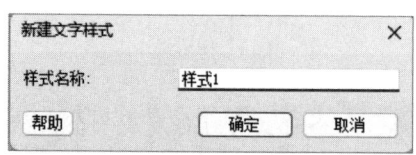

图 2-62　"新建文字样式"对话框

（3）返回"文字样式管理器"对话框，如图 2-63 所示，在"文本字体"选项组的"名称"下拉列表中选择"仿宋_GB2312"选项，在"文本度量"选项组中设置文字"高度"为 5.0、"宽度因子"为 0.7，单击"应用"按钮应用设置，单击"关闭"按钮 ✕ 关闭"文字样式管理器"对话框。

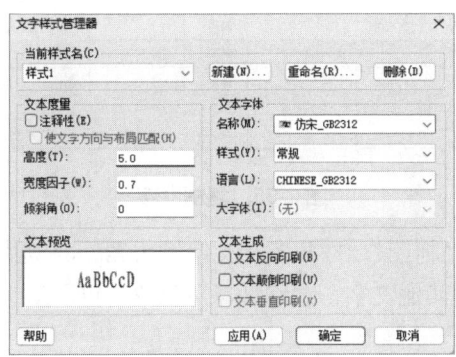

图 2-63 "文字样式管理器"对话框

(4) 单击"常用"选项卡"注释"面板中的"多行文字"按钮，标注文字，之后移动文字到图框中间，如图 2-64 所示。命令行提示与操作如下。

```
命令：_mtext
当前文字样式： "样式 1"  文字高度： 5.0000  注释性： 否
指定第一个角点：（指定文字输入的起点）
指定对角点或 [对齐方式(J)/行距(L)/旋转(R)/样式(S)/字高(H)/方向(D)/字宽(W)/栏(C)]：（指定文字输入的终点）
命令：_move
选择对象：（选择刚标注的文字）
找到 1 个
选择对象：✓
指定基点或 [位移(D)]<位移>：（指定一点）
指定第二点的位移或 <使用第一点当作位移>：（指定适当的一点，使文字刚好处于图框中间）
```

制图				

图 2-64 标注和移动文字

(5) 单击"常用"选项卡"修改"面板中的"复制"按钮，复制文字，如图 2-65 所示。命令行提示与操作如下。

```
命令：_copy
选择对象：（选择文字"制图"）
找到 1 个
选择对象：✓
当前设置： 复制模式 = 多个
指定基点或 [位移(D)/模式(O)]<位移>：（指定一点）
指定第二个点或 [阵列(A)/等距(E)/等分(I)/沿线(P)] <使用第一点当作位移>：（指定第二个点）
指定第二个点或 [阵列(A)/退出(X)/放弃(U)] <退出>：（指定第二个点）
```

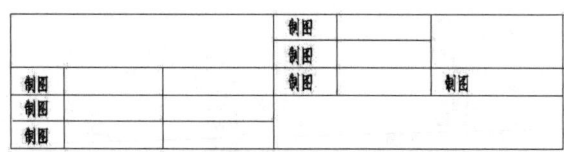

图 2-65 复制文字

（6）双击复制的文字"制图"，打开多行文字编辑器，将其中的文字"制图"改为"描图"。使用类似的方法修改其他文字，最终效果如图 2-60 所示。

知识点详解

1．"多行文字"命令

"多行文字"命令用于创建多行文字。在命令行中输入 MTEXT 后按 Enter 键，先指定"第一个角点"，再指定"对角点"。如果系统变量 MTEXTED 的值被设置为句点"."或"Internal"，且系统变量 MTEXTTOOLBAR 的值被设置为 1，则将打开带有"文本格式"工具栏的在位文字编辑器；如果系统变量 MTEXTED 的值被设置为 OldEditor，则将打开多行文字编辑器。用户可以在其中输入相关的文字内容，并设置字体、字号等属性。

【执行方式】
- 命令行：MTEXT（快捷命令：T 或 MT）。
- 菜单栏：选择"绘图"→"文字"→"多行文字"命令。
- 工具栏：单击"绘图"工具栏中的"多行文字"按钮，或者单击"文字"工具栏中的"多行文字"按钮。
- 功能区：单击"常用"选项卡"注释"面板中的"多行文字"按钮，或者单击"注释"选项卡"文字"面板中的"多行文字"按钮。

2．"单行文字"命令

"单行文字"命令用于创建单行文字。该命令创建的是单行文字对象，每行文字都是一个独立的对象。

【执行方式】
- 命令行：TEXT。
- 菜单栏：选择"绘图"→"文字"→"单行文字"命令。
- 工具栏：单击"文字"工具栏中的"单行文字"按钮。
- 功能区：单击"常用"选项卡"注释"面板中的"单行文字"按钮，或者单击"注释"选项卡"文字"面板中的"单行文字"按钮。

2.10 绘制建筑设计制图 A3 样板图

在建筑制图过程中，经常需要用到表格。使用中望建筑 CAD 提供的表格功能，创建表格就变得非常容易，用户可以直接插入设置好样式的表格，而不用绘制由单独的图线组成的栅格。

本节将通过建筑设计制图 A3 样板图的绘制过程来讲解表格相关命令的使用方法。首先设置单位、图形边界和文本样式，然后使用"矩形"和"直线"命令绘制图框线和标题栏，接着使用"表格"命令绘制会签栏，最后保存为样板图文件。绘制流程图如图 2-66 所示。

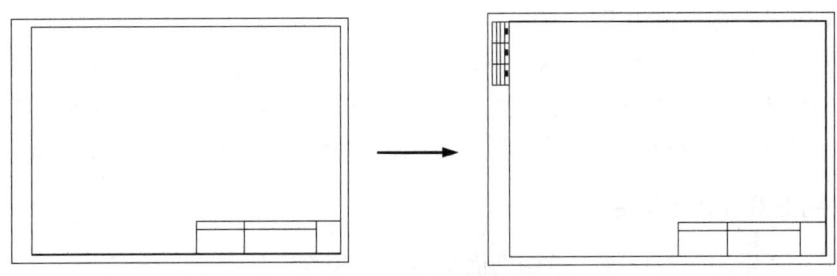

图 2-66　建筑设计制图 A3 样板图的绘制流程图

操作步骤

1．设置单位和图形边界

（1）打开中望建筑 CAD，创建一个新的图形文件。

（2）设置单位。选择"格式"→"单位"命令，打开"图形单位"对话框，如图 2-67 所示。设置长度的"类型"为"小数"、"精度"为 0，设置角度的"类型"为"十进制度数"、"精度"为 0，系统默认逆时针方向为正方向。

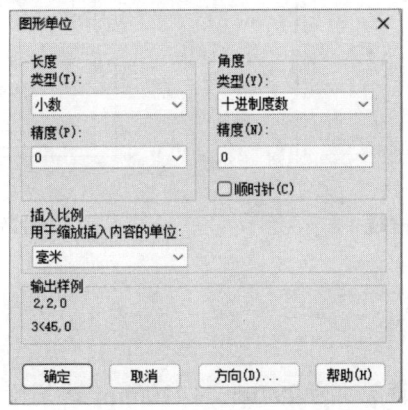

图 2-67　"图形单位"对话框

（3）设置图形边界。国家标准对图幅有着严格的规定，这里按国家标准 A3 图幅设置图形边界。A3 图幅的尺寸为 297mm×420mm。选择"格式"→"图形界限"命令，命令行提示与操作如下。

命令:LIMITS↙

```
重新设置模型空间界限：
指定左下点或限界 [开(ON)/关(OFF)] <0,0>:↙
指定右上点 <36000,27000>: 297,420↙
```

2．设置文本样式

（1）单击"工具"选项卡"样式管理器"面板中的"文字样式"按钮，打开"文字样式管理器"对话框；单击"新建"按钮，打开"新建文字样式"对话框，采用"样式1"样式名称，单击"确定"按钮退出。

（2）返回"文字样式管理器"对话框，在"文本字体"选项组的"名称"下拉列表中选择"仿宋_GB2312"选项，在"文本度量"选项组中设置文字"高度"为5.0、"宽度因子"为0.7，单击"应用"按钮应用设置，单击"关闭"按钮 关闭"文字样式管理器"对话框。

3．绘制图框线和标题栏

（1）单击"常用"选项卡"绘图"面板中的"矩形"按钮，先绘制一个角点坐标为（25,10）和（410,287）的矩形，再绘制一个297mm×420mm（A3图幅的尺寸）的矩形作为图纸范围，如图2-68所示（外框表示设置的图纸范围）。

（2）单击"常用"选项卡"绘图"面板中的"直线"按钮，绘制标题栏，坐标分别为{（230,10）、（230,50）、（410,50）}、{（280,10）、（280,50）}、{（360,10）、（360,50）}、{（230,40）、（360,40）}，如图2-69所示（说明：大括号中的数值表示一条独立连续线段的端点坐标值）。

图2-68　绘制图框线

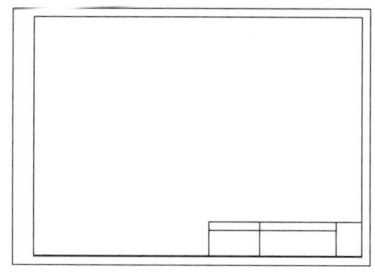

图2-69　绘制标题栏

> ⚠ **注意**
>
> 　　国家标准规定A3图幅的尺寸为297mm×420mm，这里留出了带装订边的图框到纸面边界的距离。

4．绘制会签栏

（1）选择"格式"→"表格样式"命令，打开"表格样式管理器"对话框，如图2-70所示。

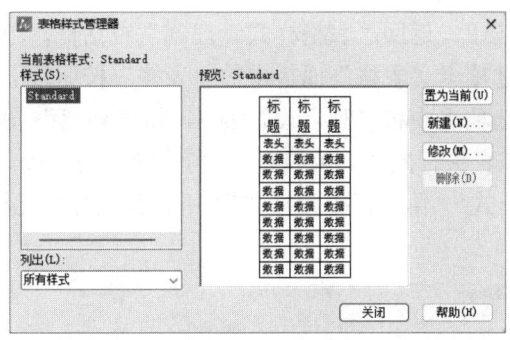

图 2-70 "表格样式管理器"对话框

（2）单击"修改"按钮，打开"修改表格样式：Standard"对话框，在"单元样式"下拉列表中选择"数据"选项，在下面的"文字"选项卡中将"文字高度"设置为 3，如图 2-71 所示；切换到"基本"选项卡，将"页边距"选项组中的"水平"和"垂直"都设置为 1，如图 2-72 所示。

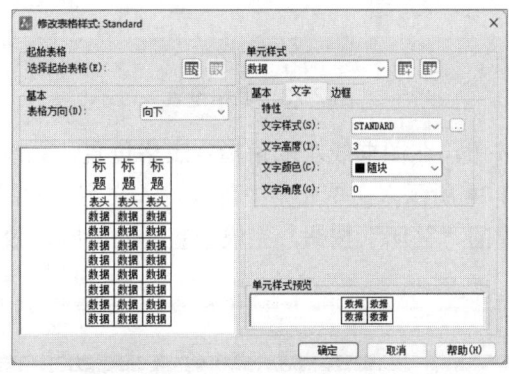

图 2-71 设置文字高度

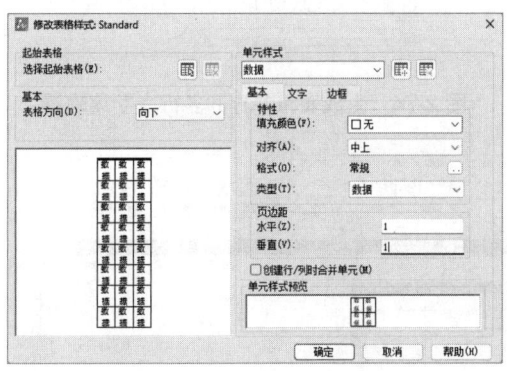

图 2-72 设置页边距

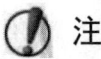 注意

表格的行高=文字高度+2×垂直页边距，此处设置为 3+2×1=5。

(3)单击"确定"按钮,返回"表格样式管理器"对话框,单击"关闭"按钮退出。

(4)单击"注释"选项卡"表格"面板中的"表格"按钮,打开"插入表格"对话框,在"列和行设置"选项组中将"列"设置为3,将"列宽"设置为25,将"数据行"设置为2(加上标题行和表头行共4行),将"行高"设置为1行,在"设置单元样式"选项组中将"第一行单元样式""第二行单元样式""所有其他行单元样式"都设置为"数据",如图2-73所示。

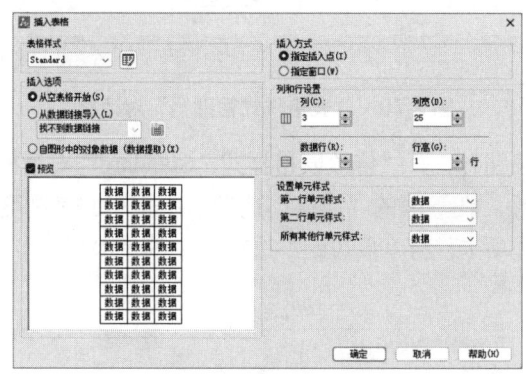

图2-73 表格设置

(5)单击"确定"按钮,在图框线左上角指定表格位置,系统将生成表格,同时打开多行文字编辑器,如图2-74所示。在单元格中依次输入文字,如图2-75所示。按Enter键或单击多行文字编辑器中的"关闭"按钮,完成会签栏的绘制,效果如图2-76所示。

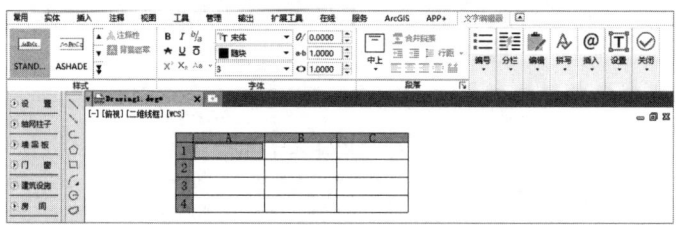

图2-74 生成表格并打开多行文字编辑器

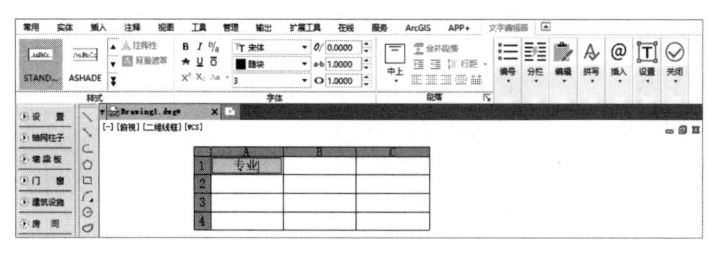

图2-75 输入文字

图2-76 会签栏

(6)单击"常用"选项卡"修改"面板"移动"下拉列表中的"旋转"按钮,把会签栏旋转-90°,最终效果如图2-66右半部分所示。这样就得到了一个样板图形,带有自己的标题栏和会签栏。

5. 保存为样板图文件

选择"文件"→"另存为"命令,打开"图形另存为"对话框,如图 2-77 所示,在"文件类型"下拉列表中选择"图形样板(*.dwt)"选项,输入文件名"A3",单击"保存"按钮保存文件。下次绘图时,可以打开该样板图文件,在此基础上开始绘图。

图 2-77 "图形另存为"对话框

📖 知识点详解

图幅的全称是图纸幅面,指绘制图样的图纸的大小。建筑设计常用的图幅有 A0(也称 0 号图幅,其余类推)、A1、A2、A3 及 A4,每种图幅的尺寸如表 2-12 所示,表中的尺寸代号含义如图 2-78 和图 2-79 所示。

表 2-12 图幅标准(单位:mm)

尺寸代号	图幅				
	A0	A1	A2	A3	A4
b×l	841×1189	594×841	420×594	297×420	210×297
c	20			10	
a	25				

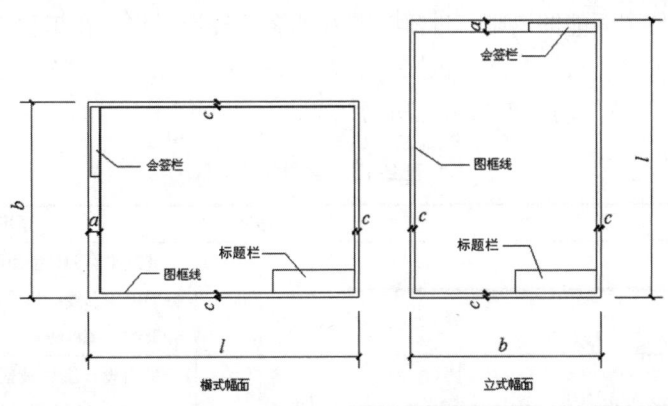

图 2-78 A0~A3 图幅格式

1. 标题栏

标题栏一般是分区的，包括设计单位名称区、工程名称区、签字区、图名区、图号区等内容。一般的标题栏格式如图 2-80 所示。如今不少设计单位采用个性化的标题栏格式，但是必须包含这几项内容。

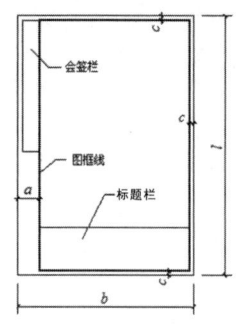

图 2-79 A4 图幅格式

图 2-80 标题栏格式

2. 会签栏

会签栏是为各工种负责人审核后签名用的表格，包括专业、姓名、日期等内容，具体内容根据需要设置，图 2-81 所示为其中一种格式。对于不需要会签的图纸，可以不设此栏。

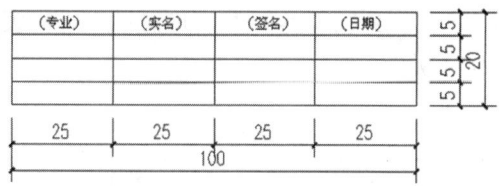

图 2-81 会签栏格式

3. 线型要求

建筑设计图主要由各种线条构成，不同的线型表示不同的对象和不同的部位，代表不同的含义。为了使图面能够清晰、准确、美观地表达设计思想，在工程实践中采用了一套常用的线型，并规定了它们的适用范围，如表 2-13 所示。在中望建筑 CAD 中，可以通过图层中"线型""线宽"的设置来选定所需线型。

表 2-13 常用线型

名称		线型	线宽	适用范围
实线	粗	——————	b	建筑平面图、剖面图、构造详图的被剖切截面的轮廓线；建筑立面图、室内立面图外轮廓线；图框线
	中	——————	$0.5b$	室内设计图中被剖切的次要构件的轮廓线；室内平面图、顶棚图、立面图、家具三视图中构配件的轮廓线等

续表

名称		线型	线宽	适用范围
实线	细	———————	≤0.25b	尺寸线、图例线、索引符号、地面材料线及其他细部刻画用线
虚线	中	— — — — —	0.5b	构造详图中不可见的实物轮廓线
	细	- - - - - - -	≤0.25b	其他不可见的次要实物轮廓线
点画线	细	— · — · — · —	≤0.25b	轴线、构配件的中心线、对称线等
折断线	细	——⋎——	≤0.25b	省略画出时的断开界线
波浪线	细	～～～～	≤0.25b	构造层次的断开界线，有时也表示省略画出时的断开界线

上机实验

实验1　绘制椅子

姓名		学号	
评分人		评分	

◆ 目的要求

绘制本实验图形（见图2-82）涉及的命令主要有"直线""圆弧"等。通过本实验帮助读者灵活掌握"直线"和"圆弧"命令的使用方法。

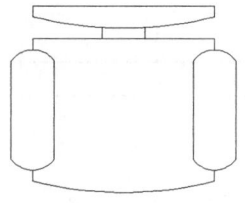

图2-82　椅子

◆ 操作提示

（1）使用"直线"命令绘制基本形状。
（2）使用"圆弧"命令绘制一些圆弧造型

实验2　绘制壁灯

姓名		学号	
评分人		评分	

◆ 目的要求

绘制本实验图形（见图2-83）涉及的命令主要有"圆弧""多段线""样条曲线"等。通过本实验帮助读者灵活掌握"多段线"和"样条曲线"命令的使用方法。

续表

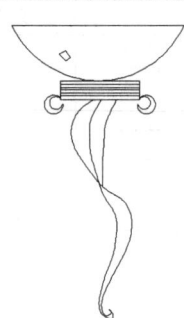

图 2-83 壁灯

◆ 操作提示

（1）使用"直线"命令绘制底座。
（2）使用"多段线"命令绘制灯罩。
（3）使用"样条曲线"命令绘制装饰物

实验 3　绘制石栏杆

姓名		学号	
评分人		评分	

◆ 目的要求

绘制本实验图形（见图 2-84）涉及的命令主要有"矩形""偏移""多段线""图案填充""镜像"等。通过本实验帮助读者灵活掌握"镜像"命令的使用方法。

图 2-84 石栏杆

◆ 操作提示

（1）使用"矩形""偏移"命令绘制石栏杆左侧的石柱。
（2）使用"多段线""图案填充"命令绘制石栏杆左侧的剩余图形。
（3）使用"镜像"命令绘制石栏杆右侧的图形

模块 3　熟练使用快速绘图功能

学习情境

在模块 2 的学习过程中，大家会注意到有时候绘图不是很方便，如很难准确指定某些特殊的点、不知道怎样绘制不同线型和线宽的图线等。为了解决这些问题，中望建筑 CAD 提供了很多的快速绘图功能，如图层功能、对象捕捉追踪功能等。使用这些功能，可以方便、迅速、准确地实现图形的绘制和编辑，不仅能提高工作效率，还能更好地保证图形的质量。另外，尺寸标注也是绘图过程中相当重要的一个环节，中望建筑 CAD 也提供了方便、精准的尺寸标注功能。

在绘图过程中还会经常遇到一些重复出现的图形，如果每次都重新绘制这些图形，那么不仅会造成大量的重复工作，存储这些图形及其信息还要占用相当大的磁盘空间。图块、设计中心和工具选项板的应用给用户提供了模块化作图的思路，这样不仅可以避免大量的重复工作，提高绘图速度和工作效率，还可以大大节省磁盘空间。

素质目标

➢ 设置图层可以培养学生养成对项目进行分门别类、条理化管理的习惯。
➢ 使用对象捕捉追踪功能可以培养学生养成在细节中寻求精准的专业精神。
➢ 模块化作图不仅可以提高工作效率，还可以在一定程度上减少错误的发生，有助于学生树立追求高效率和高质量的理念。

能力目标

➢ 掌握图层功能的使用方法。
➢ 掌握对象捕捉追踪功能的设置和灵活使用。
➢ 掌握尺寸标注的基本方法。
➢ 熟悉图块相关操作。
➢ 灵活应用设计中心。
➢ 了解工具选项板。

3.1 建筑设计样板图图层设置

在绘制建筑设计图形时，如果出现了不同颜色、线型或线宽的图线，那么应该怎么处理呢？中望建筑 CAD 提供了图层功能，可以设置每个图层的颜色、线型和线宽，并把具有相同特性的图形对象放在同一图层上绘制，这样在绘图时就可以不用分别设置图形对象的颜色、线型和线宽，不但方便绘图，而且在存储图形时只需存储几何数据和所在图层，既节省了存储空间，又提高了工作效率。

在使用图层功能绘图之前，首先要对图层的各项特性进行设置，包括创建和命名图层、设置当前图层、设置图层的颜色/线型/线宽、关闭/冻结/锁定图层、删除图层等操作。

本节将通过为模块 2 中绘制的样板图设置图层来讲解图层功能的使用方法。这里利用图层特性管理器创建 6 个图层，图层设置如表 3-1 所示，创建结果如图 3-1 所示。

表 3-1　图层设置

图层名称	颜色	线型	线宽	用途
0	7（白色）	连续	默认	绘制图框线
尺寸标注	3（绿色）	连续	0.09mm	尺寸标注
构造线	7（白色）	连续	0.25mm	绘制可见轮廓线
图案填充	5（蓝色）	连续	0.09mm	填充剖面线或图案
轴线	1（红色）	CENTER	0.09mm	绘制轴线
注释	7（白色）	连续	0.09mm	一般注释

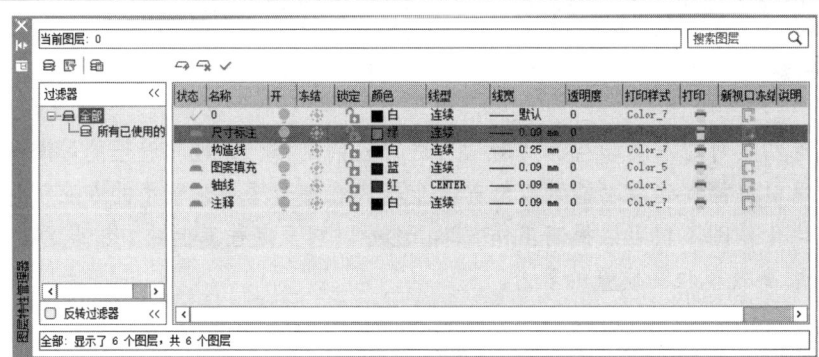

图 3-1　图层特性管理器中的图层

📖 操作步骤

（1）打开文件。选择"文件"→"打开"命令，打开"源文件\模块 2\建筑设计制图 A3 样板图.dwg"文件。

（2）创建和命名图层。单击"常用"选项卡"图层"面板中的"图层特性"按钮 ，打开图层特性管理器，如图 3-2 所示；单击"新建"按钮 ，在图层列表中出现一个默认名称为"图层 1"的新图层，如图 3-3 所示；单击该图层名称，将其更改为"轴线"，如图 3-4 所示。

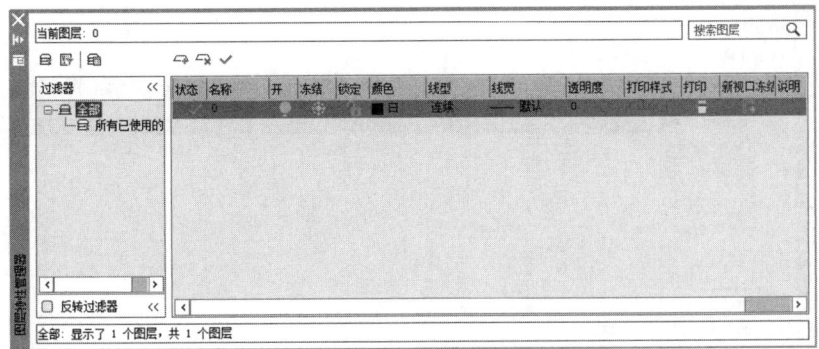

图 3-2 图层特性管理器

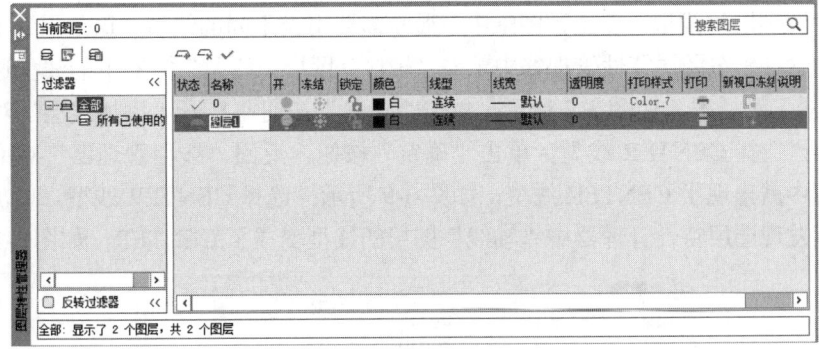

图 3-3 新建图层

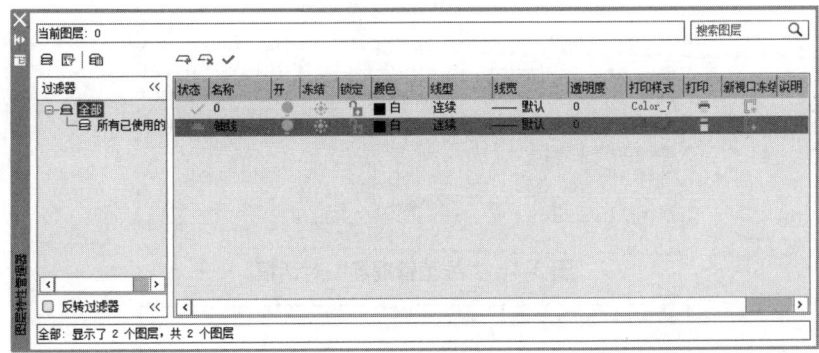

图 3-4 更改图层名称

（3）设置图层的颜色。为了区分不同图层上的图线，增加图形不同部分的对比性，可以为不同的图层设置不同的颜色。单击刚创建的"轴线"图层"颜色"标签下的颜色色块，打开"选择颜色"对话框，如图 3-5 所示；选择红色，单击"确定"按钮，可以发现图层特性管理器中"轴线"图层的颜色变成了红色，如图 3-6 所示。

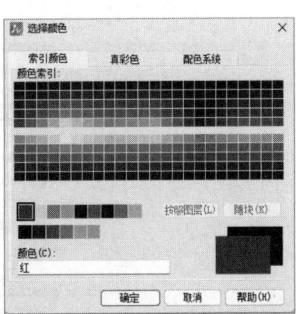

图 3-5 "选择颜色"对话框

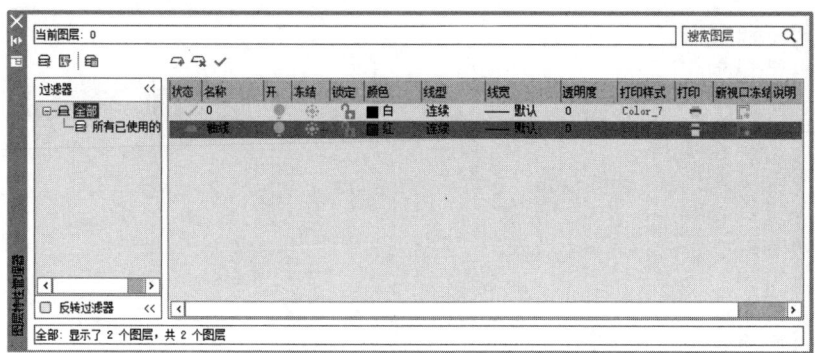

图 3-6　更改图层的颜色

（4）设置图层的线型。在工程图纸中，通常需要用到不同的线型，这是因为不同的线型表示不同的含义。在图层特性管理器中单击"轴线"图层"线型"标签下的线型选项，打开"线型管理器"对话框，如图 3-7 所示；单击"加载"按钮，打开"添加线型"对话框，如图 3-8 所示；选择 CENTER 线型，单击"确定"按钮，返回"线型管理器"对话框，这时在线型列表中就出现了 CENTER 线型，如图 3-9 所示；选择 CENTER 线型，单击"确定"按钮，可以发现图层特性管理器中"轴线"图层的线型变成了 CENTER，如图 3-10 所示。

图 3-7　"线型管理器"对话框

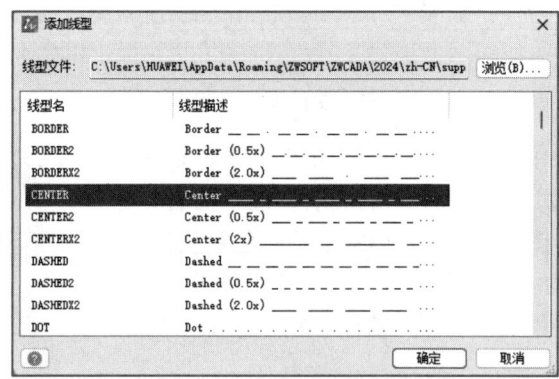

图 3-8　"添加线型"对话框

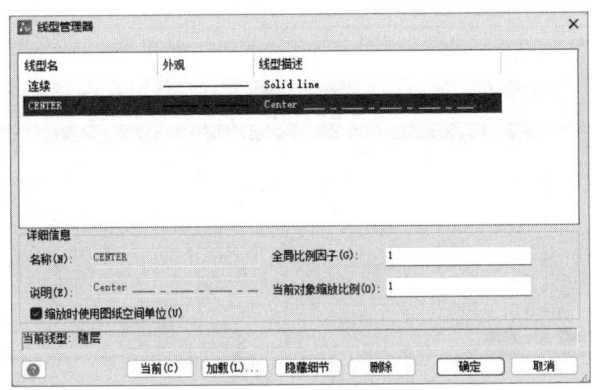

图 3-9　加载线型

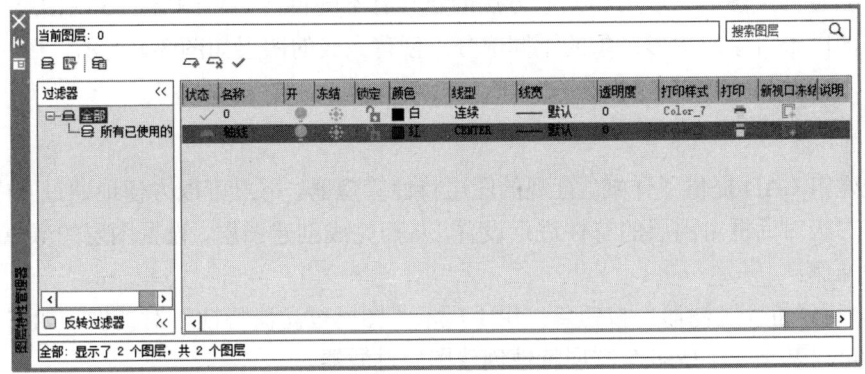

图 3-10　更改图层的线型

（5）设置图层的线宽。在工程图纸中，不同的线宽也表示不同的含义，因此也要对不同图层的线宽进行设置。在图层特性管理器中单击"轴线"图层"线宽"标签下的线宽选项，打开"线宽"对话框，如图 3-11 所示；选择适当的线宽，单击"确定"按钮，可以发现图层特性管理器中"轴线"图层的线宽变成了 0.09mm，如图 3-12 所示。

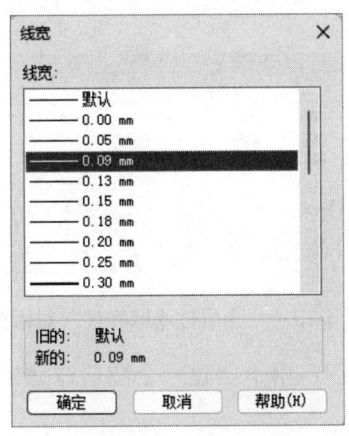

图 3-11　"线宽"对话框

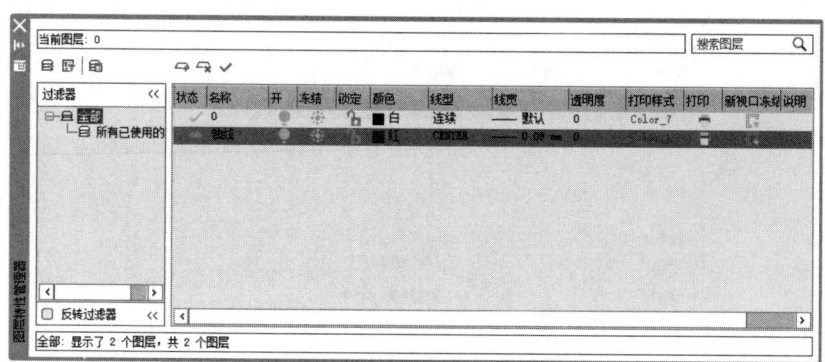

图 3-12　更改图层的线宽

（6）创建其余图层。使用相同的方法创建具有不同特性的新图层，这些图层分别用来存放不同的图形对象或图形对象的不同部分。创建完成的图层如图 3-1 所示。

知识点详解

中望建筑 CAD 提供了详细、直观的图层特性管理器，用户可以方便地通过其中的各个选项及其二级对话框对图层的特性进行设置，从而完成创建图层、设置图层的颜色/线型/线宽等各种操作。

（1）"新建特性过滤器"按钮：用于显示"图层过滤器特性"对话框，如图 3-13 所示，从中可以基于一个或多个图层特性创建图层过滤器。

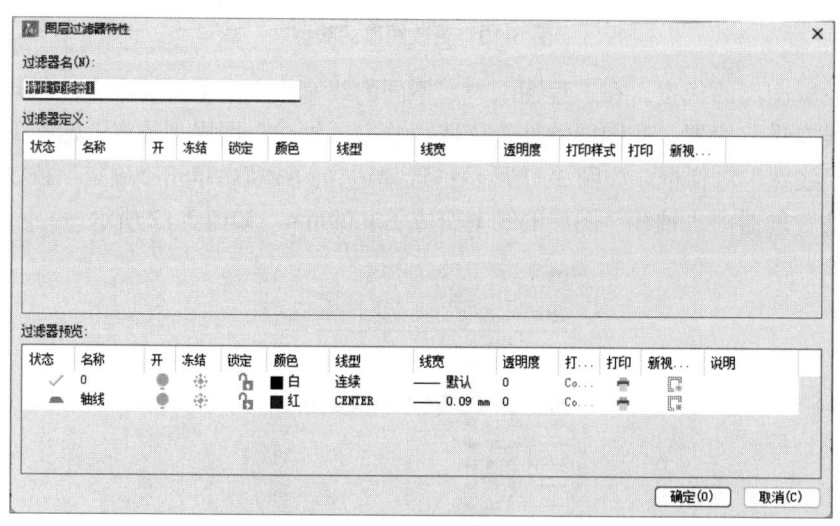

图 3-13　"图层过滤器特性"对话框

（2）"新建组过滤器"按钮：用于创建一个图层过滤器，其中包含用户选定并添加到该过滤器中的图层。

（3）"图层状态管理器"按钮：用于显示"图层状态管理器"对话框，如图 3-14 所示，从中可以将图层的当前特性设置保存到命名图层的状态中，以后可以恢复这些设置。

模块 3　熟练使用快速绘图功能

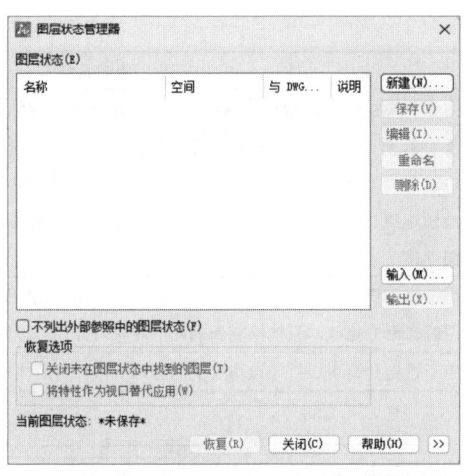

图 3-14　"图层状态管理器"对话框

（4）"新建"按钮：用于创建图层。单击该按钮后，图层列表中将出现一个新的图层"图层 1"，用户可以使用此名称，也可以重命名图层。图层名称中可以包含字母、数字、空格和特殊符号，中望建筑 CAD 支持包含多达 255 个字符的图层名称。新图层继承了创建图层时所选中的已有图层的所有特性（如颜色、线型、ON/OFF 状态等）。如果在创建图层时没有已有图层被选中，那么新图层具有默认设置。

（5）"删除图层"按钮：用于删除所选图层。在图层列表中选中某个图层，单击该按钮，即可删除该图层。

（6）"当前"按钮：用于设置当前图层。在图层列表中选中某个图层，单击该按钮，即可将该图层设置为当前图层，并在"当前图层"栏中显示该图层名称。当前图层的名称被存储在系统变量 CLAYER 中。另外，双击图层名称也可以把该图层设置为当前图层。

（7）"搜索图层"文本框：在输入字符时，按名称快速过滤图层列表。关闭图层特性管理器时并不保存此过滤器。

（8）"反转过滤器"复选框：勾选此复选框，将显示所有不满足选定图层特性过滤器中条件的图层。

（9）图层列表：用于显示已有图层及其特性。要修改某个图层的某个特性，单击它所对应的图标即可。用鼠标右键单击空白区域，使用快捷菜单可以快速选中所有图层。

（10）状态转换图标：在图层特性管理器的"名称"栏前有一列图标，将鼠标指针移动到某个图标上，单击即可开启或关闭该图标代表的功能。各状态转换图标的功能说明如表 3-2 所示。

表 3-2　各状态转换图标的功能说明

图标	名称	功能说明
	打开/关闭	用于将图层设定为打开或关闭状态。当图层呈现关闭状态时，该图层上的所有图形对象将隐藏起来。只有呈现打开状态的图层上的图形对象会在屏幕上显示出来或由打印机打印出来。因此，在绘制复杂的视图时，可以将不编辑的图层暂时关闭。图 3-15 所示为打开或关闭文字标注图层的效果

续表

图标	名称	功能说明
❄ / ❄	解冻/冻结	用于将图层设定为解冻或冻结状态。当图层呈现冻结状态时,该图层上的所有图形对象均不会在屏幕上显示出来或由打印机打印出来,而且不会执行重生(REGEN)、缩放(ROOM)、平移(PAN)等操作。因此,如果将视图中不编辑的图层暂时冻结,则可以加快绘图速度。而 ●/● (打开/关闭)功能只是单纯地将图形对象隐藏起来,并不能加快绘图速度
🔓 / 🔒	解锁/锁定	用于将图层设定为解锁或锁定状态。被锁定图层上的图形对象仍然显示在屏幕上,但不能使用编辑命令修改,只能绘制新的图形对象,如此可以防止重要的图形对象被修改
🖨 / 🚫	打印/不打印	用于设定是否可以打印该图层上的图形对象

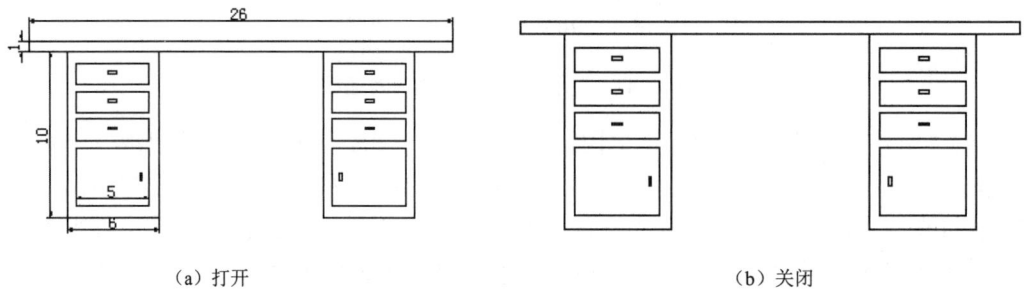

(a)打开 　　　　　　　　　　　　　　(b)关闭

图 3-15　打开或关闭文字标注图层的效果

> **提示**
>
> 有的用户虽设置了线宽,但在图形中显示不出来。出现这种情况一般有两种原因。
> (1)没有启用状态栏上的"显示线宽"功能。
> (2)设置的宽度不够。中望建筑 CAD 只能显示 0.30mm 及以上宽度的线宽效果。如果宽度小于 0.30mm,就无法显示线宽效果。

3.2　绘制住宅建筑平面图墙线

在使用中望建筑 CAD 绘图之前,可以根据需要事先启用一些对象捕捉模式,在绘图时中望建筑 CAD 能自动捕捉这些特殊点,从而加快绘图速度、提高绘图质量。

在绘图时,为了对齐路径或特殊位置,可以启用对象捕捉追踪功能。对象捕捉追踪是指按指定角度或与其他对象的指定关系绘制图形对象。利用对象捕捉追踪功能,有助于以精确的位置和角度绘制图形对象。

本节将通过住宅建筑平面图墙线的绘制过程来讲解对象捕捉追踪功能的设置和灵活使用。绘制效果如图 3-16 所示。

模块 3 熟练使用快速绘图功能

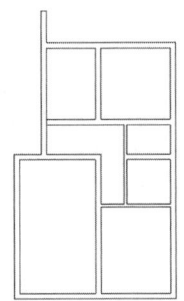

图 3-16 住宅建筑平面图墙线

操作步骤

（1）用鼠标右键单击状态栏中的"对象捕捉"按钮□，在弹出的快捷菜单中选择"设置"命令，如图 3-17 所示，打开如图 3-18 所示的"草图设置"对话框中的"对象捕捉"选项卡，单击"全部选择"按钮，将所有特殊位置点设置为可捕捉状态。

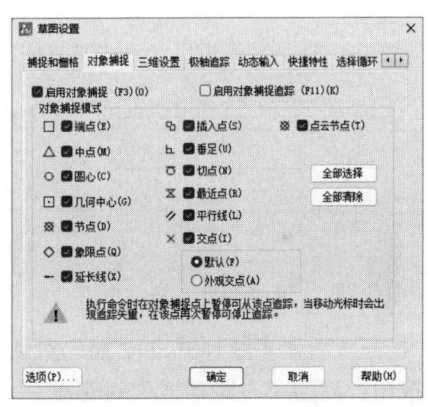

图 3-17 选择"设置"命令　　　图 3-18 "草图设置"对话框中的"对象捕捉"选项卡

（2）单击"常用"选项卡"绘图"面板中的"构造线"按钮，绘制一条水平构造线和一条竖直构造线，组成"十"字辅助线，如图 3-19 所示。继续绘制辅助线，命令行提示与操作如下。

```
命令: _xline
指定构造线位置或 [等分(B)/水平(H)/竖直(V)/角度(A)/偏移(O)]: O↙
指定偏移距离或 [通过(T)/擦除(E)/图层(L)] <通过>: 1200↙
选取偏移线：（选择竖直构造线）
指定向哪侧偏移：（指定右侧一点）
```

采用类似的方法将偏移得到的竖直构造线依次向右偏移 2400、1200 和 2100，如图 3-20 所示。采用类似的方法绘制水平构造线，依次向下偏移 1500、3300、1500、2100 和 3900。绘制完成的墙体辅助线网格如图 3-21 所示。

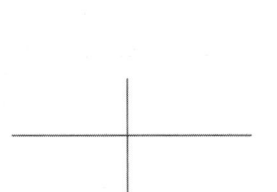 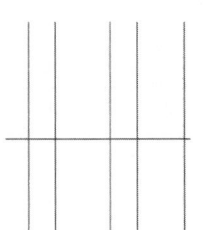 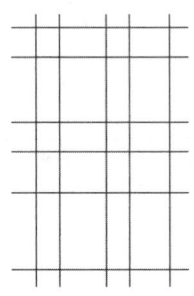

图 3-19　绘制"十"字辅助线　　图 3-20　偏移竖直构造线　　图 3-21　墙体辅助线网格

（3）定义"240 墙"多线样式。选择"格式"→"多线样式"命令，打开如图 3-22 所示的"多线样式"对话框；单击"添加"按钮，打开如图 3-23 所示的"创建新多线样式"对话框，在"新样式名称"文本框中输入"240 墙"，单击"继续"按钮。

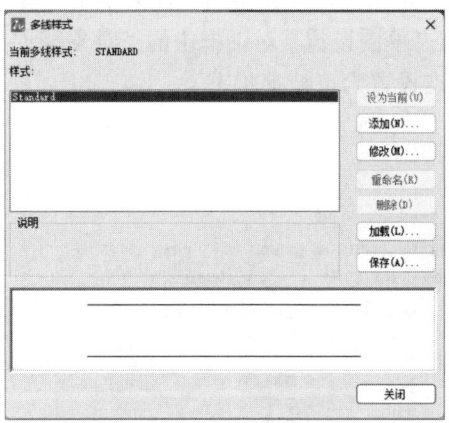 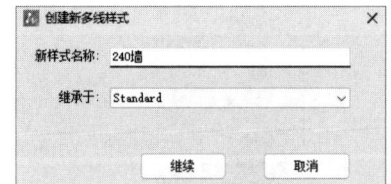

图 3-22　"多线样式"对话框　　　　　图 3-23　"创建新多线样式"对话框

（4）打开"新建多线样式:240 墙"对话框，进行如图 3-24 所示的多线样式设置。单击"确定"按钮，返回"多线样式"对话框，单击"设为当前"按钮，将"240 墙"多线样式设为当前多线样式，单击"关闭"按钮，关闭"多线样式"对话框。

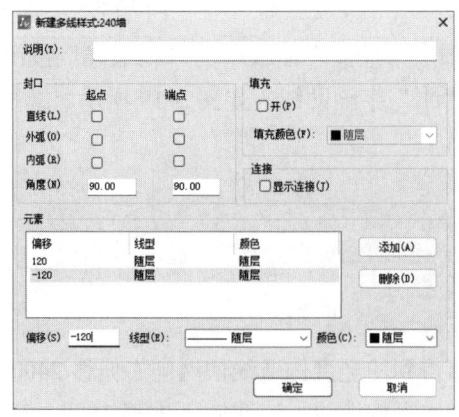

图 3-24　设置多线样式

(5)选择"绘图"→"多线"命令,绘制 240 墙线,如图 3-25 所示。命令行提示与操作如下。

```
命令: _mline
当前设置:对正 = 上,比例 = 20.00,样式 = 240 墙
指定起点或 [对正(J)/比例(S)/样式(ST)]: S↙
输入多线比例 <20.00>:1↙
当前设置:对正 = 上,比例 = 1.00,样式 = 240 墙
指定起点或 [对正(J)/比例(S)/样式(ST)]: J↙
输入对正类型 [上(T)/无(Z)/下(B)] <无>: Z↙
当前设置:对正 = 无,比例 = 1.00,样式 = 240 墙
指定起点或 [对正(J)/比例(S)/样式(ST)]:(捕捉墙体辅助线网格的一个交点)
指定下一点:(捕捉墙体辅助线网格的下一个交点)
指定下一点或 [撤销(U)]: ↙
```

采用类似的方法,根据墙体辅助线网格绘制其余 240 墙线,如图 3-26 所示。

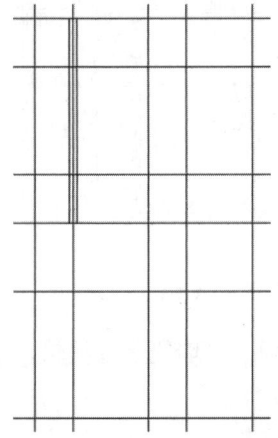 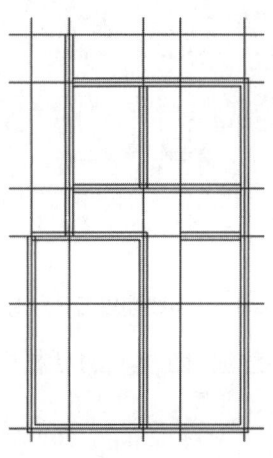

图 3-25 绘制 240 墙线   图 3-26 绘制其余 240 墙线

(6)根据上述方法定义"120 墙"多线样式并绘制 120 墙线,如图 3-27 所示。

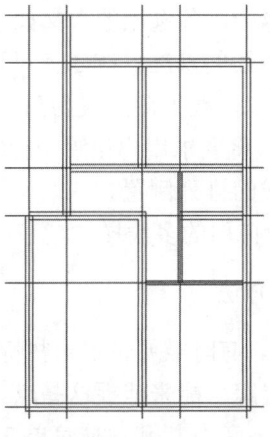

图 3-27 绘制 120 墙线

（7）编辑多线。选择"修改"→"对象"→"多线"命令，打开"多线编辑工具"对话框，如图3-28所示。单击"T形打开"按钮，命令行提示与操作如下。

```
命令：_mledit
选择第一条多线：（选择多线）
选择第二条多线：（选择多线）
选择第一条多线或 [放弃(U)]：✓
```

采用类似的方法继续进行多线编辑，效果如图3-29所示。

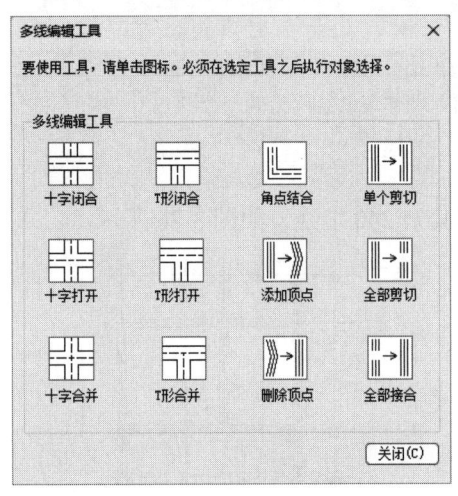

图3-28 "多线编辑工具"对话框

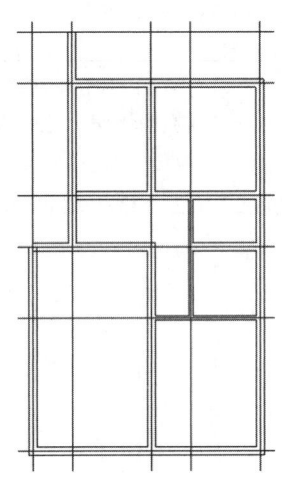

图3-29 T形打开

在"多线编辑工具"对话框中选择"角点结合"选项，对墙线进行编辑，最终效果如图3-16所示。

知识点详解

1. 多线

在"多线"命令的命令行提示中，各选项的含义如下。

（1）对正(J)：用于给定绘制多线的基准。有3种对正类型，分别为"上(T)"、"无(Z)"和"下(B)"。其中，"上(T)"表示以多线上侧的线为基准，其余以此类推。

（2）比例(S)：选择该选项后，将要求用户设置平行线的间距。当输入值为0时，平行线重合；当输入值为负值时，多线的排列倒置。

（3）样式(ST)：用于设置当前使用的多线样式。

2. 对象捕捉追踪功能的使用方法

在使用中望建筑CAD绘图时，有时需要指定一些特殊点，如圆心、端点、中点、平行线上的点等，可以通过对象捕捉追踪功能来捕捉这些点。

中望建筑CAD提供了命令行、工具栏和快捷菜单3种执行特殊点对象捕捉的方式。

1)命令行方式

在绘图时,当命令行中提示输入一点时,输入相应特殊点命令,之后根据提示操作即可。

2)工具栏方式

使用如图 3-30 所示的"对象捕捉"工具栏可以方便地实现捕捉特殊点的目的。当命令行中提示输入一点时,单击"对象捕捉"工具栏中相应的按钮,之后根据提示操作即可。

3)快捷菜单方式

同时按 Shift 键和鼠标右键可以激活如图 3-31 所示的快捷菜单,其中列出了中望建筑 CAD 提供的对象捕捉模式。其操作方法与工具栏的操作方法类似,只需当命令行中提示输入一点时选择快捷菜单中相应的命令,之后根据提示操作即可。

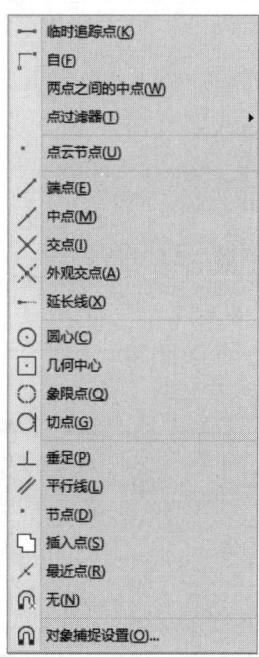

图 3-30 "对象捕捉"工具栏　　图 3-31 对象捕捉快捷菜单

3．对象捕捉追踪功能的设置

在如图 3-18 所示的"草图设置"对话框的"对象捕捉"选项卡中,各选项的含义如下。

(1)"启用对象捕捉"复选框:用于启用或关闭对象捕捉模式。当勾选该复选框时,"对象捕捉模式"选项组中选中的捕捉模式将处于激活状态。

(2)"启用对象捕捉追踪"复选框:用于启用或关闭对象捕捉追踪功能。

(3)"对象捕捉模式"选项组:用于列出各种捕捉模式。勾选某个捕捉模式前面的复选框,该捕捉模式将被激活。如果单击"全部清除"按钮,则所有捕捉模式均被清除;如果单击"全部选择"按钮,则所有捕捉模式均被选中。

另外,在该对话框的左下角有一个"选项"按钮,单击该按钮将打开"选项"对话框中的"草图"选项卡,可以在其中进行捕捉模式的各项设置。

3.3 标注住宅建筑平面图

尺寸标注是建筑设计过程中相当重要的一个环节。由于图形的主要作用是表达物体的形状,而物体各部分的真实大小和确切位置只能通过尺寸标注来表达,因此,如果没有正确的尺寸标注,那么绘制出来的图纸对于加工制造和设计安装而言没有任何意义。

本节将对住宅建筑平面图进行尺寸标注。先设置标注样式,再使用"线性"命令进行尺寸标注,标注效果如图 3-32 所示。

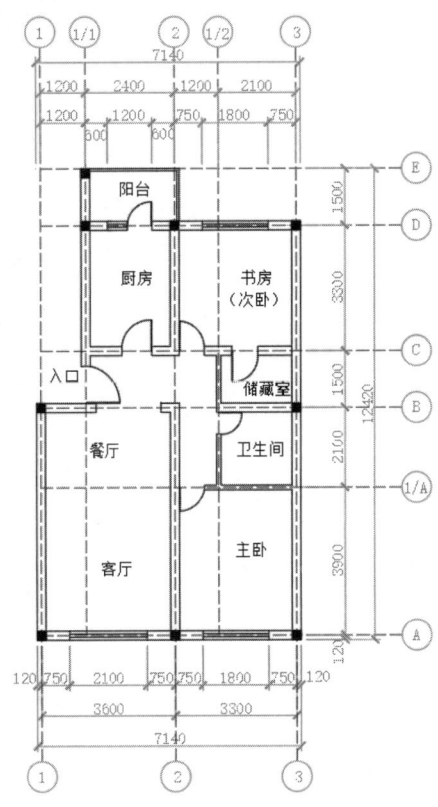

图 3-32 住宅建筑平面图标注效果

📖 **操作步骤**

(1)打开"源文件\模块 3\住宅建筑平面图.dwg"文件,即可看到住宅建筑平面图,如图 3-33 所示。

(2)单击"常用"选项卡"图层"面板中的"图层特性"按钮,在打开的图层特性管理器中新建"尺寸"图层,设置图层的颜色为绿色,并将其设置为当前图层。

(3)设置标注样式。

① 选择"格式"→"标注样式"命令,打开"标注样式管理器"对话框;单击"新建"按钮,打开"新建标注样式"对话框,新建一个标注样式,并将其命名为"建筑",单击"继续"按钮,如图3-34所示。

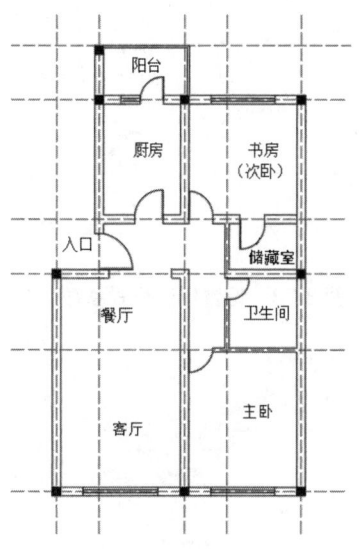

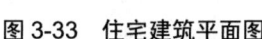

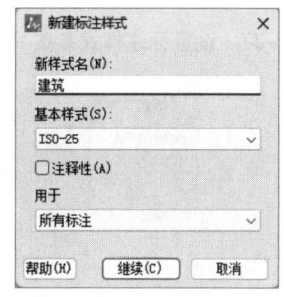

图 3-33　住宅建筑平面图　　　　　　　　　图 3-34　新建标注样式

② 将"建筑"样式中的参数按如图3-35～图3-38所示逐项进行设置。设置完成后,单击"确定"按钮,返回"标注样式管理器"对话框,单击"置为当前"按钮,将"建筑"样式置为当前,如图3-39所示;单击"关闭"按钮,关闭"标注样式管理器"对话框。

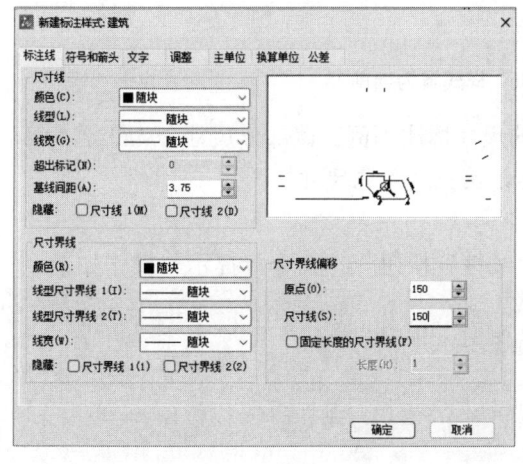

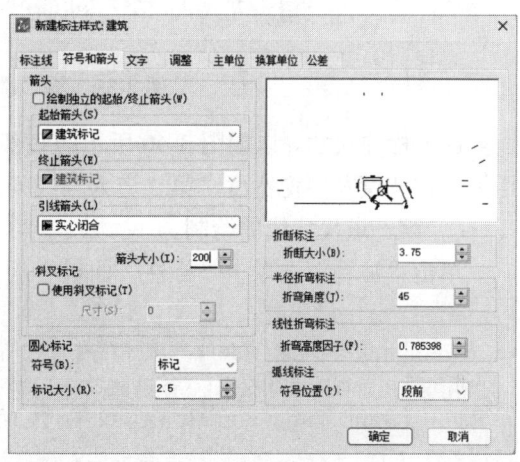

图 3-35　设置标注样式参数(1)　　　　　　图 3-36　设置标注样式参数(2)

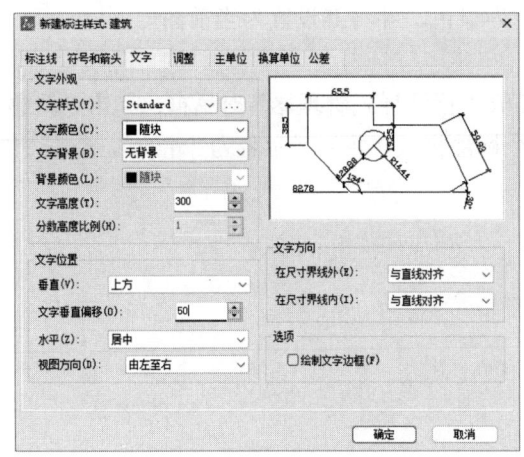
图 3-37 设置标注样式参数（3）

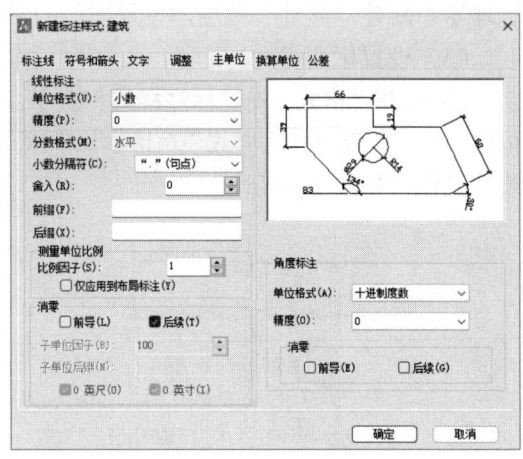
图 3-38 设置标注样式参数（4）

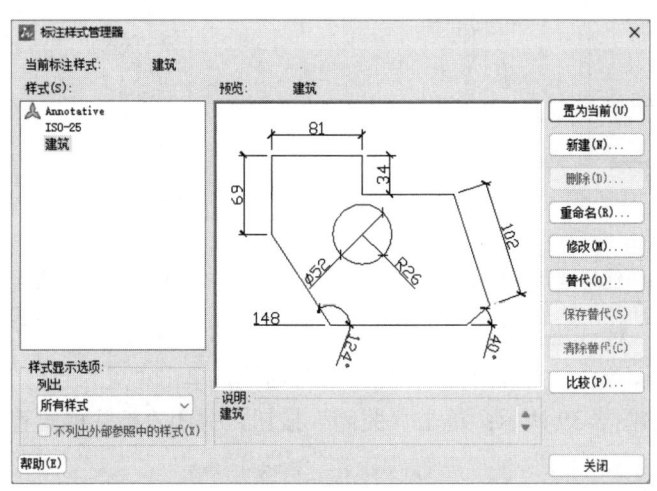
图 3-39 将"建筑"样式置为当前

（4）标注尺寸。以如图 3-40 所示的底部的尺寸标注为例。该部分尺寸分为 3 道，第一道为墙体宽度及门窗宽度，第二道为轴线间距，第三道为总尺寸。

① 第一道尺寸线的绘制。

单击"注释"选项卡"标注"面板中的"线性"按钮，命令行提示与操作如下。

```
命令：_dimlinear
指定第一条尺寸界线原点或 <选择对象>：（捕捉图 3-40 中的 A 点）
指定第二条尺寸界线原点：（捕捉图 3-40 中的 B 点）
指定尺寸线位置或 [多行文字(M)/文字(T)/角度(A)/水平(H)/垂直(V)/旋转(R)]：@0,-1200
（按 Enter 键）
```

标注效果如图 3-41 所示。上述操作也可以在捕捉 A、B 两点后，通过直接向外拖动来确定尺寸线的放置位置。

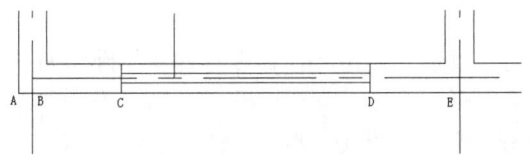
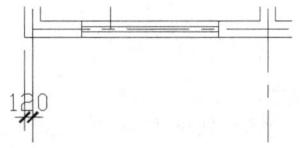

图 3-40　捕捉点示意　　　　　图 3-41　标注尺寸（1）

重复"线性"命令，命令行提示与操作如下。

> 命令：_dimlinear
> 指定第一条尺寸界线原点或 <选择对象>：（捕捉图 3-40 中的 B 点）
> 指定第二条尺寸界线原点：（捕捉图 3-40 中的 C 点）
> 指定尺寸线位置或 [多行文字(M)/文字(T)/角度(A)/水平(H)/垂直(V)/旋转(R)]：@0,-1200
> （按 Enter 键，也可以直接捕捉上一道尺寸线位置）

标注效果如图 3-42 所示。

采用类似的方法标注第一道尺寸线的其他尺寸，标注效果如图 3-43 所示。

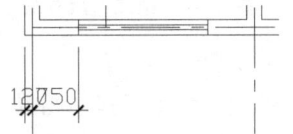
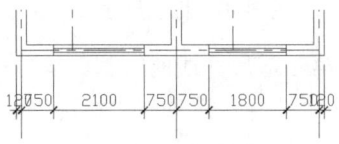

图 3-42　标注尺寸（2）　　　　　图 3-43　标注尺寸（3）

此时发现，图 3-43 中的尺寸"120"与"750"字样出现重叠，现在将"120"字样移开。单击左侧的"120"字样，使该尺寸处于选中状态；在空白处单击鼠标右键，在弹出的快捷菜单中选择"标注文字位置"→"单独移动文字"命令，如图 3-44 所示，将"120"字样移至外侧适当的位置。采用类似的方法处理右侧的"120"字样，完成第一道尺寸线的绘制，效果如图 3-45 所示。

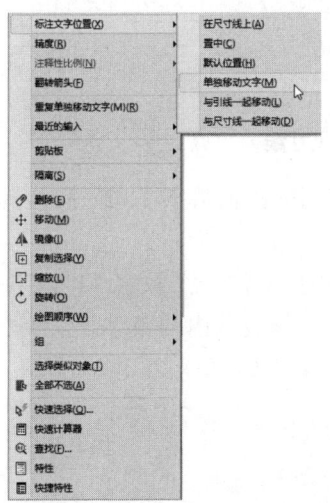
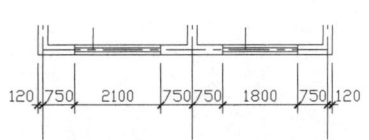

图 3-44　选择"标注文字位置"→"单独移动文字"命令　　　图 3-45　第一道尺寸线

② 第二道尺寸线的绘制。

单击"注释"选项卡"标注"面板中的"线性"按钮，命令行提示与操作如下。

```
命令：_dimlinear
指定第一条尺寸界线原点或 <选择对象>：（捕捉图 3-40 中的 B 点）
指定第二条尺寸界线原点：（捕捉图 3-40 中的 E 点）
指定尺寸线位置或 [多行文字(M)/文字(T)/角度(A)/水平(H)/垂直(V)/旋转(R)]：@0,-2000
（按 Enter 键）
```

标注效果如图 3-46 所示。

重复上述命令，完成第二道尺寸线的绘制，效果如图 3-47 所示。

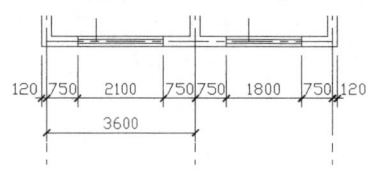
图 3-46　标注尺寸（4）

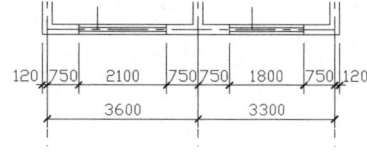
图 3-47　第二道尺寸线

③ 第三道尺寸线的绘制。

单击"注释"选项卡"标注"面板中的"线性"按钮，命令行提示与操作如下。

```
命令：_dimlinear
指定第一条尺寸界线原点或 <选择对象>：（捕捉左下角的外墙角点）
指定第二条尺寸界线原点：（捕捉右下角的外墙角点）
指定尺寸线位置或[多行文字(M)/文字(T)/角度(A)/水平(H)/垂直(V)/旋转(R)]：@0,-2800
（按 Enter 键）
```

完成第三道尺寸线的绘制，效果如图 3-48 所示。

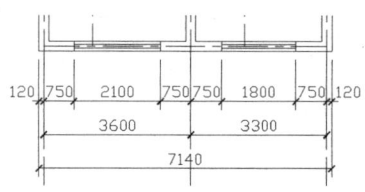
图 3-48　第三道尺寸线

（5）标注轴号。根据规范要求，横向轴号一般用阿拉伯数字 1、2、3……标注，纵向轴号一般用英文字母 A、B、C……标注。

在轴线端绘制一个直径为 800 的圆，在圆的中央标注一个数字"1"，字高为 300，如图 3-49 所示。将该轴号图例复制到其他轴线端，并修改圆内的数字。

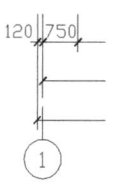
图 3-49　轴号 1

双击数字，打开多行文字编辑器，如图 3-50 所示，输入修改的数字后，单击"关闭"按钮。

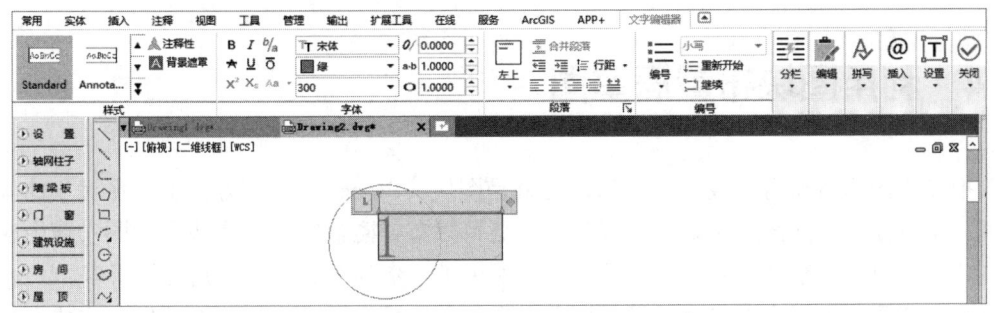

图 3-50　多行文字编辑器

轴号标注结束后，下方尺寸标注效果如图 3-51 所示。

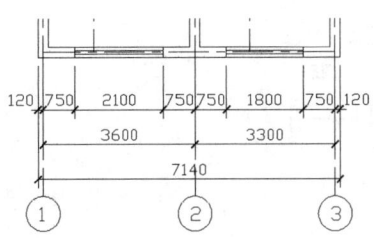

图 3-51　下方尺寸标注效果

采用上述整套尺寸标注方法，完成其他方向的尺寸标注，最终效果如图 3-32 所示。

知识点详解

在"线性"命令的命令行提示中，各选项的含义如下。

（1）指定第一条/第二条尺寸界线原点：用于确定第一条或第二条尺寸界线的起点。

（2）指定尺寸线位置：用于确定尺寸线的位置。用户可以先选择合适的尺寸线位置，再按 Enter 键或单击，中望建筑 CAD 将自动测量所标注线段的长度并标注相应的尺寸。

（3）多行文字(M)：通过多行文字编辑器确定尺寸文本。

（4）文字(T)：在命令行提示下输入或编辑尺寸文本。选择该选项后，中望建筑 CAD 将提示如下信息。

输入标注文字 <默认值>：

其中的默认值是中望建筑 CAD 自动测量得到的被标注线段的长度，直接按 Enter 键即可采用该长度值，也可输入其他数值代替默认值。当尺寸文本中包含默认值时，可使用尖括号"< >"表示默认值。

（5）角度(A)：用于确定尺寸文本的倾斜角度。

（6）水平(H)：用于水平标注尺寸。不论标注什么方向的线段，尺寸线始终水平放置。

（7）垂直(V)：用于垂直标注尺寸。不论标注什么方向的线段，尺寸线始终垂直放置。

（8）旋转(R)：输入尺寸线旋转的角度值，旋转标注尺寸。
其他标注方法与线性标注方法类似，这里不再赘述。

3.4 利用图块布置居室图

把多个图形对象组合成一个对象，这就是图块（Block）。它既方便于图形对象的集中管理，也方便于一些图形对象的重复使用，还可以节省磁盘空间。图块在绘图实践中应用广泛，如模块 2 中绘制的门窗、家具图形，如果进一步制作成图块，则方便得多。

在本节中将重复出现组合沙发，因此，在绘图过程中，首先把组合沙发制作成图块，然后在绘图过程中插入该图块，就可以大大提高绘图效率。利用图块布置的居室图如图 3-52 所示。

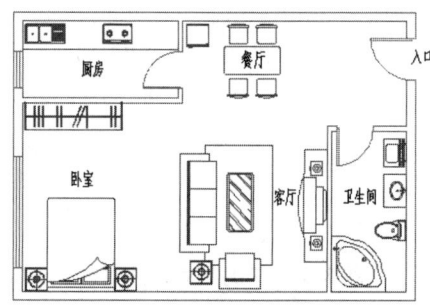

图 3-52　利用图块布置的居室图

操作步骤

1. 制作"组合沙发"图块

（1）使用前面学习的命令绘制如图 3-53 所示的组合沙发图形。

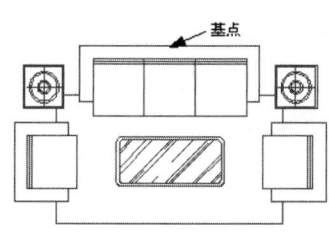

图 3-53　组合沙发图形

（2）单击"常用"选项卡"块"面板中的"创建"按钮，打开"块定义"对话框，如图 3-54 所示；在"名称"文本框中输入"组合沙发"；单击"拾取基点"按钮切换到绘图屏幕，指定顶端直线的中点作为基点（见图 3-53），之后返回"块定义"对话框；单击"选择对象"按钮切换到绘图屏幕，选择组合沙发图形，按 Enter 键返回"块定义"对话框；单击"确定"按钮，关闭"块定义"对话框。

模块 3　熟练使用快速绘图功能

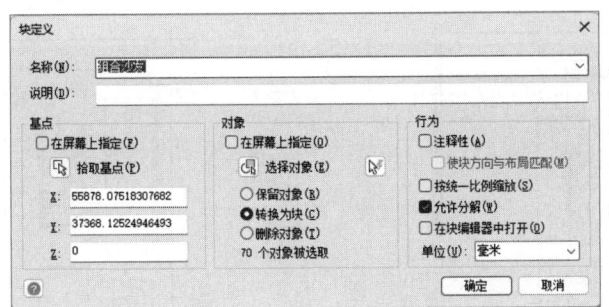

图 3-54　"块定义"对话框

2．插入图块

（1）单击"常用"选项卡"块"面板中的"插入"按钮，打开"插入图块"对话框，如图 3-55 所示，可以看到对话框中出现了上一步制作的"组合沙发"图块。

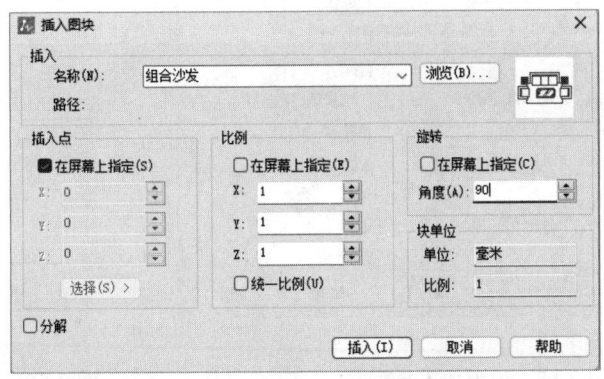

图 3-55　"插入图块"对话框

（2）在"插入点"选项组中勾选"在屏幕上指定"复选框；在"比例"选项组中取消勾选"在屏幕上指定"复选框，设置 X、Y、Z 三个方向的缩放比例均为 1；在"旋转"选项组中设置"角度"为 90°。

（3）单击"插入"按钮，在绘图区适当位置单击，即可完成插入操作，如图 3-56 所示。

（4）由于客厅较小，因此应该去掉组合沙发上端的小茶几和单人沙发。单击"常用"选项卡"修改"面板中的"分解"按钮，将组合沙发分解，删除小茶几和单人沙发，并将地毯部分补全，如图 3-57 所示。

也可以勾选"插入图块"对话框左下角的"分解"复选框，在插入图块时将自动分解，从而省去分解这一步操作。

（5）将修改后的组合沙发图形重新定义为图块，完成组合沙发的布置。

（6）单击"常用"选项卡"块"面板中的"插入"按钮，在打开的"插入图块"对话框中单击"浏览"按钮，在打开的"插入块"对话框中找到"源文件\模块 3\图库\餐桌.dwg"文件，单击"打开"按钮，返回"插入图块"对话框，按照如图 3-58 所示设置插入参数，单击"插入"按钮，在绘图区适当位置插入"餐桌"图块，如图 3-59 所示。

77

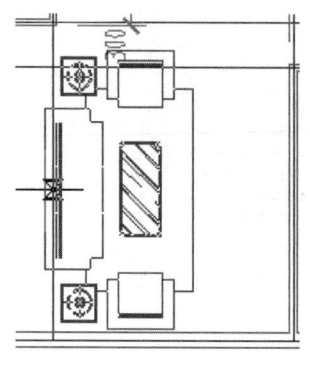

图 3-56 插入"组合沙发"图块

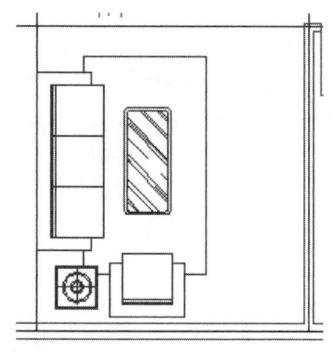

图 3-57 修改组合沙发图形

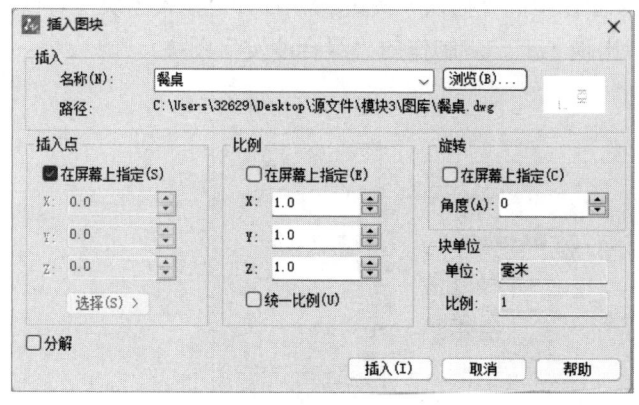

图 3-58 设置插入参数

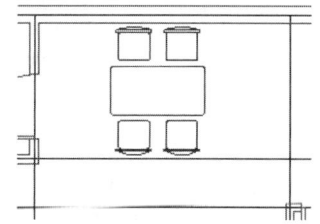

图 3-59 插入"餐桌"图块

通过"插入"命令布置居室就讲解到这里。剩余的家具图块均被存储在"源文件\模块3\图库"文件夹中，读者也可以使用所学命令自行绘制。最终布置效果如图 3-52 所示。

在创建图块之前，应将待建图形放置到"0"图层上，这样制作的图块被插入其他图形文件中时，其图层特性会跟随当前图层自动改变。如果待建图形没有被放置到"0"图层上，那么制作的图块被插入其他图形文件中时，将携带原有的图层信息进入。

另外，建议以 1∶1 的比例绘制图形，以便于插入图块时的比例缩放。

知识点详解

1. 定义图块

在如图 3-54 所示的"块定义"对话框中，各选项的含义如下。

（1）基点：用于设置图块的插入点。

① 在屏幕上指定：在关闭"块定义"对话框时，提示用户指定基点。

② 拾取基点：单击该按钮，将临时关闭"块定义"对话框，提示用户指定基点，待用户指定基点后返回"块定义"对话框。

③ X、Y、Z：分别用于指定基点的 X、Y、Z 坐标值。

（2）对象：用于选择创建块的对象。

① 在屏幕上指定：在关闭"块定义"对话框时，提示用户指定对象。

② （选择对象）：单击该按钮，将临时关闭"块定义"对话框，待用户完成选择后，按 Enter 键返回"块定义"对话框。

③ （快速选择）：单击该按钮，将打开"快速选择"对话框，如图 3-60 所示，通过过滤条件构造对象，并将最终结果作为所选择的对象。

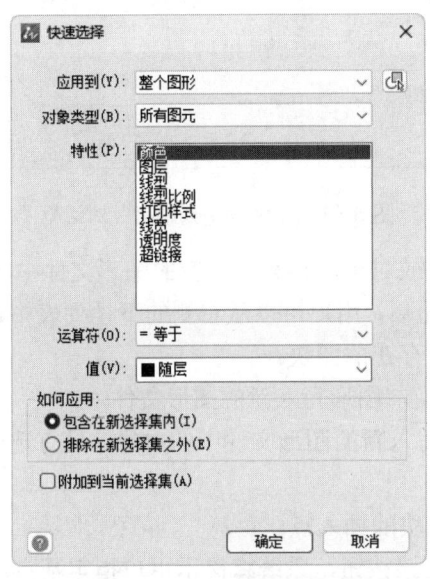

图 3-60 "快速选择"对话框

④ 保留对象：在完成创建块操作后，仍然保留选择的对象为单一独立的对象。

⑤ 转换为块：在完成创建块操作后，将选择的对象转换为图块。

⑥ 删除对象：在完成创建块操作后，将选择的对象从图形中删除。

（3）行为：用于设置创建块的行为。

① 注释性：用于设置图块为注释性图块。

② 使块方向与布局匹配：用于设置图纸空间视口中块参照的方向与布局一致。如果取消勾选"注释性"复选框，则该选项不可用。

③ 按统一比例缩放：用于设置块参照是否允许不按统一比例被缩放。

④ 允许分解：用于设置块参照是否允许被分解。

⑤ 在块编辑器中打开：用于设置是否在块编辑器中打开当前的块定义。

⑥ 单位：用于设置块参照的插入单位。

2．保存图块

在命令行中输入 WBLOCK 命令，将打开如图 3-61 所示的"保存块到磁盘"对话框，该对话框中各选项的含义如下。

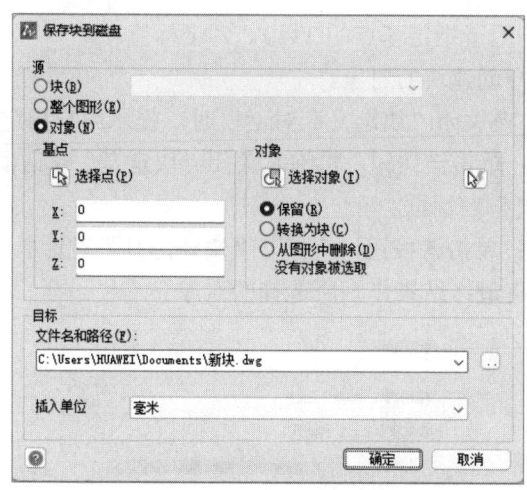

图 3-61 "保存块到磁盘"对话框

（1）源：用于指定图块或对象，将其写入新的图形文件中并指定插入点。

① 块：选中该单选按钮后，用户可以从右侧的下拉列表中选择图块。下拉列表中显示的图块都是当前图形文件中存在的图块。

② 整个图形：用于将当前图形写入新的图形文件中。

③ 对象：用于选择要写入新的图形文件中的对象。只有选中该单选按钮，用户才可以指定基点和选择对象。

（2）基点：用于设置图块的插入点。

① （选择点）：单击该按钮，系统将提示用户指定基点。

② X、Y、Z：分别用于指定基点的 X、Y、Z 坐标值。

（3）对象：用于选择对象及指定在将选择的对象写入新的图形文件时对原始对象的处理方法。该选项组中各选项的含义与"块定义"对话框中相应选项的含义类似，这里不再赘述。

（4）目标：用于指定新图形文件的名称和保存路径，以及插入图块时所使用的单位。

① 文件名和路径：输入新图形文件的名称和保存路径，或者单击文本框右侧的 按钮，打开"要创建的.DWG 文件名"对话框，在其中指定新图形文件的名称、文件格式及保存路径。

② 插入单位：用于指定插入图块时所使用的单位。

3. 插入图块

在如图 3-55 所示的"插入图块"对话框中，各选项的含义如下。

（1）名称：用于指定要插入的图块，或者指定要以图块的形式插入图形中的文件。

（2）插入点：用于指定图块或文件的插入位置。

① 在屏幕上指定：在关闭"插入图块"对话框时，提示用户指定插入点，可以在绘图区指定图块或文件的插入点。

② X、Y、Z：分别用于指定插入点的 X、Y、Z 坐标值。

③ 选择(S)>（选择）：取消勾选"在屏幕上指定"复选框后，该功能可用。单击"选择"按钮，用户可以在绘图区指定图块或文件的插入点，之后返回"插入图块"对话框。

(3) 比例：用于指定插入的图块或文件的缩放比例。

① 在屏幕上指定：勾选该复选框，在插入时将提示指定缩放比例因子。

② X、Y、Z：分别用于指定 X、Y、Z 坐标的缩放比例因子。

③ 统一比例：用于为 X、Y、Z 坐标指定相同的缩放比例因子。

(4) 旋转：用于指定插入图块的旋转角度。

① 在屏幕上指定：勾选该复选框，在插入时将提示指定图块的旋转角度。用户可以使用定点设备在绘图区旋转图块或直接输入旋转角度值。

② 角度：用于指定图块的旋转角度。

(5) 块单位：用于显示块单位信息。

① 单位：用于显示插入图块的 INSUNITS 值。

② 比例：用于显示单位比例因子，它是根据源图块和当前图形的 INSUNITS 值计算出来的。

(6) 分解：勾选该复选框，将图块分解为单独的对象插入当前图形文件中。

3.5 标注轴号

图块属性是指将数据附着到图块上的标签或标记。它需要单独定义，之后和图形捆绑在一起创建成图块。

在本节中，首先使用"定义属性"命令为图块定义属性，然后使用"插入"命令将定义属性后的图块插入图形中。标注轴号后的居室平面图如图 3-62 所示。

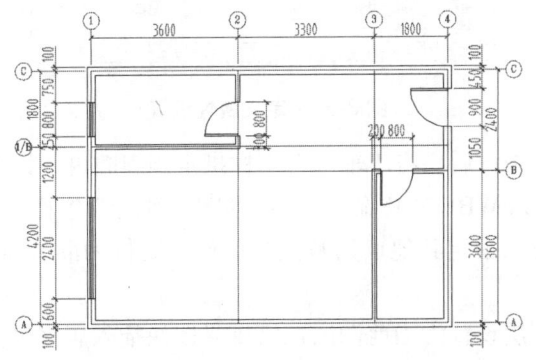

图 3-62　标注轴号后的居室平面图

操作步骤

1. 打开源文件

打开"源文件\模块 3\居室平面图.dwg"文件，即可看到居室平面图，如图 3-63 所示。

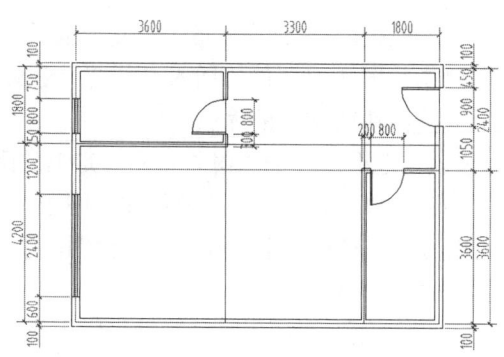

图 3-63 居室平面图

2．制作轴号图块

（1）将"0"图层设置为当前图层。

（2）绘制一个直径为 400mm 的圆。

（3）单击"常用"选项卡"块"面板中的"定义属性"按钮，打开"定义属性"对话框，按照如图 3-64 所示进行设置。

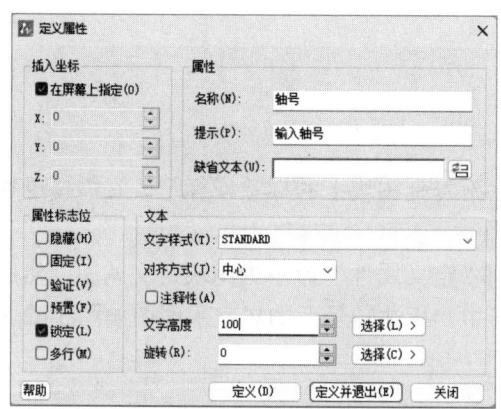

图 3-64 定义属性设置

（4）单击"定义"按钮后，将"轴号"字样指定到圆圈内，如图 3-65 所示。

（5）在命令行中输入 WBLOCK 命令，将圆圈和"轴号"字样全部选中，指定如图 3-66 所示的点为基点（也可以指定其他点为基点，以便于定位为准），将图块保存，文件名为"400mm 轴号.dwg"。

下面把"尺寸"图层设置为当前图层，将轴号图块插入居室平面图中轴线尺寸超出的端点上。

（6）单击"常用"选项卡"块"面板中的"插入"按钮，打开"插入图块"对话框，单击"浏览"按钮，找到刚刚保存的"400mm 轴号"图块。

（7）将"400mm 轴号"图块插入左上角第一根轴线尺寸端点上，此时会打开"编辑图块属性"对话框，如图 3-67 所示，在"输入轴号"文本框中输入 1，单击"确定"按钮，标注效果如图 3-68 所示。

图 3-65 将"轴号"字样指定到圆圈内

图 3-66 指定基点

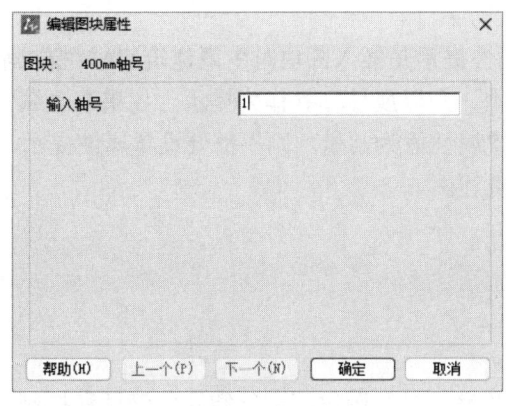

图 3-67 "编辑图块属性"对话框　　图 3-68 轴号①

同理,标注其他轴号。也可以复制轴号①到其他位置,通过属性编辑来完成其他轴号的标注。

3．编辑轴号

(1) 将轴号①逐个复制到其他轴线尺寸端点上。

(2) 双击轴号①,打开"增强属性编辑器"对话框,修改相应的属性值,完成所有轴号的标注,最终效果如图 3-62 所示。

知识点详解

在如图 3-64 所示的"定义属性"对话框中,各选项的含义如下。

(1)"属性标志位"选项组:用于在图形中插入图块时,设置与图块关联的属性值选项。

① "隐藏"复选框:勾选该复选框后,属性值不可见,即插入图块并输入属性值后,属性值在图形中并不显示出来。

② "固定"复选框:勾选该复选框后,属性值为常量,即属性值在定义属性时给定,在插入图块时不再提示输入属性值。

③ "验证"复选框:勾选该复选框后,在插入图块时将重新显示属性值,以便验证该值是否正确。

④ "预置"复选框:勾选该复选框后,在插入图块时将自动把事先设置好的默认值赋

予属性，而不再提示输入属性值。

⑤ "锁定"复选框：勾选该复选框后，在插入图块时将锁定块参照中属性值的显示位置。解锁后，属性值可以相对于使用夹点编辑的图块的其他部分移动，并且可以调整多行属性值的大小。

⑥ "多行"复选框：用于指定属性值中可以包含多行文字。勾选该复选框后，可以指定属性的边界宽度。

（2）"属性"选项组：用于设置属性标签和属性提示。

① "名称"文本框：用于输入属性标签。属性标签可以由除空格和感叹号外的所有字符组成。中望建筑 CAD 自动把小写字母改为大写字母。

② "提示"文本框：用于输入属性提示。属性提示是插入图块时中望建筑 CAD 要求输入属性值的提示。如果不在该文本框中输入文本，则以属性标签作为提示。如果在"属性标志位"选项组中勾选"固定"复选框，即设置属性值为常量，则不需要设置属性提示。

其他各选项组的含义比较简单，这里不再赘述。

3.6　绘制居室平面布置图

在建筑制图过程中，为了进一步提高绘图效率，对绘图过程进行智能化管理和控制，中望建筑 CAD 提供了设计中心和工具选项板两种辅助绘图工具。

利用设计中心，可以很方便地组织设计内容，并把它们拖动到自己的图形中。在如图 3-69 所示的设计中心中，左侧为资源管理器，采用 Tree View 显示方式显示系统的树形结构；右侧为内容显示区，显示所浏览资源的有关细目或内容。

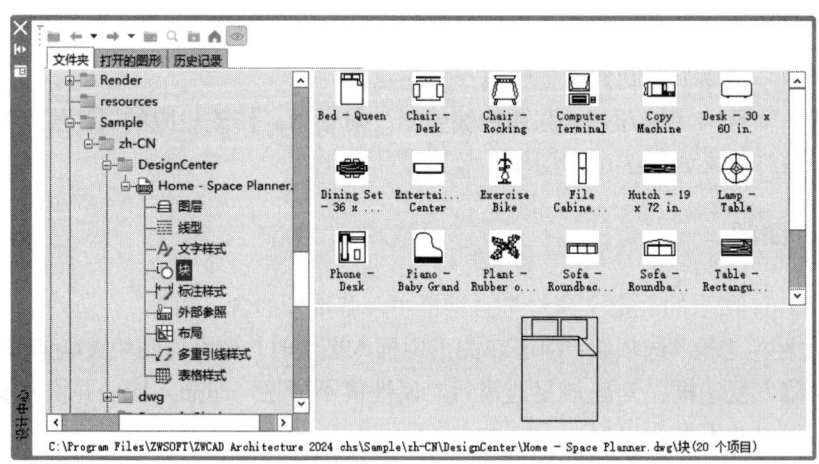

图 3-69　设计中心

利用工具选项板，可以将常用的图块、几何图形、外部参照、填充图案及命令等以选项卡的形式组织到其中，需要时可以直接调用，方便、快捷地将其应用到当前图形中。此外，工具选项板中还可以包含由第三方开发人员提供的自定义工具。

本节主要讲解使用辅助绘图工具快速绘制居室平面布置图的一般方法。首先将设计中心自带的图块插入工具选项板中,然后使用"矩形""直线""偏移""修剪"等绘图命令和编辑命令绘制图形,最后将工具选项板中的图块插入图形中。居室平面布置图如图 3-70 所示。

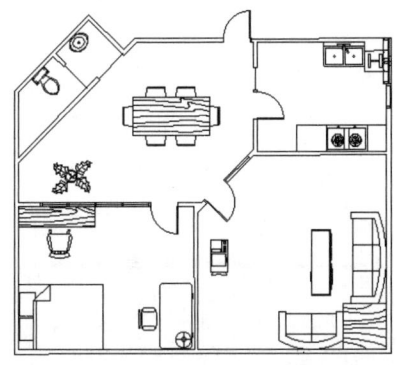

图 3-70 居室平面布置图

操作步骤

(1)单击"工具"选项卡"选项板"面板中的"工具选项板"按钮▤,打开工具选项板,如图 3-71 所示。

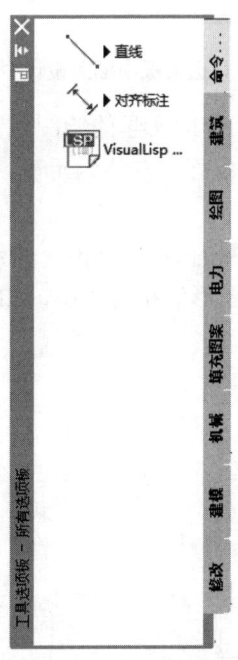

图 3-71 工具选项板

(2)向工具选项板中插入设计中心自带的图块。单击"工具"选项卡"选项板"面板中的"设计中心"按钮▦,打开设计中心,选中需要的设计中心文件夹 DesignCenter,单击鼠标右键，在弹出的快捷菜单中选择"创建块的工具选项板"命令，如图 3-72 左半部分所示。

此时设计中心 DesignCenter 文件夹中的 Home-Space Planner 图块就会出现在工具选项板新建的 DesignCenter 选项卡中，如图 3-72 右半部分所示。这样就可以将设计中心与工具选项板结合起来，创建一个快捷、方便的工具选项板。

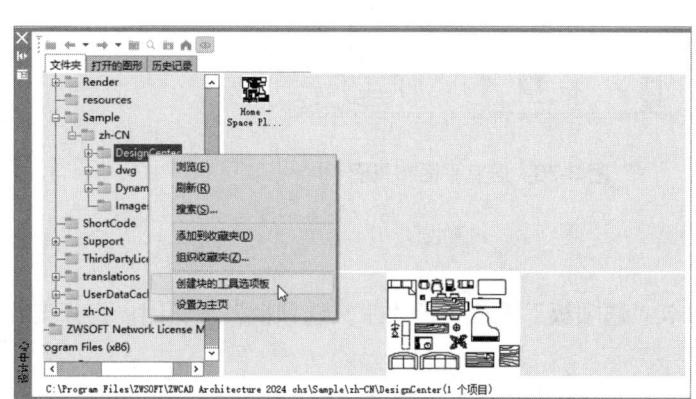

图 3-72　向工具选项板中插入设计中心自带的图块

（3）绘制居室结构截面图。使用前面所学的绘图命令和编辑命令绘制居室结构截面图，效果如图 3-73 所示。其中，进门为餐厅，左边为厨房，右边为卫生间，正对为客厅，客厅右边为寝室。

（4）布置餐厅。将工具选项板中的 Home-Space Planner 图块拖动到当前图形中，使用缩放命令调整所插入的图块与当前图形的相对大小，如图 3-74 所示。

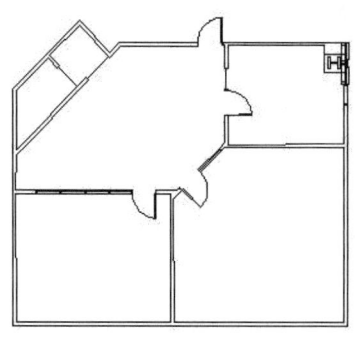
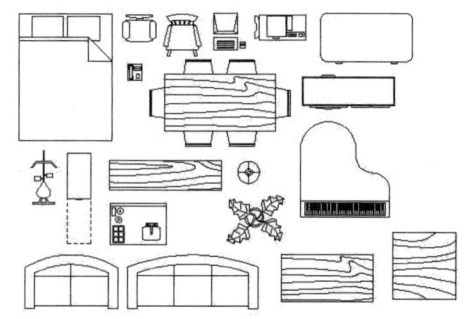

图 3-73　居室结构截面图　　　　图 3-74　将 Home-Space Planner 图块拖动到当前图形中并调整大小

将 Home-Space Planner 图块分解成单独的小图块集，并将小图块集中的"饭桌"和"植物"图块拖动到餐厅的适当位置，如图 3-75 所示。

（5）布置寝室。将"双人床"图块拖动到当前图形的寝室中，分别单击"常用"选项卡"修改"面板中的"旋转"按钮 ○ 和"移动"按钮 ✥，进行位置调整；重复"旋转""移动"命令，将"琴桌""书桌""台灯"和两个"椅子"图块拖动并旋转到当前图形的寝室中，如图 3-76 所示。

（6）布置客厅。采用类似的方法，将"转角桌""电视机""茶几"和两个"沙发"图块拖动并旋转到当前图形的客厅中，如图 3-77 所示。

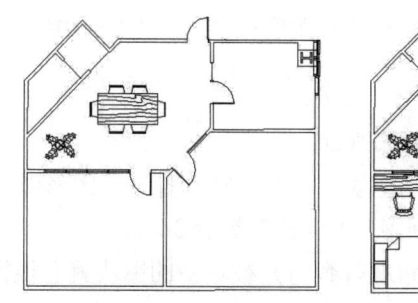 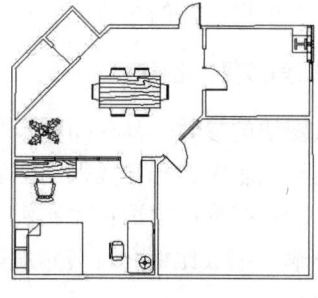 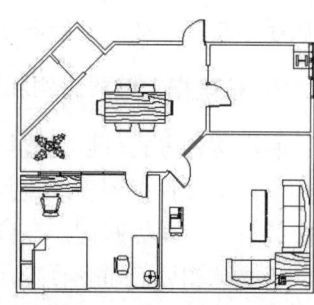

图 3-75　布置餐厅　　　　图 3-76　布置寝室　　　　图 3-77　布置客厅

（7）布置厨房。从设计中心找到源文件下的其他家具图元图形，将其插入工具选项板中。采用类似的方法，将"灶台""洗菜盆""水龙头"图块拖动并旋转到当前图形的厨房中，如图 3-78 所示。

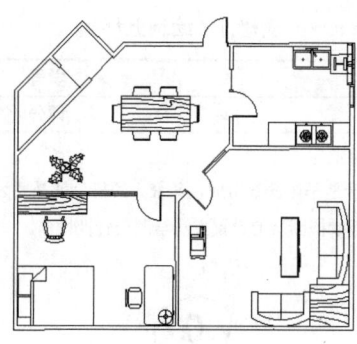

图 3-78　布置厨房

（8）布置卫生间。采用类似的方法，将"坐便器"和"洗脸盆"图块拖动到当前图形的卫生间中，复制"水龙头"图块并旋转移动到洗脸盆上。删除当前图形中没有用到的图块，最终效果如图 3-70 所示。

📖 知识点详解

中望建筑 CAD 设计中心提供了插入图块的两种方式：利用鼠标指定缩放比例和旋转角度插入图块，以及精确指定缩放比例和旋转角度插入图块。

1．利用鼠标指定缩放比例和旋转角度插入图块

系统根据鼠标拉出的线段的长度和角度来确定插入图块的缩放比例和旋转角度。利用这种方式插入图块的具体操作步骤如下。

（1）从文件夹列表或查找结果列表中选择要插入的图块，按住鼠标左键，将其拖动到打开的图形中；释放鼠标左键，该图块即可被插入当前图形中。利用当前设置的对象捕捉模式，可以将选中的图块插入任何存在的图形中。

（2）先指定一点作为插入点，再按住鼠标左键并拖动鼠标到目标位置，目标位置与插入点之间的距离为缩放比例，目标位置和插入点的连线与水平线之间的夹角为旋转角度。释放鼠标左键，被选中的图块就会根据指定的缩放比例和旋转角度被插入当前图形中。

2．精确指定缩放比例和旋转角度插入图块

利用这种方式可以设置插入图块的参数，具体操作步骤如下。

（1）从文件夹列表或查找结果列表中选择要插入的图块，将其拖动到打开的图形中。

（2）单击鼠标右键，在弹出的快捷菜单中选择"比例""旋转"等命令。

（3）在相应的命令行提示下输入缩放比例和旋转角度等数值，被选中的图块就会根据指定的参数被插入当前图形中。

上机实验

实验 1　绘制五环旗

姓名		学号	
评分人		评分	

◆ 目的要求

本实验要绘制的图形（见图 3-79）由一些基本图线组成，其最大的特色就是要为不同的图线设置不同的颜色，为此必须设置不同的图层。通过本实验，要求读者掌握图层的设置方法与图层转换操作。

图 3-79　五环旗

◆ 操作提示

（1）使用图层命令 LAYER 创建 5 个图层。

（2）使用"直线""多段线""圆环""圆弧"等命令在不同的图层上绘制图线。

（3）每绘制一种颜色的图线前，都要进行图层转换。

实验 2　标注居室平面图

姓名		学号	
评分人		评分	

◆ 目的要求

设置标注样式是标注尺寸的首要工作,一般可以根据图形的需要对标注样式的各个选项进行细致的设置。通过本实验,要求读者灵活掌握标注样式设置和尺寸标注的基本方法。居室平面图标注效果如图 3-80 所示。

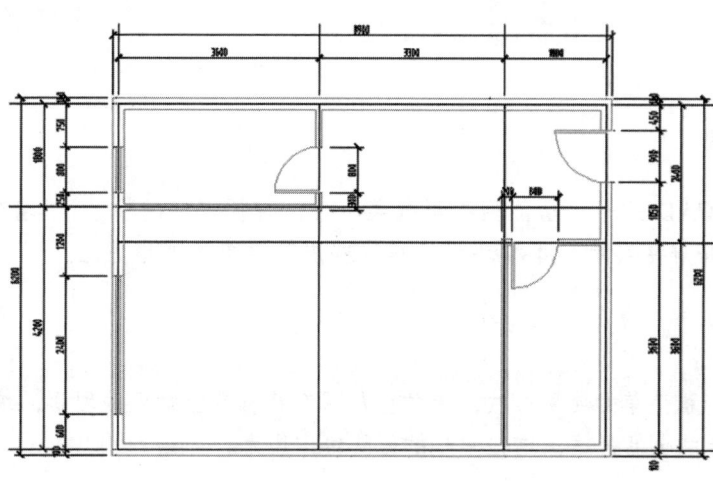

图 3-80　居室平面图标注效果

◆ 操作提示

(1) 使用一些基础绘图命令和编辑命令绘制居室平面图。
(2) 设置标注样式。
(3) 使用"线性""连续"命令标注横向轴线及纵向轴线的尺寸。
(4) 使用"线性"命令标注细部尺寸及总尺寸

模块 4　灵活使用屏幕菜单

学习情境

中望建筑 CAD 的一些功能列在屏幕菜单中，包括"轴网柱子""墙梁板""门窗""建筑设施"等屏幕菜单。本模块将讲解这些屏幕菜单的使用方法。

素质目标

通过学习屏幕菜单的使用方法，使学生加深对建筑专业知识的理解，培养学生的专业技能，激发学生的创新思维，增强学生的团队协作能力。

能力目标

- ➤ 掌握"轴网柱子"屏幕菜单命令的使用方法。
- ➤ 掌握"墙梁板"屏幕菜单命令的使用方法。
- ➤ 掌握"门窗"屏幕菜单命令的使用方法。
- ➤ 掌握"建筑设施"屏幕菜单命令的使用方法。

4.1　正交轴网

在建筑制图过程中，最先画出的是建筑物的轴网，它是由横向轴线和纵向轴线组成的。一般将横向相邻轴线之间的距离叫作进深，将纵向相邻轴线之间的距离叫作开间，它们共同构成了建筑物的主体框架。建筑物的主要支承构件按照轴网的定位排列，看上去井然有序。

本节将通过正交轴网的绘制过程来讲解"绘制轴网"命令的使用方法。

操作步骤

（1）选择屏幕菜单中的"轴网柱子"→"绘制轴网"命令，打开"绘制轴网"对话框，切换到"直线轴网"选项卡，如图 4-1 所示。

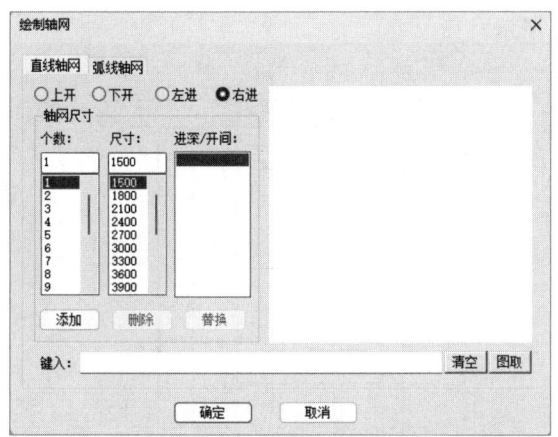

图 4-1　"绘制轴网"对话框中的"直线轴网"选项卡

（2）选择下开间值（3300 2400 2700）。选中"下开"单选按钮，在"尺寸"列表框中选择尺寸数据，在"个数"列表框中选择需要重复的次数，单击"添加"按钮，如图 4-2 所示。

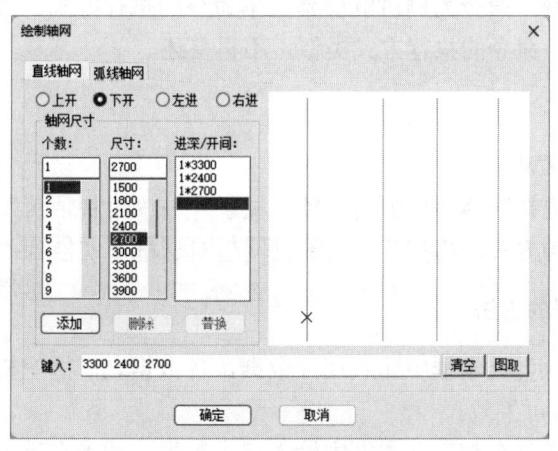

图 4-2　选择下开间值

（3）选择上开间值（2400 2100 2700）。选中"上开"单选按钮，在"尺寸"列表框中选择尺寸数据，在"个数"列表框中选择需要重复的次数，单击"添加"按钮。

（4）选择左进深值（1500 3900 4200 1500）。选中"左进"单选按钮，在"尺寸"列表框中选择尺寸数据，在"个数"列表框中选择需要重复的次数，单击"添加"按钮。

（5）选择右进深值（1800 3000 5400）。选中"右进"单选按钮，在"尺寸"列表框中选择尺寸数据，在"个数"列表框中选择需要重复的次数，单击"添加"按钮。

（6）完成所有尺寸数据的选择后，单击"确定"按钮，关闭"绘制轴网"对话框；在绘图区单击，根据提示输入所需参数，命令行提示与操作如下。

点取位置或　[转 90 度(A)/左右翻(S)/上下翻(D)/对齐(F)/旋转(R)/基点(T)]<退出>：（选择轴网基点位置）

绘制效果如图4-3所示。

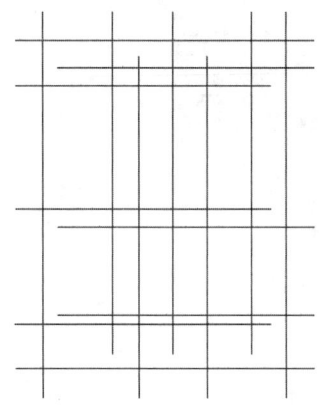

图4-3 正交轴网

📖 知识点详解

下面以"绘制轴网"命令为例讲解屏幕菜单命令的执行方式。其他屏幕菜单命令的执行方式与"绘制轴网"命令的执行方式类似,不再赘述。

1．执行方式

(1)命令行:HZZW。
(2)屏幕菜单:选择屏幕菜单中的"轴网柱子"→"绘制轴网"命令。

执行上述任意一种方式,将打开"绘制轴网"对话框,切换到"直线轴网"选项卡。

2．输入尺寸数据的方法

(1)直接在"键入"文本框中输入尺寸数据,各数据之间用空格或英文逗号分隔,输入完成后按Enter键即可生效。
(2)在"尺寸"和"个数"文本框中输入尺寸数据,或者在下方的列表框中选择尺寸数据,单击"添加"按钮即可生效。

3．选项说明

(1)上开:在轴网上方进行轴网标注的房间开间尺寸。
(2)下开:在轴网下方进行轴网标注的房间开间尺寸。
(3)左进:在轴网左侧进行轴网标注的房间进深尺寸。
(4)右进:在轴网右侧进行轴网标注的房间进深尺寸。
(5)个数:"尺寸"列表框中尺寸数据的重复次数。
(6)尺寸:某个开间或进深的尺寸数据。
(7)进深/开间:一组已经生效的进深和开间的尺寸数据。
(8)删除:选中"进深/开间"列表框中的某组尺寸数据后将其删除。

(9)替换：将"进深/开间"列表框中的某组尺寸数据用"个数"和"尺寸"文本框或列表框中的新尺寸数据替换。

(10)键入：输入一组尺寸数据，各数据之间用空格或英文逗号分隔，按 Enter 键将这组尺寸数据添加到"进深/开间"列表框中。

4．弧线轴网

除了直线轴网，还有弧线轴网，它由一组同心圆弧线和过圆心的辐射线组成，如图 4-4 所示。

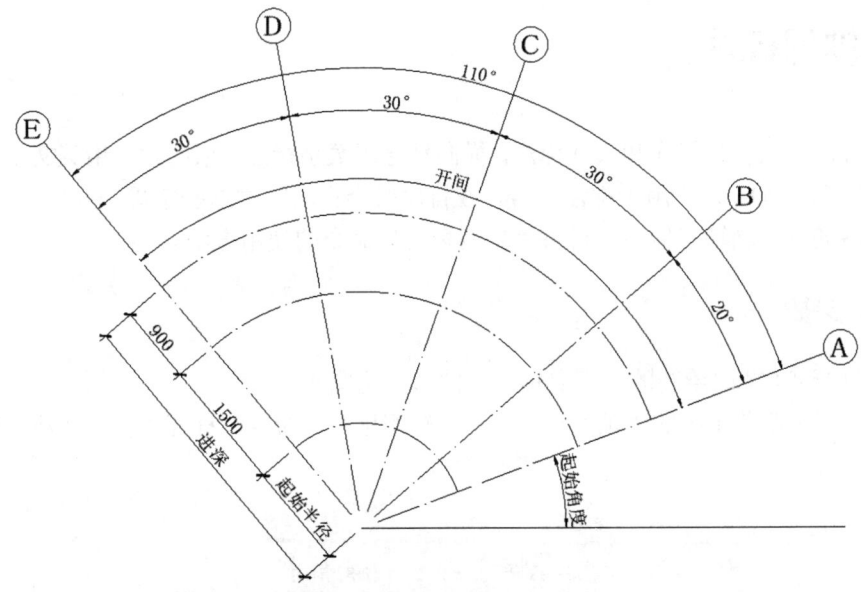

图 4-4　弧线轴网

选择屏幕菜单中的"轴网柱子"→"绘制轴网"命令，打开"绘制轴网"对话框，切换到"弧线轴网"选项卡，如图 4-5 所示。

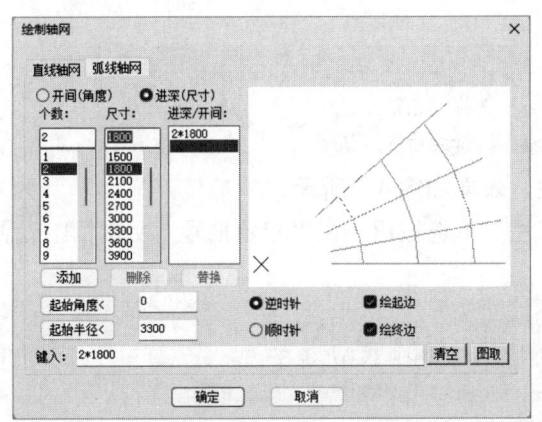

图 4-5　"绘制轴网"对话框中的"弧线轴网"选项卡

该对话框中各选项的含义如下。

（1）开间（角度）：由旋转方向决定的房间开间划分序列，用角度表示，以度为单位。

（2）进深（尺寸）：在半径方向上由内到外的房间划分尺寸。

（3）起始角度：起始边与 X 轴正向的夹角。可在图中选取弧线轴网的起始方向。

（4）起始半径：最内侧环向轴线的半径，最小值为 0。可在图中选取半径长度。

（5）绘起边/绘终边：用于确定两端辐射线是否绘制。当弧线轴网与直线轴网相连时，此边线不要绘制，以免产生重合轴线。

4.2 轴网标注

轴网标注包括轴号标注和尺寸标注，横向轴号用数字标注，纵向轴号用英文字母标注，但是英文字母 I、O、Z 不用于标注轴号，在排序时会自动跳过这些字母。

本节将通过绘制轴网标注来讲解"轴网标注"命令的使用方法。

📖 **操作步骤**

（1）打开 4.1 节中绘制的"正交轴网"图形（见图 4-3）。

（2）选择屏幕菜单中的"轴网柱子"→"轴网标注"命令，打开"轴网标注"对话框，如图 4-6 所示。

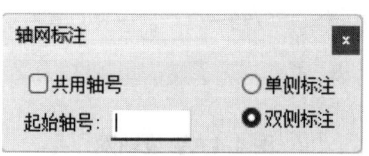

图 4-6　"轴网标注"对话框

（3）选中"双侧标注"单选按钮，在"起始轴号"文本框中设置起始轴号为 1。命令行提示与操作如下。

```
命令：ZWBZ
请选择起始轴线<退出>：（选择起始轴线 1）
请选择终止轴线<退出>：（选择终止轴线 7）
```

完成竖向轴网标注，效果如图 4-7 所示。

（4）选中"单侧标注"单选按钮，在"起始轴号"文本框中设置起始轴号为 A。命令行提示与操作如下。

```
命令：ZWBZ
请选择起始轴线<退出>：（选择起始轴线 A）
请选择终止轴线<退出>：（选择终止轴线 H）
```

采用类似的方法标注另一侧的轴网，完成横向轴网标注，效果如图 4-8 所示。

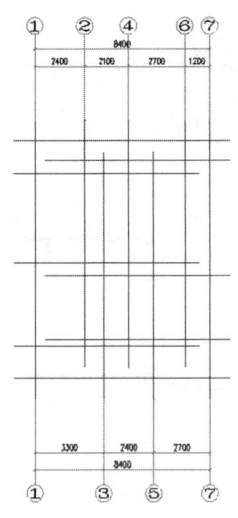

图 4-7 竖向轴网标注效果

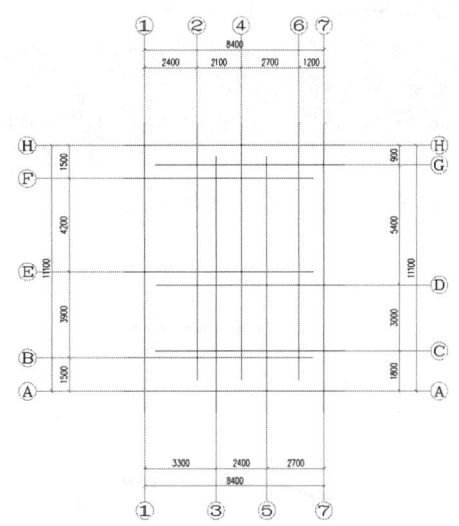

图 4-8 横向轴网标注效果

知识点详解

在如图 4-6 所示的"轴网标注"对话框中，各选项的含义如下。

（1）单侧标注：只在选取的轴网一侧标注轴号和尺寸，另一侧不标注。

（2）双侧标注：轴网两侧都标注轴号和尺寸。

（3）共用轴号：勾选该复选框后，标注的起始轴线选择前段已经标好的最末轴线，则轴号承接前段轴号顺排，而不会出现轴号重叠和错乱现象。在前一个轴号系统重排编号后，后一个轴号系统也将自动重排编号。

（4）起始轴号：选取的第一根轴线的编号。可按规范要求采用数字、大小写字母、双字母、双字母间隔连字符等方式进行标注，如 8、A-1、1/B 等。

4.3 轴号标注

在绘制建筑图形时，有时需要给单根轴线标注轴号。例如，在绘制立面图、剖面图、详图时，都需要单独的轴号标注。

本节将通过绘制轴号标注来讲解"轴号标注"命令的使用方法。

操作步骤

（1）打开"源文件\模块 4\原图\墙体剖面图"图形，如图 4-9 所示。

（2）选择屏幕菜单中的"轴网柱子"→"轴号标注"命令，为图中的墙体轴线标注轴号。命令行提示与操作如下。

```
命令:ZHBZ
点取待标注的轴线<退出>:（选择左侧墙体的轴线）
请输入轴号<空号>:E↵
点取待标注的轴线<退出>:（选择右侧墙体的轴线）
请输入轴号<空号>:D↵
```

轴号标注效果如图 4-10 所示。

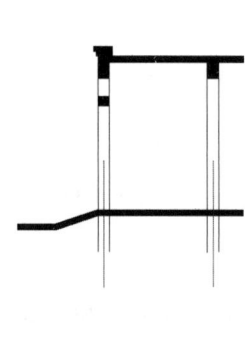

图 4-9　墙体剖面图

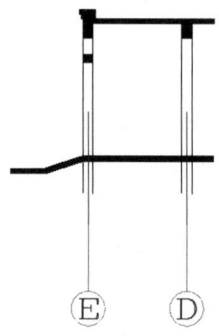

图 4-10　轴号标注效果

📖 知识点详解

"轴号标注"命令只能给单根轴线标注轴号，且标注的轴号独立存在，不与已经存在的轴号系统和尺寸系统发生关联，因此不适用于一般的平面图轴网，常被用于立面图、剖面图、详图中单根轴线的标注。

在"轴号标注"命令的命令行提示中，各选项的含义如下。

（1）点取待标注的轴线<退出>：选择要标注的某根轴线或按 Enter 键退出。

（2）请输入轴号<空号>：输入轴号编号或按 Enter 键为空号。

4.4　墙生轴网

墙生轴网是指根据墙体生成轴网。在建筑方案设计中，建筑设计人员需要反复修改平面图，如加、删墙体，修改开间、进深等，用轴线定位有时并不方便。为此，中望建筑 CAD 提供了根据墙体生成轴网的功能，先确定平面布局方案，再使用"墙生轴网"命令生成轴网。

本节将介绍使用"墙生轴网"命令生成轴网的方法。

📖 操作步骤

（1）打开"源文件\模块 4\原图\墙体"图形，如图 4-11 所示。

（2）选择屏幕菜单中的"轴网柱子"→"墙生轴网"命令，生成轴网。命令行提示与操作如下。

```
命令:QSZW
请选择墙体:（选择墙体）
请选择墙体:↙
```

墙生轴网效果如图 4-12 所示。

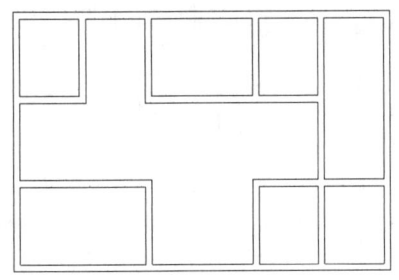

图 4-11 "墙体"图形

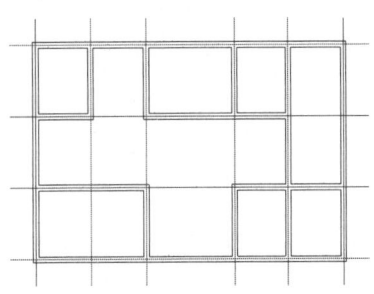

图 4-12 墙生轴网效果

知识点详解

"墙生轴网"功能主要为建筑方案设计服务。建筑设计人员在设计初期主要考虑功能需求的布局问题，先用墙体分割确定平面布局方案，再生成轴网。这个流程很像先布置轴网再绘制墙体的逆向过程，采用什么方式开始设计完全由建筑设计人员自行决定。

在"墙生轴网"命令的命令行提示中，各选项的含义如下。

请选择墙体：选择要生成轴网的所有墙体或按 Enter 键退出。

选择墙体后，即可在墙体基线位置自动生成没有标注轴号和尺寸的轴网。

4.5 添加轴线

在绘制建筑图形的过程中，有时会遇到新添加几根轴线的情况，这就需要用到"添加轴线"命令。

本节将介绍使用"添加轴线"命令添加轴线的方法。

操作步骤

（1）打开"源文件\模块 4\轴网标注"图形，如图 4-13 所示。

（2）选择屏幕菜单中的"轴网柱子"→"添加轴线"命令，在轴线 E 的上方添加轴线，添加的轴线与轴线 E 的距离为 1500。命令行提示与操作如下。

```
命令:TJZX
选择参考轴线 <退出>:（选择轴线 E）
新增轴线是否作为附加轴线?[是(Y)/否(N)]<N>:Y↙
偏移距离<退出>:1500↙
```

添加轴线效果如图 4-14 所示。

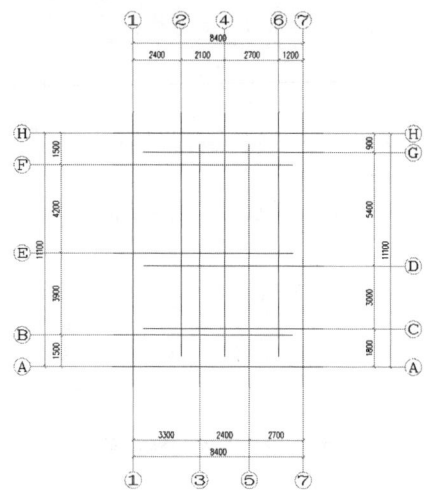

图 4-13 "轴网标注"图形

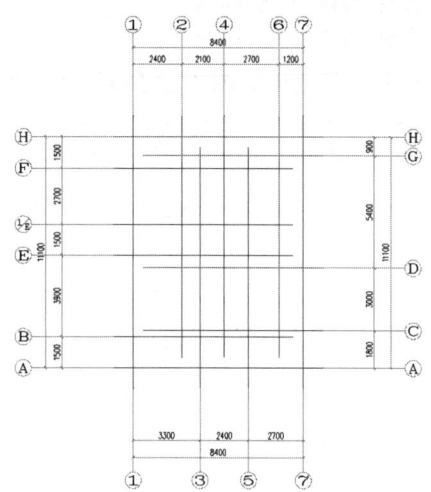

图 4-14 添加轴线效果

📖 知识点详解

"添加轴线"命令以某根已经存在的轴线作为参考，根据用户选择的方向和输入的数据创建一根新轴线，同时标注轴号，并把新轴线和轴号融入已经存在的轴号系统中。本功能对直线轴网和弧线轴网均有效。

在"添加轴线"命令的命令行提示中，各选项的含义如下。

（1）选择参考轴线：选择一根已经存在的轴线作为参考。

（2）新增轴线是否作为附加轴线？[是(Y)/否(N)]：回应 Y，添加的轴线将作为紧前轴线的附加轴线，同时标出附加轴号，如 1/E；回应 N，添加的轴线将作为一根主轴线被插入指定位置，同时标出主轴号，其后的轴号自动更新。

（3）对于直线轴网和弧线轴网，接下来的命令行提示有所不同。直线轴网提示"偏移距离"，弧线轴网提示"输入转角"，此时拖动预览的新轴线确定偏移方向，同时输入偏移距离或转角值，按 Enter 键即可完成新轴线的添加。

4.6 标准柱

柱子是建筑物中用于支承栋梁的长条形构件，主要承受上部结构的压力，有时承受弯矩，主要用作支承梁、桁架或楼板等。

"标准柱"命令用来在轴线的交点处或任意位置插入矩形、圆形、正三角形、正五边形、正六边形、正八边形、正十二边形断面柱。

本节将介绍标准柱的创建方法。

操作步骤

(1) 打开"源文件\模块 4\墙生轴网"图形,如图 4-15 所示。

(2) 为了使柱子图形看得更清楚,可以先设置柱子的图案填充。选择屏幕菜单中的"设置"→"全局设置"命令,打开"初始设置"对话框,切换到"加粗填充"选项卡,如图 4-16 所示,勾选"墙柱图案填充"复选框。这样,后面添加的柱子默认自带图案填充。

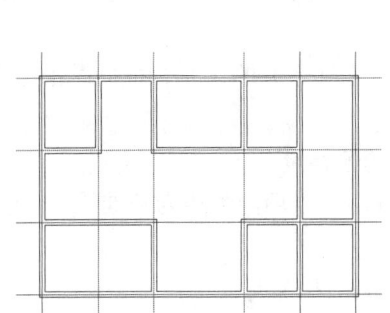
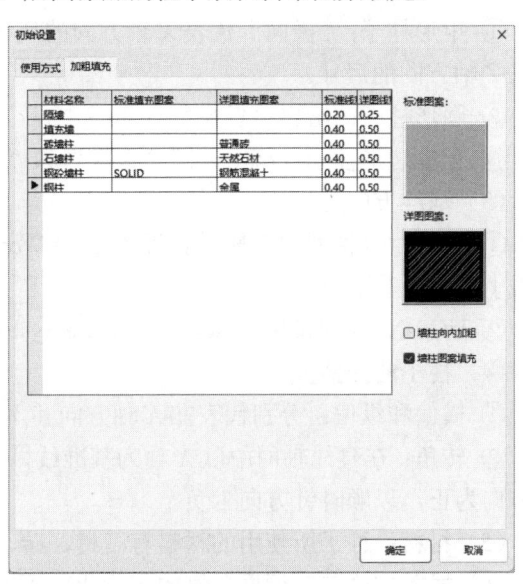

图 4-15 "墙生轴网"图形　　　图 4-16 "初始设置"对话框中的"加粗填充"选项卡

(3) 选择屏幕菜单中的"轴网柱子"→"标准柱"命令,打开"标准柱"对话框,如图 4-17 所示,绘制 240×240 的钢砼(钢筋混凝土)矩形柱,转角设置为 0°,高度设置为 3300.0,单击"点选插入"按钮,单击轴线的交点处。命令行提示与操作如下。

```
命令:BZZ
点取柱子的插入位置<退出>:(单击柱子的插入位置)
点取柱子的插入位置<退出>:(单击柱子的插入位置)
点取柱子的插入位置<退出>:✓
```

插入标准柱效果如图 4-18 所示。

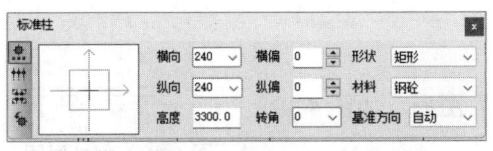
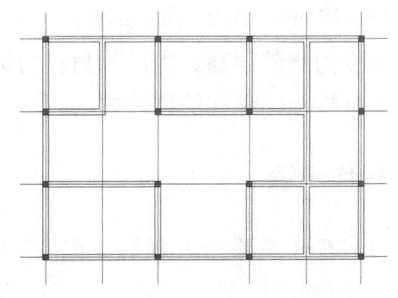

图 4-17 "标准柱"对话框　　　图 4-18 插入标准柱效果

📖 **知识点详解**

在如图4-17所示的"标准柱"对话框中，各选项的含义如下。

（1）形状：除了常见的矩形和圆形，还有正三角形、正五边形、正六边形、正八边形、正十二边形等。

（2）柱子的尺寸。

① 矩形柱子："横向"代表 X 轴方向的尺寸，"纵向"代表 Y 轴方向的尺寸，"高度"代表 Z 轴方向的尺寸。

② 圆形柱子：给出"直径"。

③ 正多边形柱子：给出外圆"直径"和"边长"。

（3）基准方向。

① 自动：以轴网的 X 轴［接近WCS（World Coordinate System，世界坐标系）X 轴的轴线］为横向基准方向。

② UCS-X：以UCS（User Coordinate System，用户坐标系）的 X 轴为横向基准方向。

（4）柱子的偏移量。

① 横偏和纵偏：分别代表在 X 轴方向和 Y 轴方向的偏移量。

② 转角：在直线轴网中以 X 轴为基准线，在弧线轴网中以环向弧线为基准线，以逆时针方向为正，以顺时针方向为负。

（5）材料：柱子所使用的材料有石材、砖、钢筋混凝土和金属。

（6）插入方式：对话框左侧的图标代表不同的插入方式。

① "点选插入"：捕捉轴线交点插入标准柱。如果未捕捉到轴线交点，则在单击位置插入标准柱。

② "沿线插入"：在选中的轴线与其他轴线的交点处插入标准柱。

③ "区域插入"：在指定的矩形区域所有轴线交点处插入标准柱。

④ "替换"：在选中柱子的位置插入标准柱，并删除原来的柱子。

4.7 角柱

"角柱"命令用来在墙角插入形状与墙角一致的柱子，可以改变柱子各分支的长度和宽度，高度为当前层高。生成的角柱与标准柱类似。

本节将介绍角柱的创建方法。

📖 **操作步骤**

（1）打开"源文件\模块4\原图\角柱原图"图形，如图4-19所示。

图4-19 角柱原图

（2）选择屏幕菜单中的"轴网柱子"→"角柱"命令，在图形中选择要插入角柱的墙角。命令行提示与操作如下。

请选取墙角<退出>：（选择墙角）

此时打开"角柱"对话框，如图 4-20 所示，设置角柱参数。

（3）参数设置完成后，单击"确定"按钮，即可在图形中插入角柱，效果如图 4-21 所示。

图 4-20　"角柱"对话框

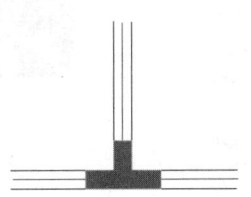

图 4-21　插入角柱效果

知识点详解

在如图 4-20 所示的"角柱"对话框中，各选项的含义如下。

（1）材料：用于选择角柱所使用的材料，有混凝土、砖、钢筋混凝土和金属。

（2）长度 A/长度 B/长度 C/长度 D：分支在图中墙体上代表的位置与图中颜色一一对应。注意，此值为墙体基线长度，可直接输入或通过在图形中选取控制点来确定这些长度值。

4.8　构造柱

在建筑图形中，除了标准柱、角柱，还有构造柱。"构造柱"命令用来在墙角交点处或墙体内插入构造柱，以所选择的墙角形状为基准，输入构造柱的具体尺寸，指出对齐方向。

本节将介绍构造柱的创建方法。

操作步骤

（1）打开"源文件\模块 4\原图\构造柱原图"图形，如图 4-22 所示。

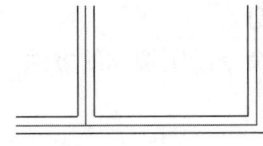

图 4-22　构造柱原图

（2）选择屏幕菜单中的"轴网柱子"→"构造柱"命令，在图形中选择要插入构造柱的墙角或墙体。命令行提示与操作如下。

请选取墙角或[参考点(R)/墙端插柱(D)]<退出>：（选择墙角）

此时打开"构造柱"对话框,如图 4-23 所示,设置构造柱参数。

(3)参数设置完成后,单击"确定"按钮,即可在图形中插入构造柱,效果如图 4-24 所示。

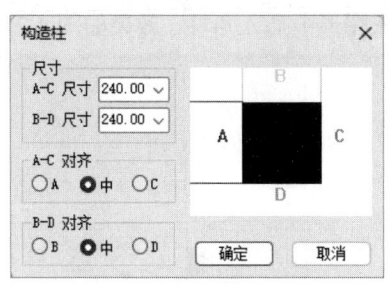

图 4-23 "构造柱"对话框

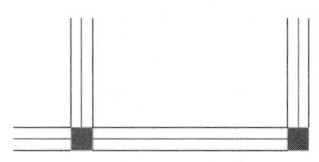

图 4-24 插入构造柱效果

知识点详解

在如图 4-23 所示的"构造柱"对话框中,各选项的含义如下。

(1)A-C 尺寸:沿着 A-C 方向的构造柱尺寸,最大不能超过墙厚。

(2)B-D 尺寸:沿着 B-D 方向的构造柱尺寸,最大不能超过墙厚。

(3)A-C 对齐:柱子 A、C 方向的两条边分别对齐到 A(左)、中(中心)、C(右)。

(4)B-D 对齐:柱子 B、D 方向的两条边分别对齐到 B(上)、中(中心)、D(下)。

在进行参数设置时,对话框右侧的图形将实时反映构造柱与墙体的真实关系。构造柱的填充模式服从普通柱子的设置。

4.9 创建墙梁

墙体是建筑物的核心构件之一。中望建筑 CAD 采用专门定义的中望建筑墙体对象来表示墙体,因此可以实现墙角的自动修剪等许多智能特性。墙体之间不仅相互连接,还同柱和门窗相互关联,并且是建筑物各个功能区域的划分依据,因此理解墙体对象的特征非常重要。墙体对象中不仅包含定位点、高度、厚度这样的几何图形信息,还包含墙体的类型、材料、内外朝向这样的物理信息。

本节将介绍使用"创建墙梁"命令绘制墙体的方法。

操作步骤

(1)选择屏幕菜单中的"墙梁板"→"创建墙梁"命令,打开"墙体设置"对话框,如图 4-25 所示,设置墙体参数。

(2)在绘图区绘制墙体。命令行提示与操作如下。

命令:CJQL

```
起点或 [矩形布墙(R)/沿轴布墙(S)/等分加墙(D)/图取墙体(X)]<退出>:（任意指定一点）
   直墙下一点或   [矩形布墙(R)/沿轴布墙(S)/等分加墙(D)/弧墙(A)/墙厚切换(Q)/图取墙体
(X)]<另一段>: 6900
   直墙下一点或   [矩形布墙(R)/沿轴布墙(S)/等分加墙(D)/弧墙(A)/墙厚切换(Q)/回退(U)/图
取墙体(X)]<另一段>: 3900
   直墙下一点或   [矩形布墙(R)/沿轴布墙(S)/等分加墙(D)/弧墙(A)/墙厚切换(Q)/回退(U)/闭
合(C)/图取墙体(X)]<另一段>: 6900
   直墙下一点或   [矩形布墙(R)/沿轴布墙(S)/等分加墙(D)/弧墙(A)/墙厚切换(Q)/回退(U)/闭
合(C)/图取墙体(X)]<另一段>: C
   起点或 [矩形布墙(R)/沿轴布墙(S)/等分加墙(D)/图取墙体(X)]<退出>: ✓
```

绘制效果如图 4-26 所示。

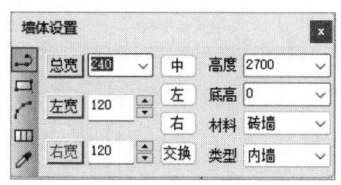

图 4-25 "墙体设置"对话框（1）

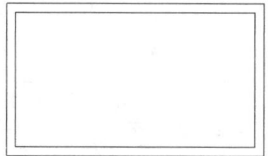

图 4-26 墙体

📖 知识点详解

在如图 4-25 所示的"墙体设置"对话框中，左侧的图标工具栏表示创建墙体的方式，从上到下依次是连续布墙、矩形布墙、沿轴布墙、等分加墙和图取墙体；总宽/左宽/右宽用来指定墙体的宽度和基线位置，应当先输入总宽，再输入左宽或右宽；对于墙体的类型，外墙、内墙和户墙的图面表现都一样，如果当时还不太确定，则按内墙输入即可，在平面墙体布置完成后可以采用其他辅助工具（如识别内外和套内面积）再次区分；墙体的材料有石墙、砖墙、钢筋混凝土墙、填充墙、玻璃幕墙和轻质隔断；墙体的底高为当前标高；默认墙体的高度取自当前层高。

墙体的所有参数都可以在创建后编辑修改。

4.10 偏移建墙

在绘制建筑图形的过程中，有时需要将已有的大房间按等分的原则划分为多个小房间，这就需要用到"偏移建墙"命令，即将一段墙体在纵向等分，在垂直方向加入新墙体，同时新墙体延伸到给定边界。

本节将介绍"偏移建墙"命令的使用方法。

📖 操作步骤

（1）打开 4.9 节中绘制的墙体（见图 4-26）。

（2）选择屏幕菜单中的"墙梁板"→"偏移建墙"命令，打开"墙体设置"对话框，如图4-27所示，设置墙体参数。

（3）等分墙体。命令行提示与操作如下：

```
命令:PYJQ
选择待等分的墙段或 [连续布墙(C)/沿轴布墙(S)/矩形布墙(R)/图取墙体(X)]<退出>:（选择上侧水平墙）
请输入等分数<2>：3✓
选择作为另一边界的墙段<退出>:（选择下侧水平墙）
找到 1 个
选择待等分的墙段或 [连续布墙(C)/沿轴布墙(S)/矩形布墙(R)/图取墙体(X)]<退出>:✓
```

等分墙体效果如图4-28所示。

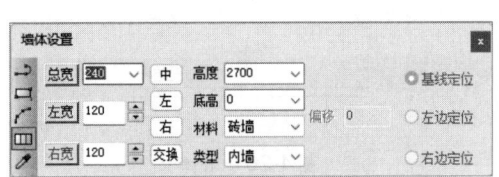

图4-27　"墙体设置"对话框（2）

图4-28　等分墙体效果

📖 知识点详解

偏移建墙其实就是等分墙体，用于将已有的空间按等分的原则划分出更多的空间。
"偏移建墙"命令有3种相关墙体参与操作，即参照墙体、边界墙体和生成的新墙体。等分墙体的具体操作步骤如下：

（1）选择待等分的墙段，作为等分加入墙的边界。
（2）输入等分数。
（3）选择另一墙段，作为等分加入墙的另一边界。

4.11　单线变墙

"单线变墙"命令可以中望建筑CAD绘制的直线、多段线、圆或圆弧为基准生成墙体。
本节将介绍"单线变墙"命令的使用方法。

📖 操作步骤

（1）打开"源文件\模块4\原图\单线变墙原图"图形，如图4-29所示。

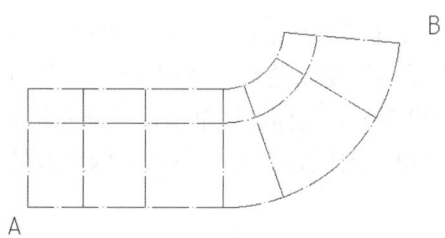

图 4-29　单线变墙原图

（2）选择屏幕菜单中的"墙梁板"→"单线变墙"命令，打开"单线变墙"对话框，如图 4-30 所示，设置外墙外侧宽为 240，外墙内侧宽为 120，内墙宽为 240，高度为 3000，选中"单线变墙"单选按钮。

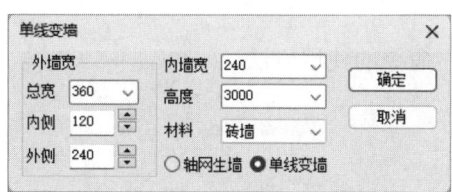

图 4-30　"单线变墙"对话框

（3）单击"确定"按钮后，命令行提示与操作如下。

```
命令:DXBQ
选择待转成墙体的曲线(LINE,ARC,CIRCLE):（框选从 A 到 B 的区域）
指定对角点:
找到 13 个,已过滤 1 个
选择待转成墙体的曲线(LINE,ARC,CIRCLE):✓
请稍候...
```

单线变墙效果如图 4-31 所示。

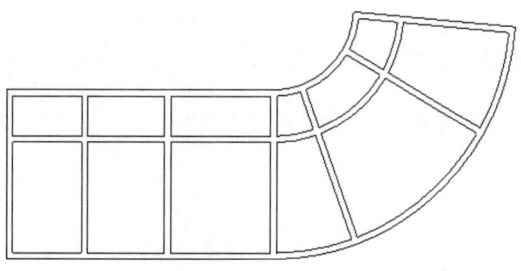

图 4-31　单线变墙效果

知识点详解

"单线变墙"命令有两种使用方法：一种是将使用 LINE、ARC 命令绘制的单线转换成中望建筑墙体对象，并删除选中单线，生成墙体的基线与对应的单线重合；另一种是先在设计好的轴网上批量生成墙体，再进行编辑。

在如图4-30所示的"单线变墙"对话框中,除了"单线变墙"单选按钮,还有"轴网生墙"单选按钮。轴网生墙与单线变墙的操作过程相似,区别在于轴网生墙不删除原来的轴线,并且被单独甩出的轴线不生成墙体,这里不再详细介绍。"单线变墙"命令在弧线轴网中特别有用,因为直接绘制弧墙比较麻烦,先在设计好的轴网上批量生成弧墙后再删除无用墙体更为方便。

4.12 倒墙角

对于墙角的编辑,可以使用"倒墙角"命令。该命令用于将两段不平行墙体的端头交角采用圆角方式连接。

本节将介绍"倒墙角"命令的使用方法。

📖 操作步骤

(1)打开"源文件\模块4\原图\倒墙角原图"图形,选择屏幕菜单中的"墙梁板"→"倒墙角"命令,命令行提示与操作如下。

```
选择第一段墙或 [设圆角半径(R),0(R)]<退出>: R✓
请输入圆角半径<0>:1000✓
选择第一段墙或 [设圆角半径: 1000 (R)]<退出>: (选择A处一条墙线)
选择另一段墙<退出>: (选择A处另一条墙线)
```

完成A处倒墙角操作。

(2)同理,使用"倒墙角"命令完成B、C、D处倒墙角操作,效果如图4-32所示。

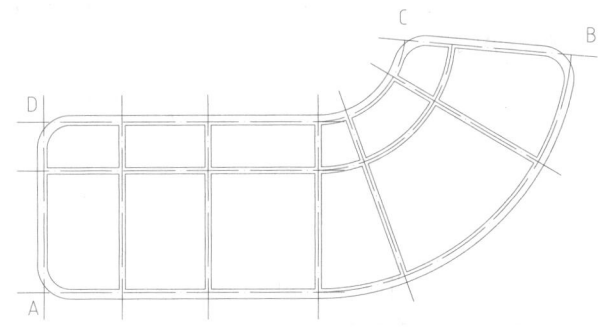

图4-32 倒墙角效果

📖 知识点详解

"倒墙角"命令与中望建筑CAD中的"倒角(Fillet)"命令相似,专门用于处理两段不平行墙体的端头交角。有以下两种情况:

(1)当圆角半径不为0时,两段不平行墙体的类型、总宽和左右宽必须相同,否则无法进行倒墙角操作。

（2）当圆角半径为 0 时，两段不平行墙体的厚度和材料可以不同。

4.13 门窗

门窗也是建筑物的核心构件之一。中望建筑 CAD 采用中望建筑对象来表示门窗，因此可以实现门窗和墙体之间的智能联动。插入门窗后，会在墙体上自动按门窗轮廓形状开洞，删除门窗后墙洞自动闭合，在这个过程中墙体的外观几何尺寸不变。

本节将介绍门窗的创建方法。

📖 **操作步骤**

（1）打开"源文件\模块 4\原图\插入门窗原图"图形，选择屏幕菜单中的"门窗"→"门窗"命令，打开"门窗参数"对话框，如图 4-33 所示。

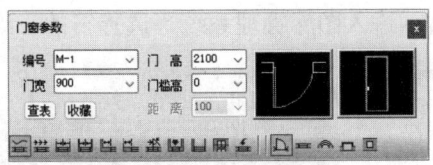

图 4-33 "门窗参数"对话框（1）

（2）单击"插门"按钮，在"编号"文本框中输入编号 M-1，在"门高"文本框中输入 2100，在"门宽"文本框中输入 900，在"门槛高"文本框中输入 0。

（3）在二维视图中单击，进入图库管理系统，选择门的二维形式。

（4）在三维视图中单击，进入图库管理系统，选择门的三维形式。

（5）在"门窗参数"对话框中单击 按钮，选择插入门的方式为"自由插入"。

（6）在绘图区单击，命令行提示与操作如下。

点取门窗插入位置或[左右翻转(D)/内外翻转(A)/图取参数(S)]<退出>：（选择 A 点）
点取门窗插入位置或[左右翻转(D)/内外翻转(A)/图取参数(S)]<退出>：✓

此时编号 M-1 被插入指定位置。

（7）单击"插窗"按钮，此时的"门窗参数"对话框如图 4-34 所示。在"编号"文本框中输入编号 C-1，在"窗高"文本框中输入 1200，在"窗宽"文本框中输入 1500，在"窗台高"文本框中输入 800。

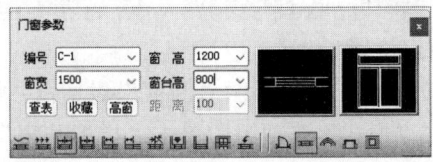

图 4-34 "门窗参数"对话框（2）

(8)在二维视图中单击,进入图库管理系统,选择窗的二维形式,如图4-35所示。

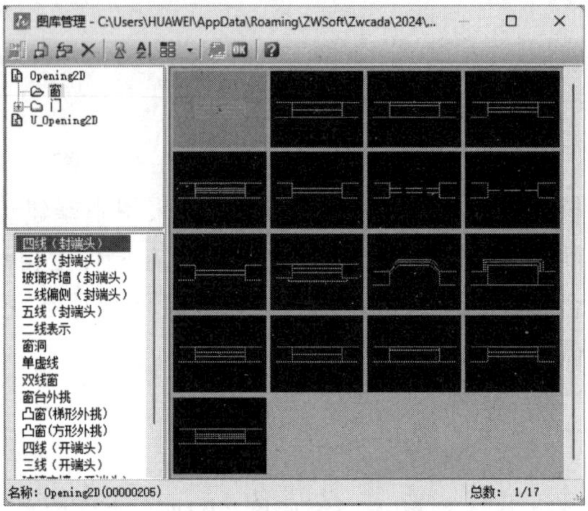

图 4-35　选择窗的二维形式

(9)在三维视图中单击,进入图库管理系统,选择窗的三维形式,如图4-36所示。

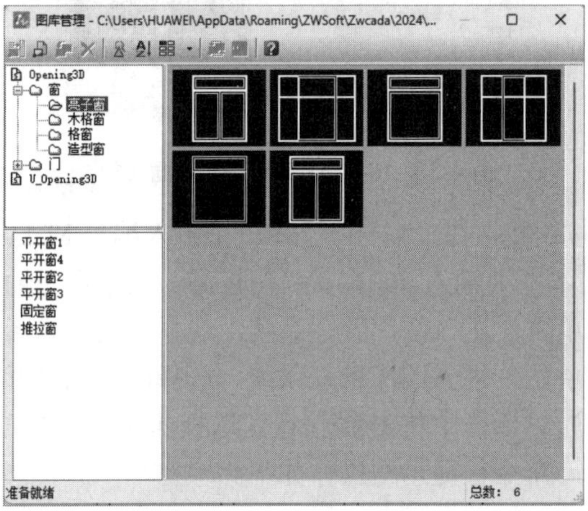

图 4-36　选择窗的三维形式

(10)在"门窗参数"对话框中单击 按钮,选择插入窗的方式为"轴线等分插入"。

(11)在绘图区单击,命令行提示与操作如下。

```
点取门窗插入位置或[左右翻转(D)/内外翻转(A)/图取参数(S)]<退出>:(选择B点)
输入门窗个数(1~1)[参考轴线(S)]<1>:1
点取门窗插入位置或[左右翻转(D)/内外翻转(A)/图取参数(S)]<退出>:↙
```

此时编号C-1被插入指定位置。

(12)单击"插凸窗"按钮 ,此时显示"凸窗"对话框,如图4-37所示。在"编号"文本框中输入编号TC-1,在"型式"选项组中单击"梯形凸窗"按钮 ,在"宽度W"文本框中输入2400,在"窗台高"文本框中输入900,在"凸出宽A"文本框中输入600,在"窗高"文本框中输入1500,在"梯形宽B"文本框中输入900。

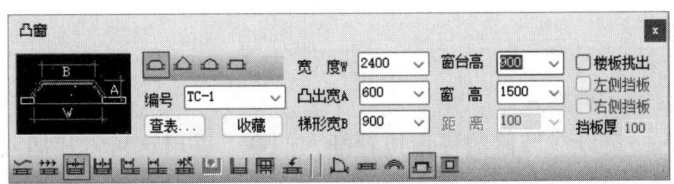

图 4-37 "凸窗"对话框

（13）在"凸窗"对话框中单击■按钮，选择插入凸窗的方式为"轴线等分插入"。

（14）在绘图区单击，命令行提示与操作如下。

点取门窗插入位置或[左右翻转(D)/内外翻转(A)/图取参数(S)]<退出>：（选择 D 点）
输入门窗个数(1~1)[参考轴线(S)]<1>：1
点取门窗插入位置或[左右翻转(D)/内外翻转(A)/图取参数(S)]<退出>：✓

此时编号 TC-1 被插入指定位置。

（15）单击"插弧窗"按钮，此时显示"弧窗"对话框，如图 4-38 所示。在"编号"文本框中输入编号 HC-1，在"窗高"文本框中输入 1800，在"宽度"文本框中输入 1500，在"窗台高"文本框中输入 800。

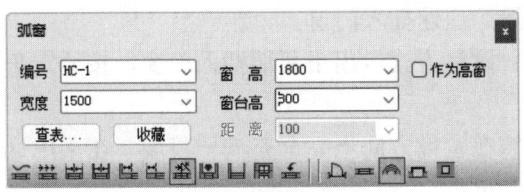

图 4-38 "弧窗"对话框

（16）在"弧窗"对话框中单击■按钮，选择插入弧窗的方式为"角度定位插入"。

（17）在绘图区单击，命令行提示与操作如下。

点取弧墙或[图取参数(S)]<退出>：（选择 E 点）
门窗中心的角度<退出>：
点取弧墙或[图取参数(S)]<退出>：✓

此时编号 HC-1 被插入指定位置。

插入门窗效果如图 4-39 所示。

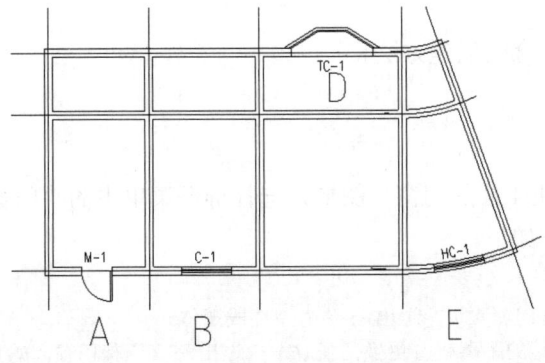

图 4-39 插入门窗效果

📖 知识点详解

插入门窗有以下几种方式。

（1）自由插入：可以在墙段的任意位置插入门窗。采用这种方式插入门窗非常快速，但不容易准确定位，通常用在方案设计阶段。

（2）顺序插入：以距离点取位置较近的墙边端点或基线端为起点，按给定距离插入选定的门窗。此后顺着前进方向连续插入，在插入过程中可以改变门窗类型和参数。在弧墙上顺序插入门窗时，按照墙基线弧长进行定位。

（3）轴线等分插入：将一个或多个门窗等分插入两根轴线之间的墙段上。如果墙段内缺少轴线，则该侧按墙段基线等分插入门窗。

（4）墙段等分插入：与轴线等分插入相似，在一个墙段上按较短的边线等分插入若干个门窗。

（5）垛宽定距插入：系统自动选取距离点取位置最近的墙边线顶点作为参考位置，快速插入门窗，垛宽距离在对话框中预设。这种方式特别适合插入室内门。

（6）轴线定距插入：与垛宽定距插入相似，系统自动选取距离点取位置最近的轴线与墙体的交点作为参考位置，快速插入门窗。

（7）角度定位插入：这种方式专用于弧墙插入门窗，按给定角度在弧墙上插入直线型门窗。

（8）满墙插入：门窗在宽度方向上完全充满一段墙。在采用这种方式插入门窗时，门窗宽度参数由系统自动确定。

（9）上层插入：上层窗指的是在已有的门窗上方再加一个宽度相同、高度不同的窗，这种情况常常出现在厂房或大堂的墙体设计中。

4.14 门窗组合

在建筑墙体中，不仅有单独的门和窗，还有常见的门联窗、子母门等，这些门窗组合可以使用"门窗组合"命令创建。使用"门窗组合"命令创建门联窗、子母门及公共建筑的入口大门最为方便。

本节将介绍门窗组合的创建方法。

📖 操作步骤

打开"源文件\模块4\插入门窗"图形，选择屏幕菜单中的"门窗"→"门窗组合"命令。命令行提示与操作如下。

```
命令:MCZH
点取墙体或[组合已有门窗(S)]<退出>:（选择C段墙体）
输入从基点到门窗侧边的距离或 [更换门窗(C)]<退出>:（选择门窗起始点）
下一个 [更换门窗(C)/左右翻转(S)/内外翻转(D)/回退(U)]<退出>:S
```

```
下一个 [更换门窗(C)/左右翻转(S)/内外翻转(D)/回退(U)]<退出>：（选择门窗终止点）
下一个 [更换门窗(C)/左右翻转(S)/内外翻转(D)/回退(U)]<退出>：↙
```

插入门窗组合效果如图 4-40 所示。

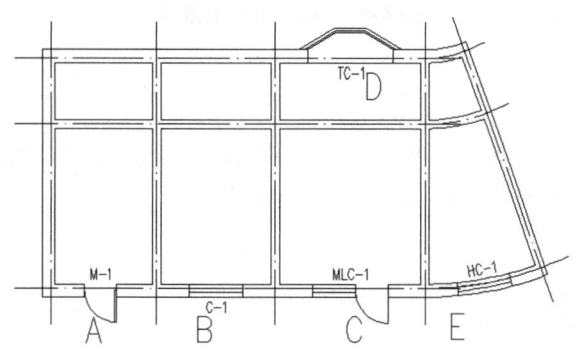

图 4-40 插入门窗组合效果

知识点详解

"门窗组合"命令使用两种方式创建组合门窗。

（1）在墙体上不留缝隙地连续插入门和窗。

（2）对已经存在的门窗进行组合。与分别插入各个门窗不同的是，组合门窗为一个整体对象，在门窗表中作为一个"组合门窗"构件进行统计。

4.15 带形窗

在需要大面积采光的房间内，需要开设带形窗。带形窗是沿墙连续的带形窗对象，按一个门窗编号进行统计。带形窗转角可以被柱子、墙体造型遮挡，也可以跨过多道隔墙。

本节将介绍带形窗的创建方法。

操作步骤

打开"源文件\模块 4\原图\带形窗原图"图形，选择屏幕菜单中的"门窗"→"带形窗"命令。命令行提示与操作如下。

```
起始点或 [参考点(R)]<退出>：（选择 A 点）
终止点或 [参考点(R)]<退出>：（选择 B 点）
选择带形窗经过的墙：（选择 A-B 所经过的墙体）
选择带形窗经过的墙：（选择 A-B 所经过的墙体）
选择带形窗经过的墙：（选择 A-B 所经过的墙体）
选择带形窗经过的墙：↙
```

插入带形窗效果如图 4-41 所示。

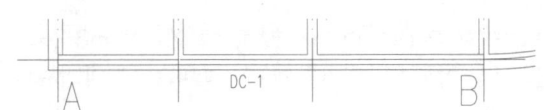

图 4-41　插入带形窗效果

📖 知识点详解

"带形窗"命令用于插入窗高不变、水平方向随墙体而变化的带形窗。带形窗的起始点和终止点可以在一个墙段上,也可以经过多个转角点。

4.16　转角窗

转角窗可以在墙角两侧插入等窗台高和窗高的相连窗,按一个门窗编号进行统计,包括普通角窗和角凸窗两种形式。转角窗的起始点和终止点在一个墙角的两个相邻墙段上,只能经过一个转角点。

本节将介绍转角窗的创建方法。

📖 操作步骤

(1)打开"源文件\模块 4\原图\转角窗原图"图形,选择屏幕菜单中的"门窗"→"转角窗"命令,打开"转角窗"对话框,如图 4-42 所示。

(2)设置"编号"为 ZJCA2,"窗高"为 1500,"窗台高"为 800,"外凸距离"为 600。

(3)在绘图区单击,命令行提示与操作如下。

```
请选取墙角<退出>:(选择 A 内角点)
转角距离 1<2000>:1000(变高亮)✓
转角距离 2<1500>:1000(变高亮)✓
请选取墙角<退出>:✓
```

插入转角窗效果如图 4-43 所示。

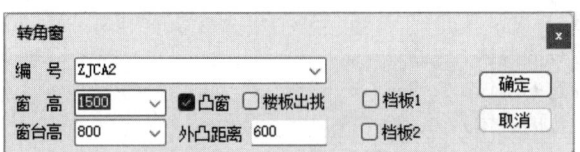

图 4-42　"转角窗"对话框

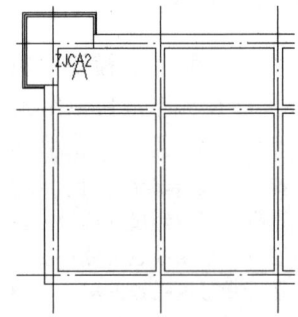

图 4-43　插入转角窗效果

知识点详解

转角窗不同参数设置的含义如下。
（1）取消勾选"凸窗"复选框，就是普通角窗，窗随墙布置。
（2）勾选"凸窗"和"楼板出挑"复选框，就是落地的角凸窗。
（3）只勾选"凸窗"复选框，而取消勾选"楼板出挑"复选框，就是未落地的角凸窗。

4.17 门窗表

有了各层的平面图，就有了完整的门窗信息。我们可以对这些图纸进行统计分析，生成建筑设计工程图纸配套的门窗表。

本节将介绍门窗表的创建方法。

操作步骤

打开"源文件\模块4\原图\门窗表原图"图形，选择屏幕菜单中的"门窗"→"门窗表"命令，生成门窗表。命令行提示与操作如下。

> 请选择门窗：（框选门窗 A-B）
> 请选择门窗：✓
> 门窗表位置[选表头(D)] (左上角点)<退出>：（选择门窗表插入位置）

生成的门窗表如图 4-44 所示。

门窗表

类型	设计编号	洞口尺寸(mm)		樘数	采用的标准图集及编号			备注
		宽	高		图集代号	页次	编号	
门	M-1	900	2100	1				
组合门窗	MLC-1	2100	2100	1				
窗	C-1	1500	1200	1				
凸窗	TC-1	2400	1500	1				
弧窗	HC-1	1500	1800	1				

图 4-44 门窗表

知识点详解

"门窗表"命令用于对选中的门窗进行统计并生成门窗表，通常在门窗信息确认无误后生成。用户可以选择部分或一层的门窗，系统会对选中的门窗进行统计并生成门窗表。

除了可以使用"门窗表"命令生成门窗表，还可以使用"门窗总表"命令生成门窗表。"门窗总表"命令用于统计同一工程中使用的所有门窗并生成门窗表。它与"门窗表"命令的区别在于面向的统计对象不同，门窗总表的数量按楼层分别统计，因而表格形式也略有差别。

4.18 直线梯段

楼梯在建筑物的垂直交通运输中起着重要作用，其形式也多种多样，有直线、圆弧和异型梯段供用户单独使用或组合成复杂楼梯。

本节将介绍直线梯段的创建方法。

操作步骤

（1）打开"源文件\模块 4\原图\直线梯段原图"图形，选择屏幕菜单中的"建筑设施"→"直线梯段"命令，打开"直线梯段"对话框，如图 4-45 所示，剖断方式选择"下剖断"。

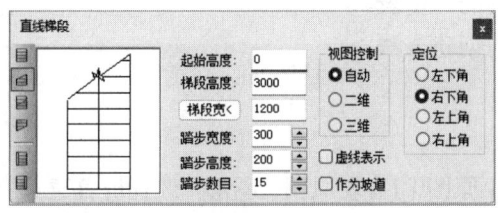

图 4-45 "直线梯段"对话框（1）

（2）在绘图区单击，命令行提示与操作如下。

```
点取位置<退出>：（选择 A 点）
点取梯段方向<退出>：（单击水平向左方向上的任意一点）
```

插入直线梯段效果如图 4-46 所示。

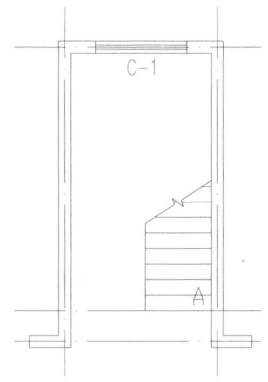

图 4-46 插入直线梯段效果

知识点详解

在如图 4-45 所示的"直线梯段"对话框中，各选项的含义如下。

（1）起始高度：楼梯第一个踏步起始处相对于本楼层地面的高度，梯段高度从此处开始算起。

（2）梯段高度：直线梯段的总高，等于踏步高度的总和。如果改变梯段高度，那么系统会自动根据当前踏步高度调整踏步数目，之后取整新的踏步数目重新计算踏步高度。

（3）梯段宽：梯段宽度。可以直接输入宽度值或在图形中选择两点获得梯段宽度。

（4）踏步宽度：梯段每个踏步板的宽度。

（5）踏步高度：首先输入一个大概的踏步高度初始值，然后由梯段高度推算出最接近初始值的设计值。由于踏步数目必须是整数，梯段高度也会依据楼层高度给出一个定值，因此踏步高度并非总是整数。用户给定一个大概的目标值，系统经过计算确定踏步高度的精确值。

（6）踏步数目：该项可以直接输入或由梯段高度和踏步高度推算一个概略值后系统取整获得，同时修正踏步高度。也可以改变踏步数目，与梯段高度一起推算踏步高度。

（7）视图控制：根据需要控制梯段的显示属性，有"自动"二维"三维"3个选项。

（8）定位：在平面图中绘制梯段的开始插入定点，有"左下角""右下角""左上角""右上角"4个选项。

（9）虚线表示：勾选该复选框，首层的下剖断和上剖断不可见部分将用虚线表示。

（10）作为坡道：勾选该复选框，梯段将按坡道生成，此时的"直线梯段"对话框如图4-47所示。

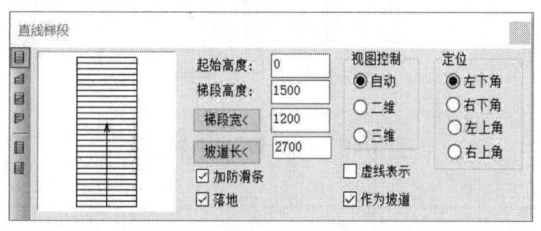

图4-47 "直线梯段"对话框（2）

此时该对话框中部分选项的含义如下。

① 坡道长：坡道的水平投影长度。

② 加防滑条：在坡道表面加防滑条，其密度依据梯段中的踏步参数来设置，设置完成后返回该对话框继续进行坡道设计。

③ 落地：坡道底部直接落地。

4.19 双跑楼梯

楼梯中除了有直线、圆弧和异型梯段，还有常见的双跑和多跑楼梯。

本节将介绍双跑楼梯的创建方法。

📖 操作步骤

（1）打开"源文件\模块4\原图\双跑楼梯原图"图形，选择屏幕菜单中的"建筑设施"→

"双跑楼梯"命令,打开"双跑平行梯"对话框,如图4-48所示,设置相应参数。

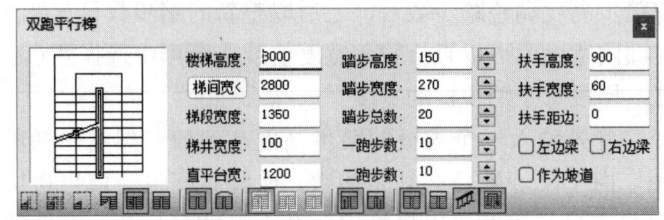

图4-48 "双跑平行梯"对话框

(2)在绘图区单击,命令行提示与操作如下。

请点取平台左侧点或[两点宽度(D)]<退出>:(选择房间左上内角点)

插入双跑楼梯效果如图4-49所示。

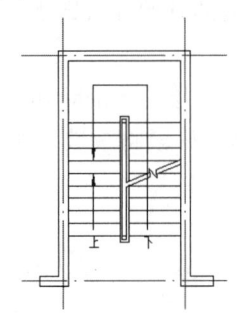

图4-49 插入双跑楼梯效果

📖 **知识点详解**

在如图4-48所示的"双跑平行梯"对话框中,各选项的含义如下。

(1)楼梯高度:双跑楼梯的总高。默认为当前楼层高度。

(2)梯间宽:双跑楼梯的总宽。可以在图形中量取楼梯间净宽作为双跑楼梯的总宽。

(3)梯段宽度:每跑梯段的宽度。可由总宽计算,预留梯井宽度100mm,余下二等分作为梯段宽度初始值。可以直接输入宽度值或在图形中选择两点获得梯段宽度。

(4)梯井宽度:两跑梯段之间的距离。梯间宽=2×梯段宽度+梯井宽度。

(5)直平台宽:与踏步垂直方向的休息平台宽度,对于圆弧平台而言等于平直段宽度。当设计为矩形平台时,直平台宽=0,表示无休息平台。

当设计为圆弧平台时,直平台宽=0,休息平台为一个半圆形。

(6)踏步高度:单个踏步的高度。输入一个大概的踏步高度初始值,由楼梯高度推算出最接近初始值的设计值。由于踏步总数是整数,楼梯高度也会依据楼层高度给出一个定数,因此踏步高度并非总是整数。用户给定一个大概的目标值,系统经过计算确定踏步高度的精确值。

(7)踏步宽度:梯段每个踏步板的宽度。

(8)踏步总数:默认踏步总数为20。该项可以直接输入或由楼梯高度和踏步高度推算一个概略值后系统取整获得,同时修正踏步高度。也可以改变踏步总数,与楼梯高度一起推算踏步高度。

(9)一跑步数:以踏步总数均分一跑与二跑步数,当总数为奇数时先增二跑步数。

(10)二跑步数:二跑步数默认与一跑步数相同,两者都允许用户修改。

(11)扶手高度和扶手宽度:扶手默认截面为矩形,高 900mm,断面尺寸为 60mm×100mm。

(12)扶手距边:扶手边缘到梯段边缘的距离。

(13)左边梁和右边梁:勾选这两个复选框,将在梯段两侧添加默认宽度的边梁。

(14)作为坡道:勾选该复选框,双跑楼梯将按坡道生成。

4.20 添加扶手

对于复杂的楼梯,很多时候需要由梯段和其他附属部件组合而成,其中附属部件包括扶手和栏杆等。

本节将介绍扶手的添加方法。

操作步骤

(1)打开"源文件\模块 4\原图\添加扶手原图"图形,选择屏幕菜单中的"建筑设施"→"添加扶手"命令,打开"添加扶手"对话框,如图 4-50 所示,设置相应参数。

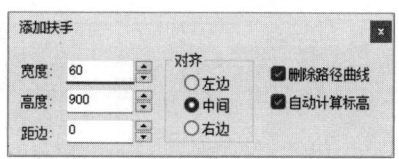

图 4-50 "添加扶手"对话框

(2)在绘图区单击,命令行提示与操作如下。

请选择梯段或作为路径的曲线(线/弧/多段线):(选择 A 曲线)

(3)再次选择屏幕菜单中的"建筑设施"→"添加扶手"命令,命令行提示与操作如下。

请选择梯段或作为路径的曲线(线/弧/多段线):(选择 B 曲线)

添加扶手效果如图 4-51 所示。

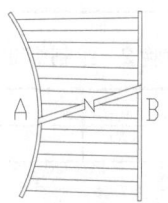

图 4-51 添加扶手效果

知识点详解

"添加扶手"命令不仅能够以使用 PLINE、LINE、ARC 和 CIRCLE 命令绘制的曲线为路径基线创建常用扶手,还能够识别梯段的边线作为路径,生成与梯段具有相同倾角的扶手。

在如图 4-50 所示的"添加扶手"对话框中,各选项的含义如下。

(1)宽度:扶手矩形截面的宽度,默认值为 120mm。

(2)高度:对于梯段而言为踏步中线处扶手顶面与踏步面之间的距离。

(3)距边:仅对梯段有效,为扶手外边缘与梯段边缘之间的距离。

(4)对齐:仅对多段线、直线、圆弧和圆形做路径基线时起作用。

上机实验

实验 1 绘制正交轴网

姓名		学号	
评分人		评分	

◆ 目的要求

绘制本实验图形(见图 4-52)主要涉及"绘制轴网"命令。通过本实验帮助读者灵活掌握轴网的绘制方法。

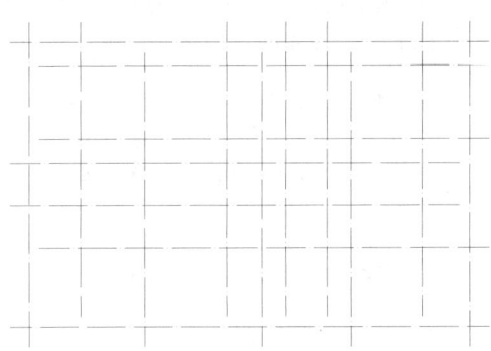

图 4-52 正交轴网

◆ 操作提示

(1)打开"绘制轴网"对话框。

(2)分别设置上开间值、下开间值、左进深值和右进深值。

(3)绘制轴网。

实验 2 绘制标准柱

姓名		学号	
评分人		评分	

◆ 目的要求

绘制本实验图形(见图 4-53)主要涉及"标准柱"命令。通过本实验帮助读者灵活掌握标准柱的绘制方法。

续表

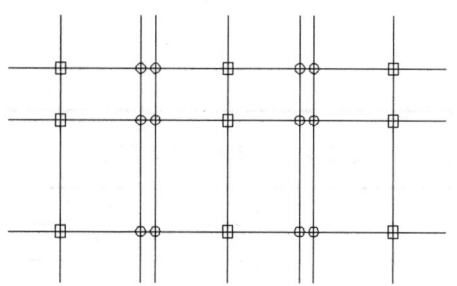

图 4-53 标准柱

◆ 操作提示

（1）绘制轴网。
（2）打开"标准柱"对话框。
（3）设置相关参数。
（4）布置标准柱。

实验 3　绘制墙体

姓名		学号	
评分人		评分	

◆ 目的要求

绘制本实验图形（见图 4-54）主要涉及"创建墙梁"命令。通过本实验帮助读者灵活掌握"创建墙梁"命令的使用方法。

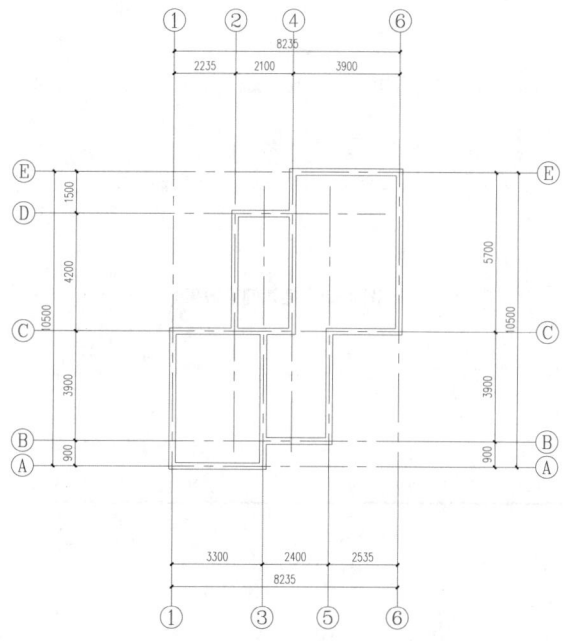

图 4-54 墙体

◆ 操作提示

（1）绘制轴网。
（2）进行轴网标注。

续表

（3）打开"墙体设置"对话框。
（4）设置墙体参数。
（5）绘制墙体

实验 4 　在墙体中插入门窗

姓名		学号	
评分人		评分	

◆ 目的要求

绘制本实验图形（见图4-55）主要涉及"门窗"命令。通过本实验帮助读者灵活掌握插入门窗的操作方法。

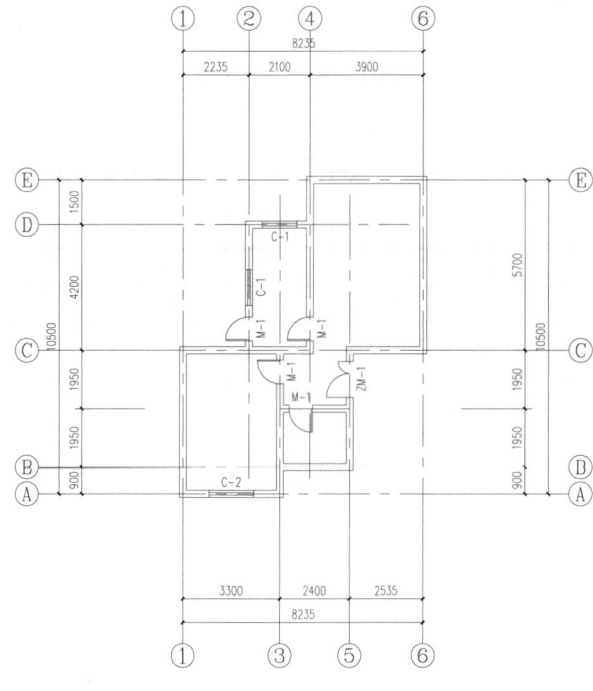

图 4-55　插入门窗效果

◆ 操作提示

（1）打开实验3绘制的"墙体"图形。
（2）打开"门窗参数"对话框
（3）分别设置门和窗参数。
（4）指定插入位置

下篇

实战练习

项目 1　绘制别墅建筑设计图

学习情境

别墅是练习建筑绘图的理想示例。它建筑规模不大、不复杂，初学者易于接受，并且它包含的建筑构配件是比较齐全的，正所谓"麻雀虽小，五脏俱全"。本项目以某别墅建筑设计图作为示例，和大家一起体验别墅平面图、立面图、剖面图等的绘制过程。

素质目标

➢ 在绘制别墅建筑设计图时，需要严谨的态度和精细的工作，这有助于培养学生的专业精神和工匠精神。
➢ 引导学生思考建筑设计对于社会的意义，以及他们作为未来的建筑设计师所承担的社会责任，从而树立正确的职业价值观和人生观。

能力目标

➢ 掌握别墅建筑设计图的具体绘制方法。
➢ 灵活使用中望建筑 CAD 中的各种命令。
➢ 提高别墅建筑设计图的绘制速度和绘制效率。

任务 1　绘制别墅地下室平面图

任务背景

地下室主要包括活动室、放映室、卧室、卫生间、设备间、配电室、集水坑、采光井等功能区域。本任务将介绍地下室平面图的绘制方法，绘制效果如图（项目）1-1 所示。

项目 1　绘制别墅建筑设计图

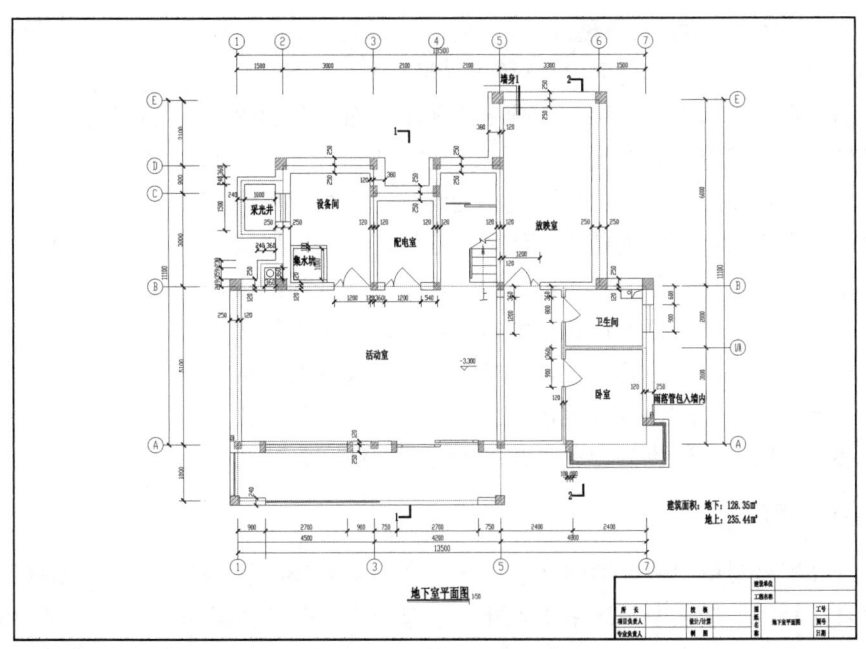

图（项目）1-1　地下室平面图

📖 操作步骤

1．绘图准备

（1）打开中望建筑CAD，选择"文件"→"新建"命令，打开"选择样板文件"对话框，单击"打开"按钮右侧的下三角按钮，以"无样板打开-公制（M）"方式创建新文件。

（2）设置图形单位。选择"格式"→"单位"命令，打开"图形单位"对话框，设置长度"类型"为"小数"、"精度"为0，设置角度"类型"为"十进制度数"、"精度"为0，系统默认逆时针方向为正，如图（项目）1-2所示。

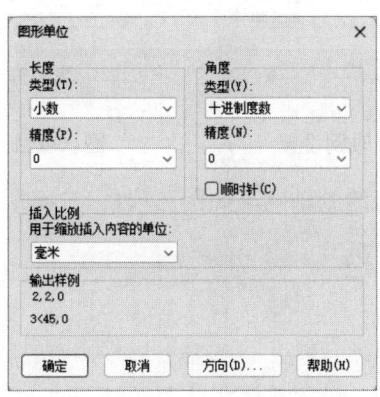

图（项目）1-2　设置图形单位

（3）在命令行中输入LIMITS命令，设置图幅。命令行提示与操作如下。

```
命令:LIMITS↙
```

指定左下点或限界 [开(ON)/关(OFF)] <0.0,0.0>:✓
指定右上点 <36000.0,27000.0>:42000,29700✓

（4）新建图层。单击"常用"选项卡"图层"面板中的"图层特性"按钮，打开图层特性管理器，新建以下几个图层。

①"墙线"图层：颜色为白色，线型为连续，线宽为默认。
②"门窗"图层：颜色为蓝色，线型为连续，线宽为默认。
③"轴线"图层：颜色为红色，线型为连续，线宽为默认。
④"文字"图层：颜色为白色，线型为连续，线宽为默认。
⑤"尺寸"图层：颜色为白色，线型为连续，线宽为默认。
⑥"柱子"图层：颜色为红色，线型为连续，线宽为默认。
⑦"楼梯"图层：颜色为白色，线型为连续，线宽为默认。

2．绘制轴网

（1）选择屏幕菜单中的"轴网柱子"→"绘制轴网"命令，打开"绘制轴网"对话框，切换到"直线轴网"选项卡，选中"下开"单选按钮，在"进深/开间"列表框中添加尺寸数据 1*770、1*730、1*3000、1*2100、1*2100、1*3300、1*1500，如图（项目）1-3 所示。

（2）选中"左进"单选按钮，在"进深/开间"列表框中添加尺寸数据 1*1800、1*3100、1*2000、1*3000、1*900、1*2100，如图（项目）1-4 所示。

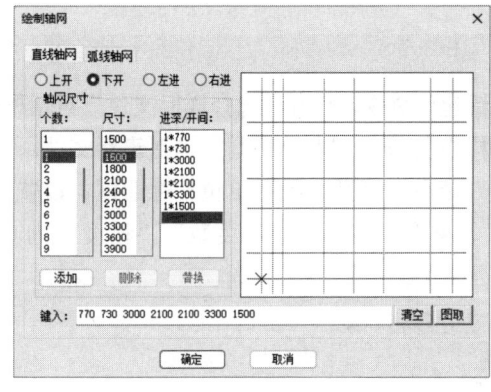 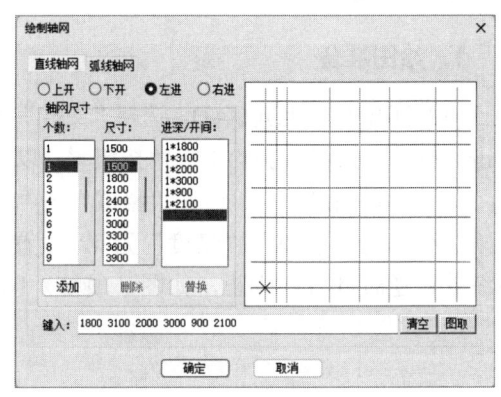

图（项目）1-3　"下开"轴网设置　　　　图（项目）1-4　"左进"轴网设置

（3）在绘图区单击，即可绘制轴网，如图（项目）1-5 所示。

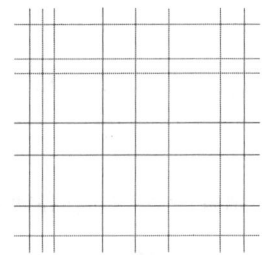

图（项目）1-5　绘制轴网

3．编辑轴网

对轴网的编辑包括添加轴线、删除轴线、修剪轴网等操作。本任务需要添加轴线和修剪轴网。

（1）选择屏幕菜单中的"轴网柱子"→"添加轴线"命令，按照命令行提示选择轴线1，向右偏移120；选择轴线6，向右偏移2100；选择轴线F，向下偏移480；选择轴线F，向下偏移2220。添加轴线前后的轴网分别如图（项目）1-6和图（项目）1-7所示。

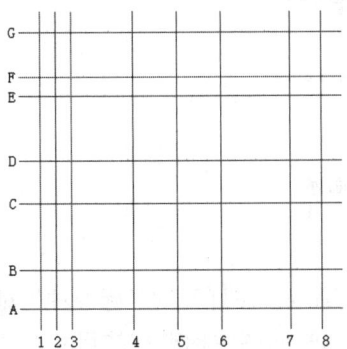 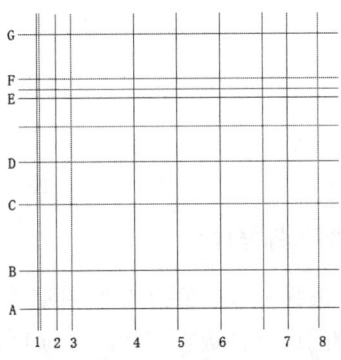

图（项目）1-6　添加轴线前的轴网　　　　　图（项目）1-7　添加轴线后的轴网

（2）单击"常用"选项卡"修改"面板中的"修剪"按钮 ，修剪轴网，如图（项目）1-8所示。

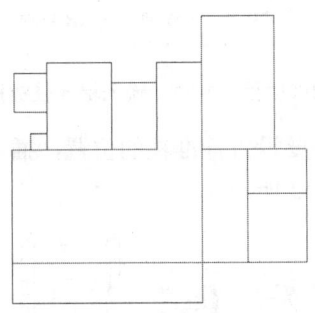

图（项目）1-8　修剪轴网

4．绘制墙体

（1）选择屏幕菜单中的"墙梁板"→"创建墙梁"命令，在打开的"墙体设置"对话框中输入相应的外墙数据，如图（项目）1-9所示。因为平面图中墙体的宽度不同，所以先根据平面图中的墙体尺寸分别进行设置，再绘制墙体。内墙也采用同样的方法绘制。

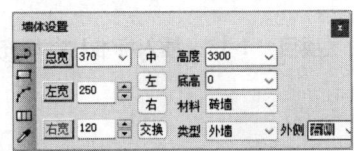

图（项目）1-9　输入外墙数据

(2)绘制墙体,如图(项目)1-10所示。

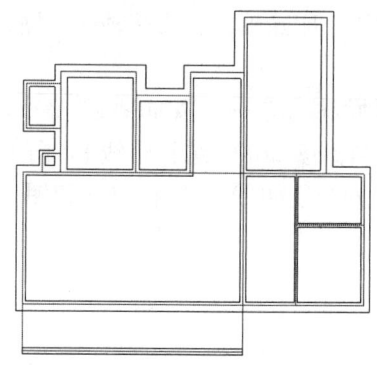

图(项目)1-10　绘制墙体

5．插入标准柱

(1)选择屏幕菜单中的"轴网柱子"→"标准柱"命令,在打开的"标准柱"对话框中输入相应的标准柱数据,如图(项目)1-11所示。因为平面图中标准柱的尺寸有多种,所以先根据不同的标准柱尺寸分别进行设置,再插入标准柱。

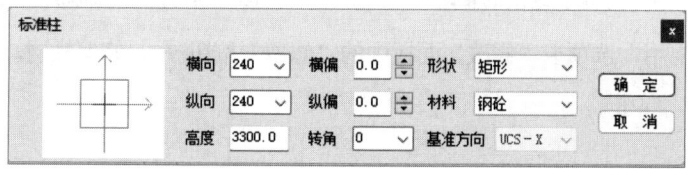

图(项目)1-11　输入标准柱数据

(2)在绘图区单击,选择需要设置标准柱的位置,插入后使用"图案填充"命令对标准柱进行填充,如图(项目)1-12所示。

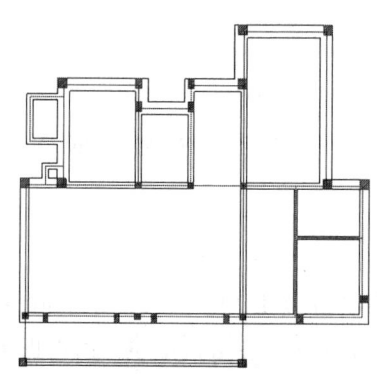

图(项目)1-12　插入标准柱并填充

6．插入门窗

(1)选择屏幕菜单中的"门窗"→"门窗"命令,在打开的"门窗参数"对话框中输入相应的门数据,如图(项目)1-13所示。

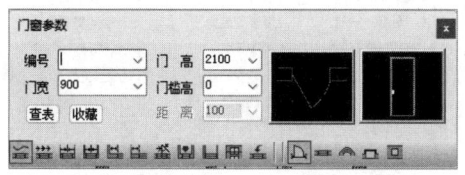

图(项目)1-13 输入门数据

(2)在绘图区单击,选择需要设置门的位置,插入门。其他门采用相同的方法插入。如果图库管理系统中没有需要的门形式,则可以使用绘图命令绘制。

(3)选择屏幕菜单中的"门窗"→"门窗"命令,在打开的"门窗参数"对话框中单击"插窗"按钮,输入相应的窗数据,如图(项目)1-14所示。

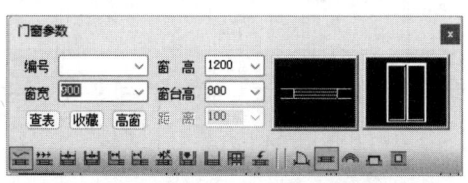

图(项目)1-14 输入窗数据

(4)在绘图区单击,选择需要设置窗的位置,插入窗。插入门窗效果如图(项目)1-15所示。

(5)分别单击"常用"选项卡"绘图"面板中的"直线"按钮和"矩形"按钮,绘制其余窗图形,如图(项目)1-16所示。

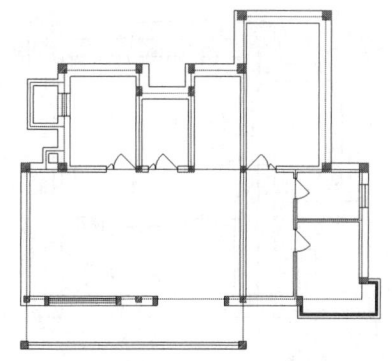

图(项目)1-15 插入门窗效果

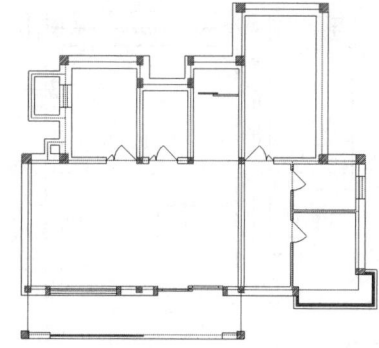

图(项目)1-16 绘制其余窗图形

7.插入楼梯

(1)选择屏幕菜单中的"建筑设施"→"双跑楼梯"命令,在打开的"双跑平行梯"对话框中输入相应的楼梯数据,如图(项目)1-17所示。

(2)在绘图区单击,根据命令行提示选择楼梯的插入点,插入楼梯,如图(项目)1-18所示。

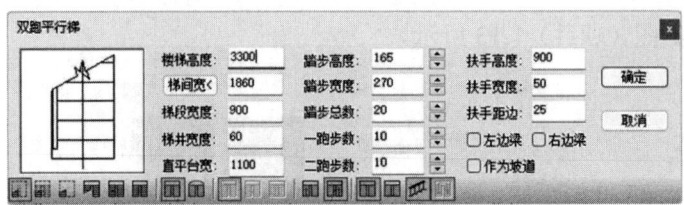

图（项目）1-17　输入楼梯数据

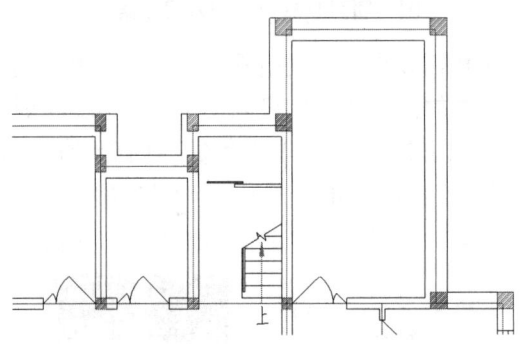

图（项目）1-18　插入楼梯

8．绘制集水坑

（1）单击"常用"选项卡"绘图"面板中的"矩形"按钮▱，在图形适当位置绘制边长为 1200 的矩形，如图（项目）1-19 所示。

（2）单击"常用"选项卡"修改"面板中的"偏移"按钮⚏，选择上一步绘制的矩形为偏移对象，向内进行偏移，偏移距离为 100，如图（项目）1-20 所示，完成集水坑的绘制。

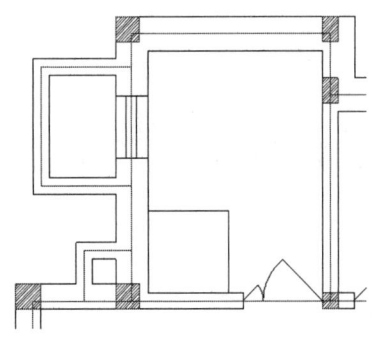
图（项目）1-19　绘制矩形

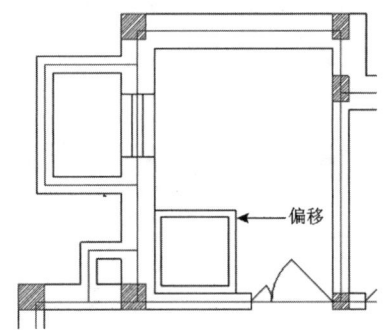
图（项目）1-20　偏移矩形

9．绘制烟囱等图形

（1）单击"常用"选项卡"绘图"面板中的"直线"按钮╲，在集水坑左侧墙体围成的矩形中绘制十字交叉线，如图（项目）1-21 所示。

（2）单击"常用"选项卡"绘图"面板中的"圆"按钮⊖，选择上一步绘制的十字交叉线中点为圆心，绘制一个适当半径的圆，如图（项目）1-22 所示。

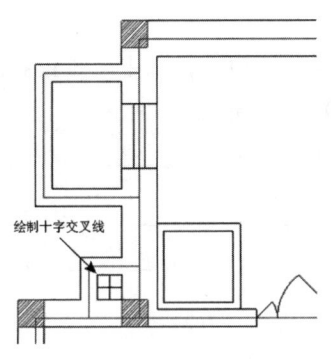
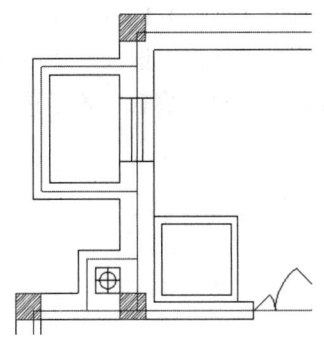

图（项目）1-21 绘制十字交叉线　　　　图（项目）1-22 绘制圆（1）

（3）单击"常用"工具栏中的"删除"按钮，选择十字交叉线为删除对象，将其删除，如图（项目）1-23 所示。

采用类似的方法绘制图形中的雨落管，如图（项目）1-24 所示。

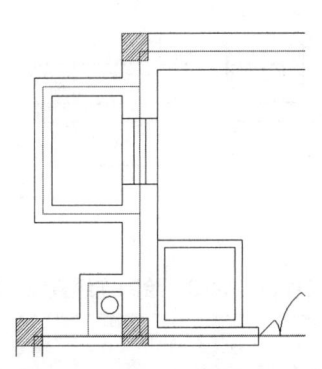
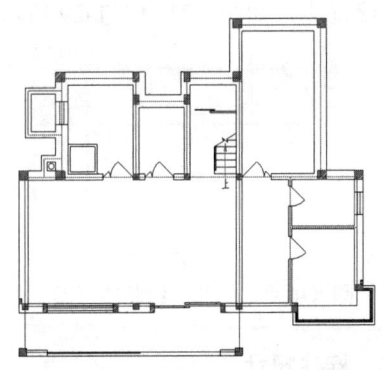

图（项目）1-23 删除十字交叉线　　　　图（项目）1-24 绘制雨落管

（4）单击"常用"选项卡"绘图"面板中的"直线"按钮，绘制剩余连接线，如图（项目）1-25 所示。

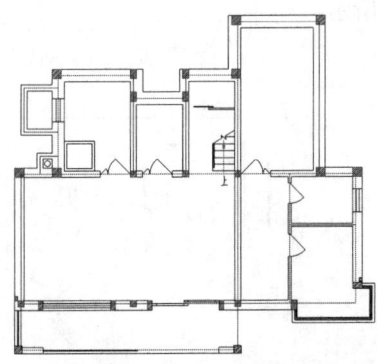

图（项目）1-25 绘制剩余连接线

（5）单击"常用"选项卡"绘图"面板中的"直线"按钮，在图形适当位置绘制连续直线，如图（项目）1-26 所示。

（6）单击"常用"选项卡"绘图"面板中的"直线"按钮，以上一步绘制的水平直线中点为起点，向上绘制一条竖直直线，如图（项目）1-27 所示。

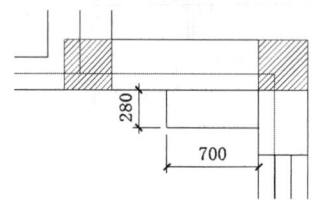

图（项目）1-26 绘制连续直线（1）

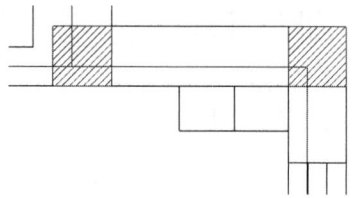

图（项目）1-27 绘制竖直直线

（7）单击"常用"选项卡"绘图"面板中的"圆"按钮，在上一步绘制的图形适当位置选择一点为圆心，绘制一个半径为 50 的圆，如图（项目）1-28 所示。

（8）单击"常用"选项卡"绘图"面板中的"直线"按钮，在上一步绘制的图形内绘制连续直线，如图（项目）1-29 所示。

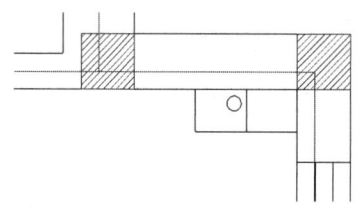

图（项目）1-28 绘制圆（2）

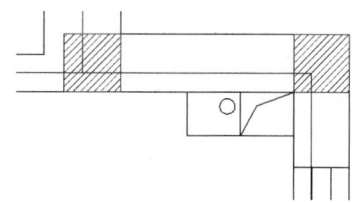

图（项目）1-29 绘制连续直线（2）

10．标注尺寸

（1）将"尺寸"图层设置为当前图层。

（2）设置标注样式。

① 选择"标注"→"标注样式"命令，打开"标注样式管理器"对话框，选中"ISO-25"标注样式，如图（项目）1-30 所示。

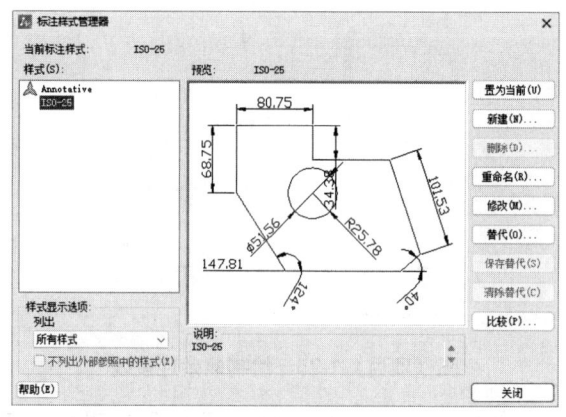

图（项目）1-30 选中"ISO-25"标注样式

② 单击"修改"按钮,打开"修改标注样式:ISO-25"对话框,切换到"标注线"选项卡,按照如图(项目)1-31 所示的设置修改标注线样式。

③ 切换到"符号和箭头"选项卡,按照如图(项目)1-32 所示的设置进行修改,箭头样式选择"建筑标记","箭头大小"修改为 200。

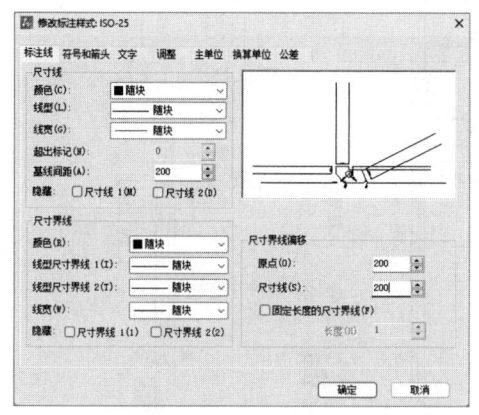 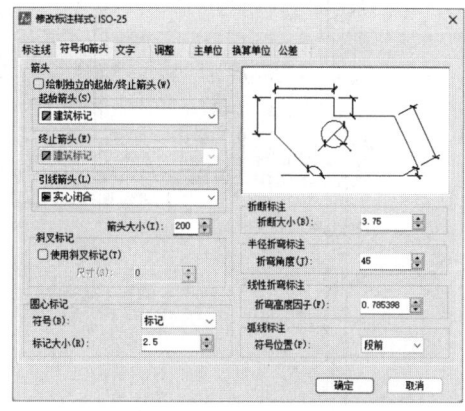

图(项目)1-31　修改标注线样式　　　　图(项目)1-32　修改箭头样式和大小

④ 切换到"文字"选项卡,修改"文字高度"为 150,如图(项目)1-33 所示。

⑤ 切换到"主单位"选项卡,按照如图(项目)1-34 所示的设置修改主单位样式。

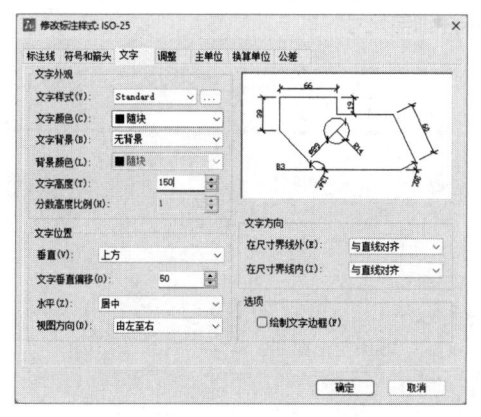 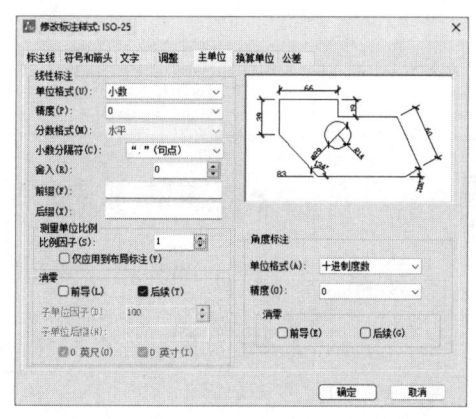

图(项目)1-33　修改文字高度　　　　　图(项目)1-34　修改主单位样式

⑥ 设置完成后,将"ISO-25"标注样式置为当前。

(3)单击"注释"选项卡"标注"面板中的"线性"按钮,为图形标注细部尺寸,如图(项目)1-35 所示。

(4)分别单击"注释"选项卡"标注"面板中的"线性"按钮和"连续"按钮,为图形标注第一道尺寸,如图(项目)1-36 所示。

(5)分别单击"注释"选项卡"标注"面板中的"线性"按钮和"连续"按钮,为图形标注第二道尺寸,如图(项目)1-37 所示。

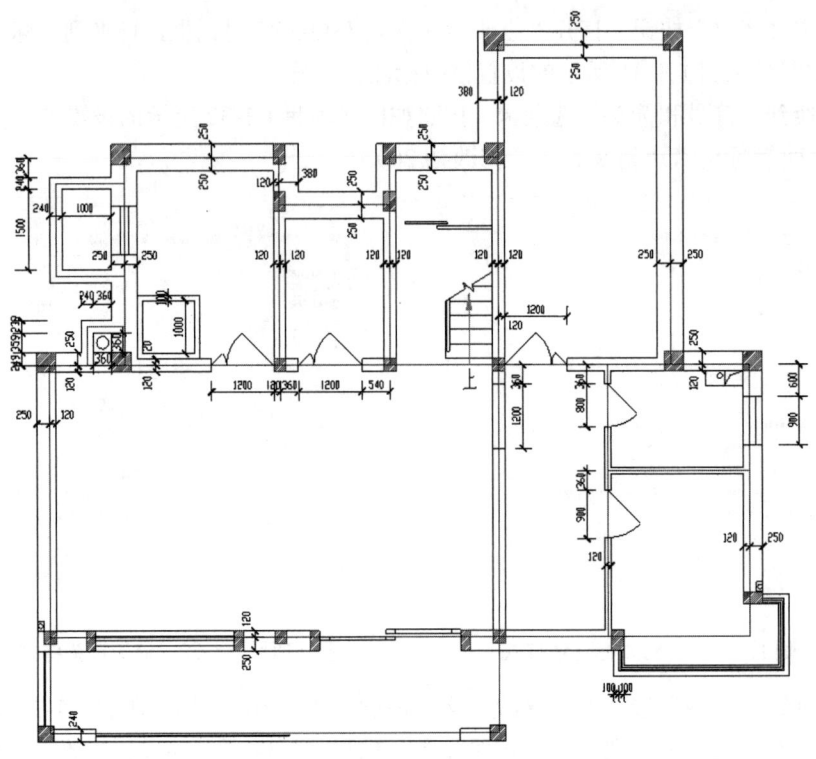

图（项目）1-35　标注细部尺寸

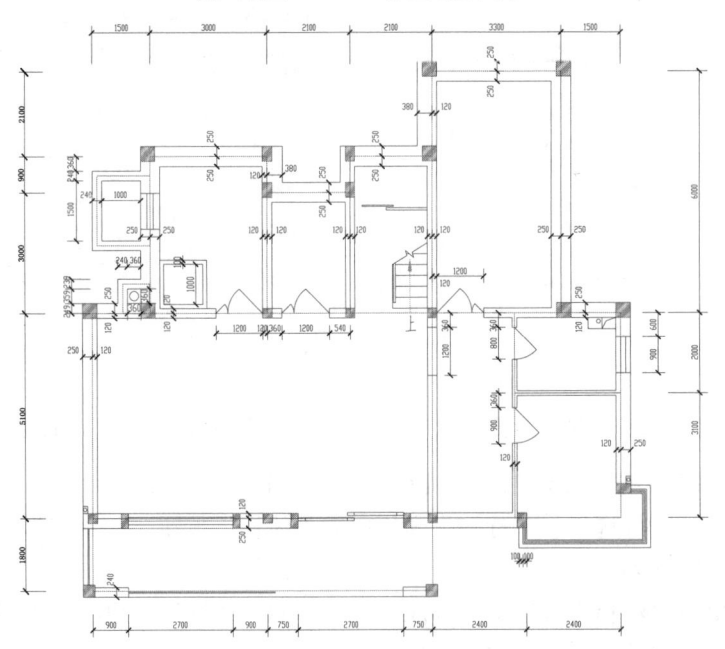

图（项目）1-36　标注第一道尺寸

（6）分别单击"注释"选项卡"标注"面板中的"线性"按钮和"连续"按钮，为图形标注总尺寸，如图（项目）1-38所示。

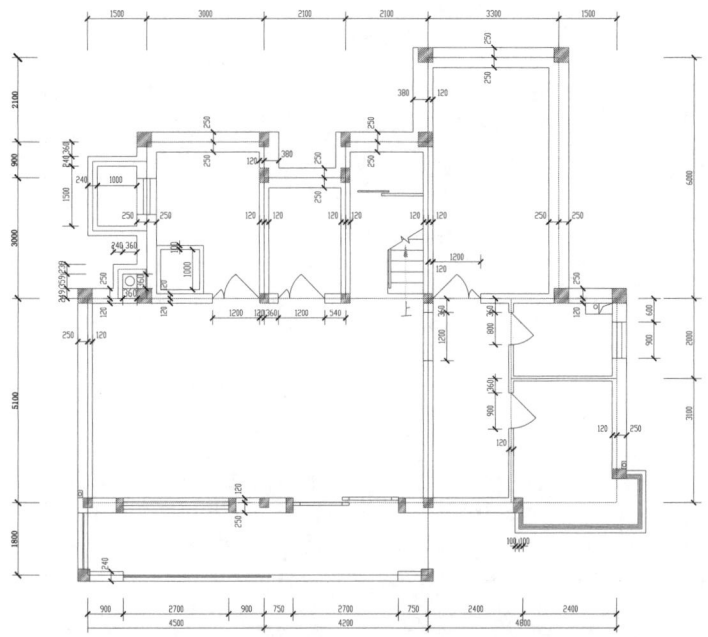

图(项目)1-37 标注第二道尺寸

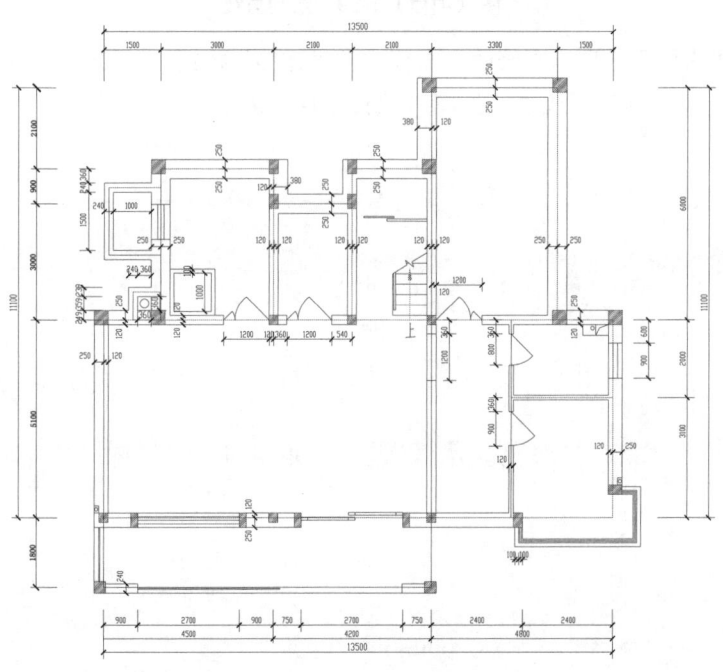

图(项目)1-38 标注总尺寸

（7）单击"常用"选项卡"修改"面板中的"分解"按钮，分别选择下侧标注的第二道尺寸和其他侧标注的第一道尺寸为分解对象，按 Enter 键确认分解。

（8）单击"常用"选项卡"绘图"面板中的"直线"按钮，在总尺寸线外侧绘制 4 条直线，如图（项目）1-39 所示。

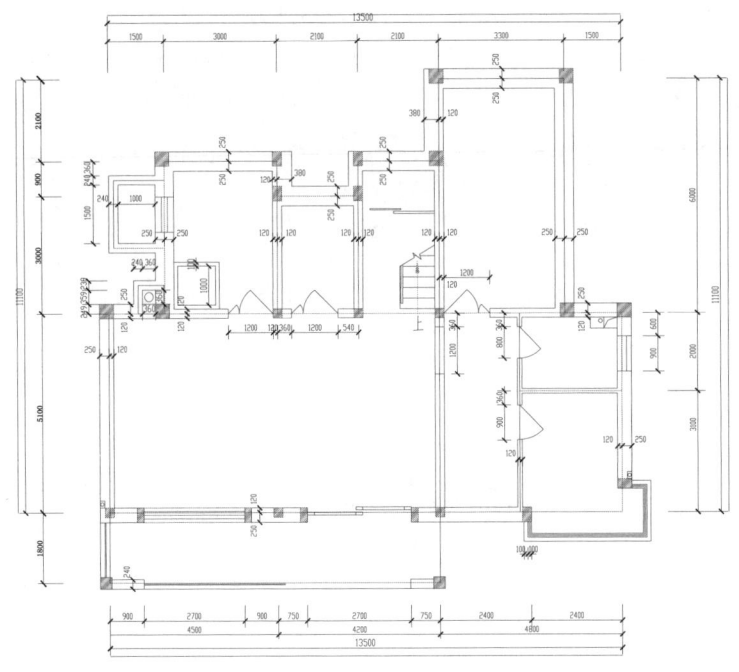

图（项目）1-39　绘制直线

（9）单击"常用"选项卡"修改"面板中的"延伸"按钮，选择分解后的标注线段，将其延伸至上一步绘制的直线处，如图（项目）1-40所示。

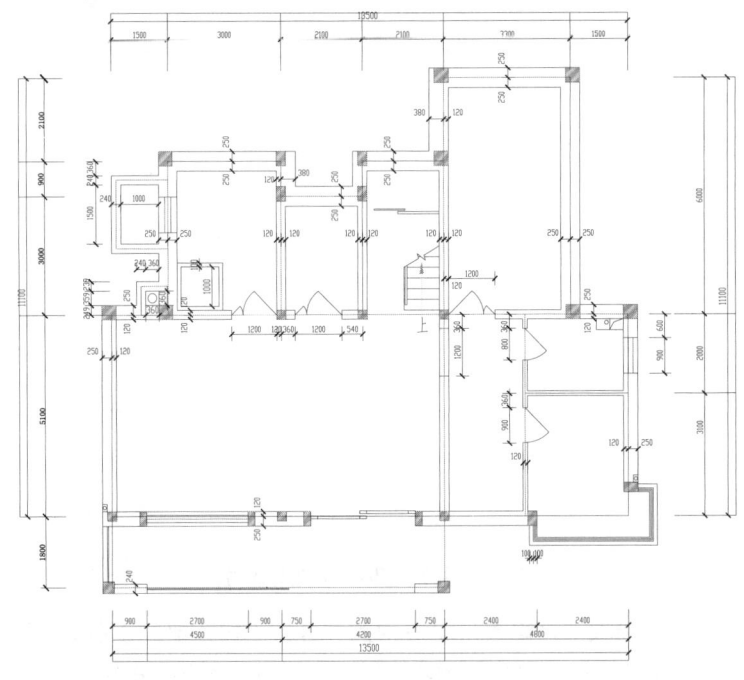

图（项目）1-40　延伸标注线段

（10）单击"常用"选项卡"修改"面板中的"删除"按钮，选择第（8）步绘制的直线为删除对象，将其删除，如图（项目）1-41 所示，完成尺寸标注。

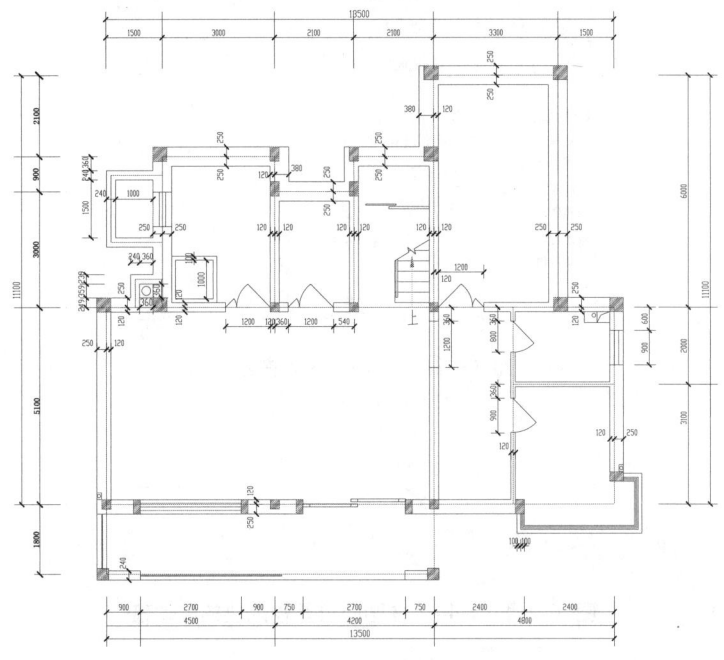

图（项目）1-41 删除直线

11．标注轴号

（1）单击"常用"选项卡"绘图"面板中的"圆"按钮，在图形适当位置绘制一个半径为 200 的圆，如图（项目）1-42 所示。

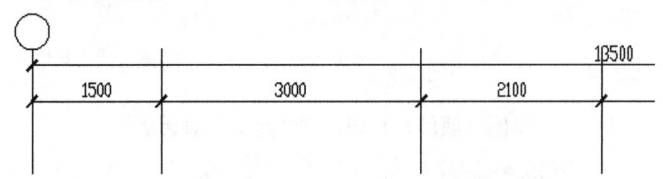

图（项目）1-42 绘制圆（3）

（2）单击"常用"选项卡"块"面板中的"定义属性"按钮，打开"定义属性"对话框，按照如图（项目）1-43 所示进行设置后，单击"定义"按钮，在圆心位置输入块的属性值，如图（项目）1-44 所示。

（3）单击"常用"选项卡"块"面板中的"创建"按钮，打开如图（项目）1-45 所示的"块定义"对话框，在"名称"文本框中输入"轴号"，指定圆心为基点；选择整个圆和刚才的"轴号"标记为对象，单击"确定"按钮，打开如图（项目）1-46 所示的"编辑图块属性"对话框，修改"轴号"为 1，单击"确定"按钮，修改效果如图（项目）1-47 所示。

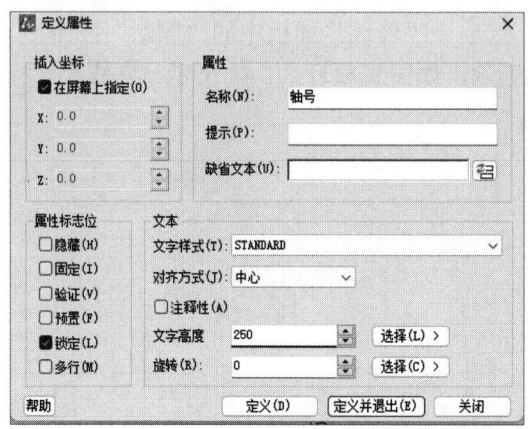

图（项目）1-43　块属性定义

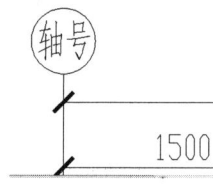

图（项目）1-44　在圆心位置输入块的属性值

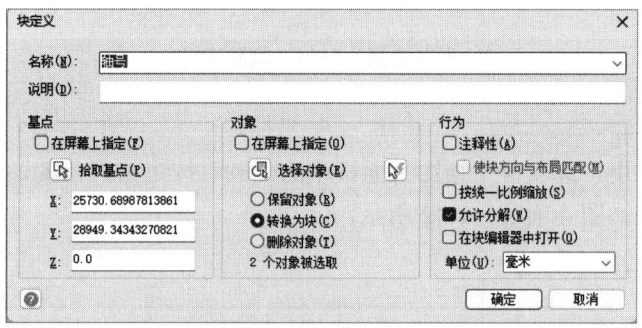

图（项目）1-45　"块定义"对话框

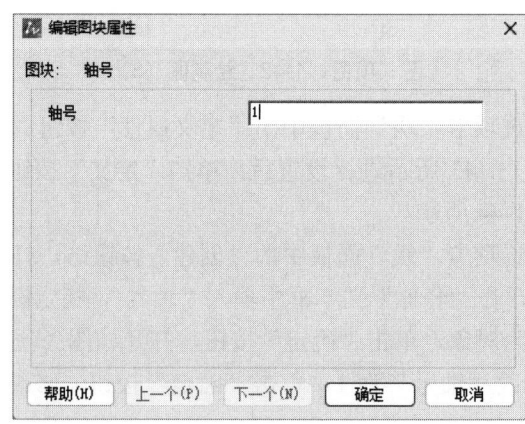

图（项目）1-46　"编辑图块属性"对话框

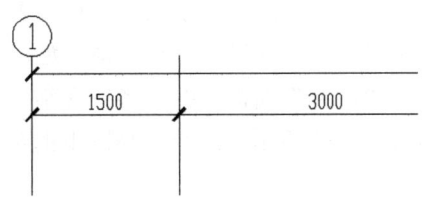

图（项目）1-47　修改轴号

（4）单击"常用"选项卡"块"面板中的"插入"按钮，打开"插入图块"对话框，将"轴号"图块插入轴线上，并修改图块属性，完成轴号的标注，如图（项目）1-48所示。

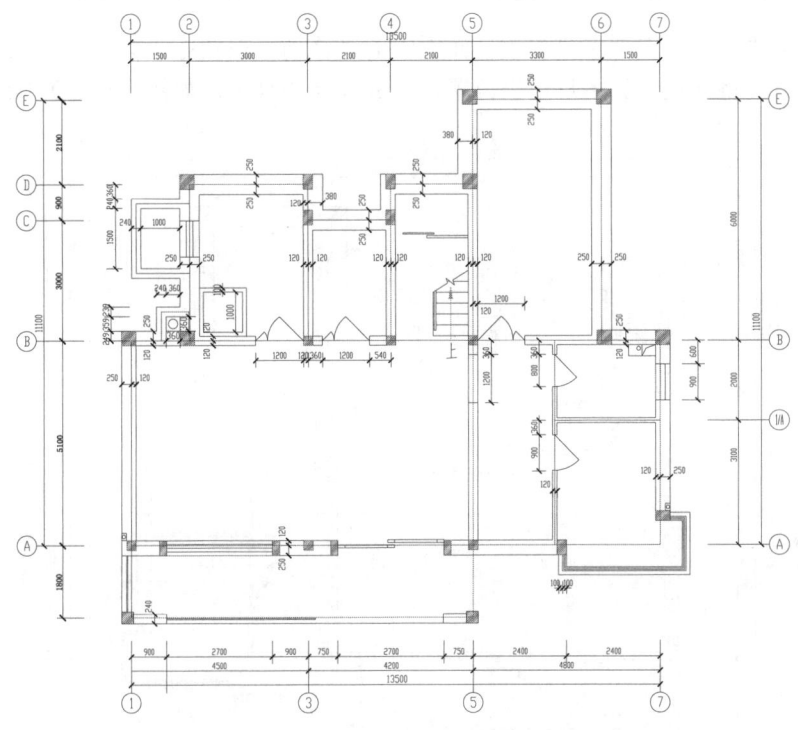

图（项目）1-48　标注轴号

12．添加标高

（1）单击"常用"选项卡"绘图"面板中的"直线"按钮，在图形空白区域绘制一条长度为500的水平直线，如图（项目）1-49所示。

（2）单击"常用"选项卡"绘图"面板中的"直线"按钮，以上一步绘制的水平直线左端点为起点，绘制一条斜向直线，如图（项目）1-50所示。

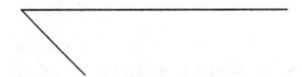

图（项目）1-49　绘制水平直线　　　　　图（项目）1-50　绘制斜向直线

（3）单击"常用"选项卡"修改"面板"复制"下拉列表中的"镜像"按钮，选择上一步绘制的斜向直线为镜像对象，对其进行竖直镜像，如图（项目）1-51所示。

（4）单击"常用"选项卡"注释"面板中的"多行文字"按钮，在上一步绘制的图形上方添加文字，如图（项目）1-52所示，完成标高图形的绘制。

图（项目）1-51　竖直镜像斜向直线　　　　图（项目）1-52　添加文字（1）

（5）单击"常用"选项卡"修改"面板中的"移动"按钮，以上一步绘制的标高图形为移动对象，将其放置到图形适当位置，完成标高的添加，如图（项目）1-53所示。

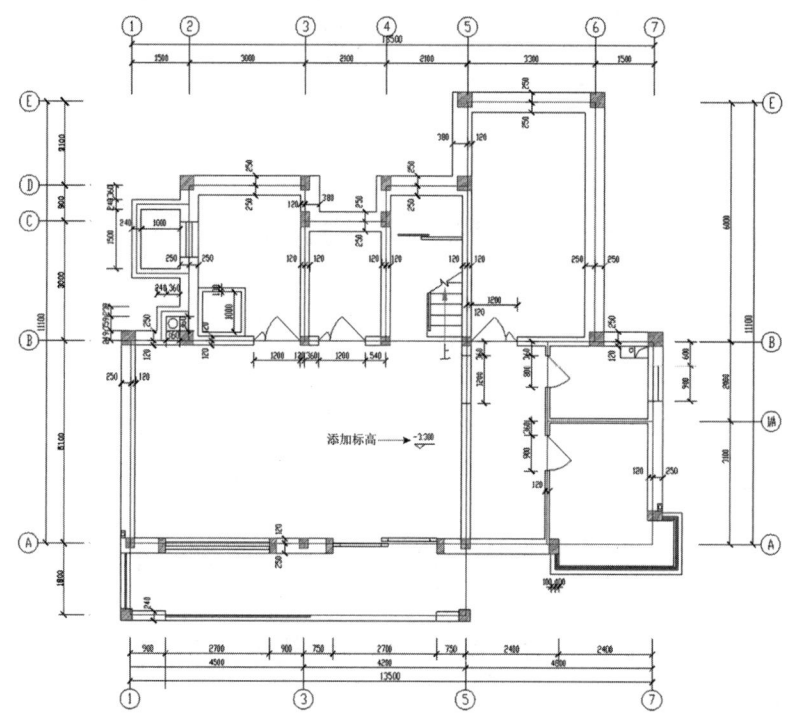

图（项目）1-53　添加标高

13．标注文字

（1）将"文字"图层设置为当前图层。

（2）选择"格式"→"文字样式"命令，打开"文字样式管理器"对话框，如图（项目）1-54所示。

（3）单击"新建"按钮，打开"新建文字样式"对话框，将文字样式命名为"说明"，如图（项目）1-55所示。

项目 1　绘制别墅建筑设计图

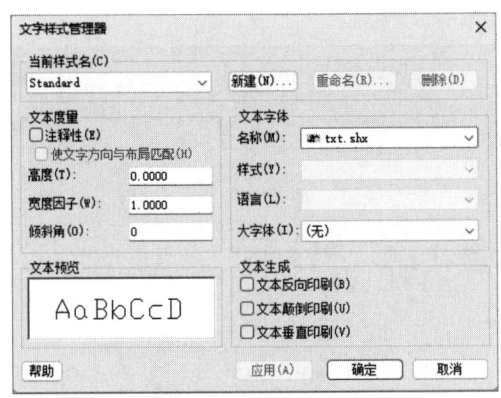

图（项目）1-54　"文字样式管理器"对话框　　　　图（项目）1-55　新建文字样式

（4）单击"确定"按钮，返回"文字样式管理器"对话框，在"名称"下拉列表中选择"宋体"选项，"高度"设置为150，如图（项目）1-56所示。

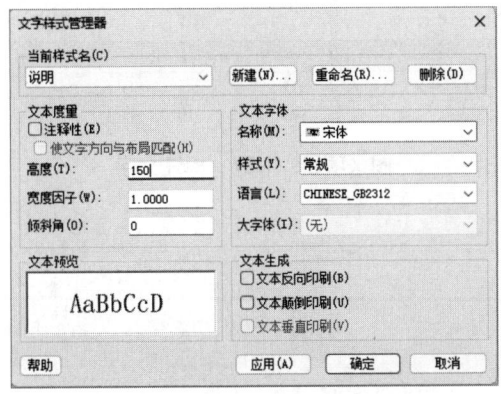

图（项目）1-56　修改文字样式

在中望建筑 CAD 中输入文字时，可以选择不同的字体。在"名称"下拉列表中，有些字体前面有"@"标记，如"@仿宋_GB2312"，说明该字体用于横向输入文字，即输入的文字逆时针旋转 90°。如果要输入正向的文字，则不能选择前面有"@"标记的字体。

（5）分别单击"常用"选项卡"注释"面板中的"多行文字"按钮和"常用"选项卡"修改"面板中的"复制"按钮，完成图形中文字的标注，如图（项目）1-57 所示。

14．绘制剖切符号

（1）单击"常用"选项卡"绘图"面板中的"多段线"按钮，指定起点宽度为 50、端点宽度为 50，在图形适当位置绘制连续多段线，如图（项目）1-58 所示。

（2）单击"常用"选项卡"注释"面板中的"多行文字"按钮，在上一步绘制的图形左侧添加文字，如图（项目）1-59 所示，完成剖切符号的绘制。

（3）单击"常用"选项卡"修改"面板"复制"下拉列表中的"镜像"按钮，选择上一步绘制的剖切符号为镜像对象，对其进行水平镜像，如图（项目）1-60 所示。

139

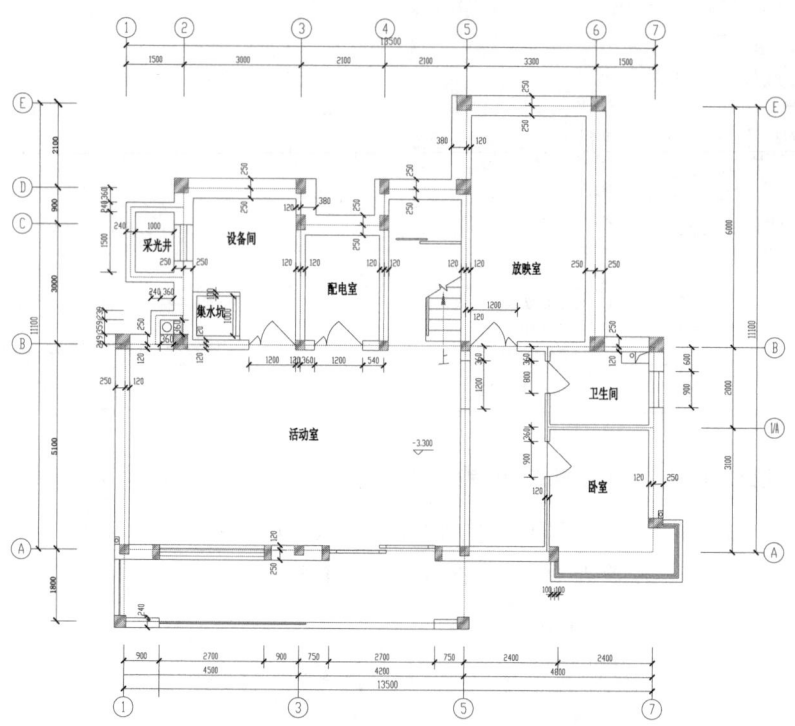

图（项目）1-57　标注文字

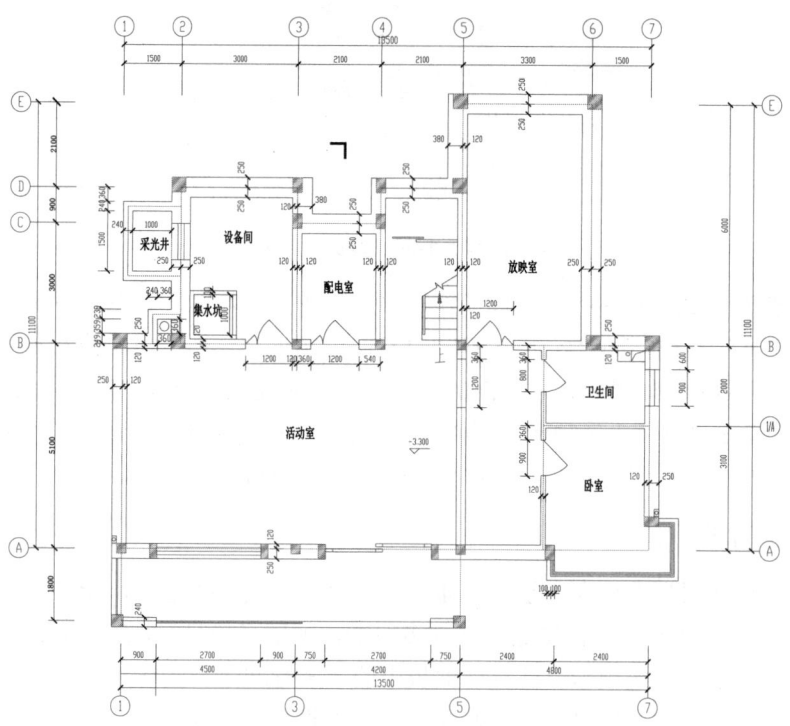

图（项目）1-58　绘制连续多段线

项目 1 绘制别墅建筑设计图

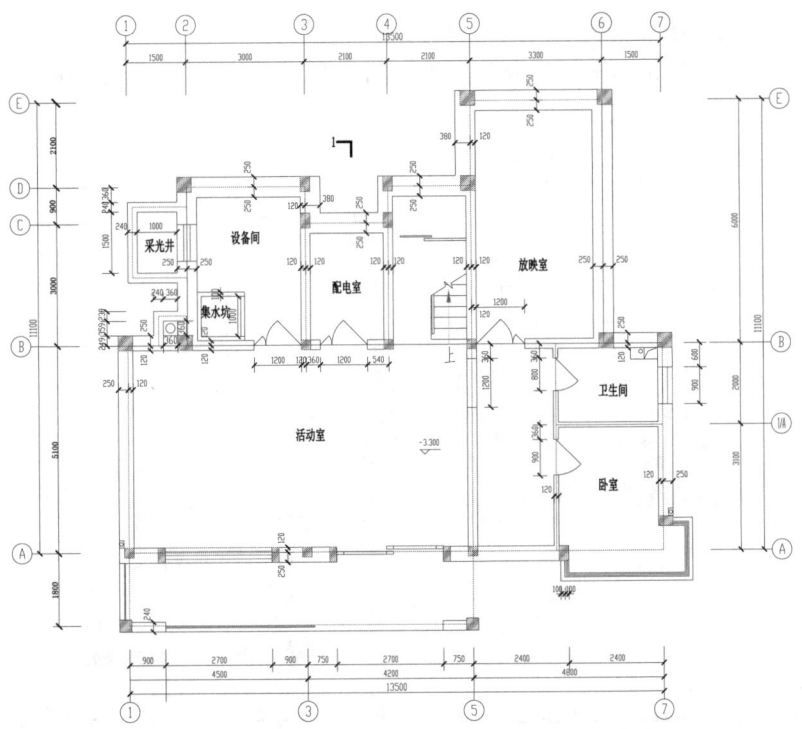

图(项目)1-59 添加文字(2)

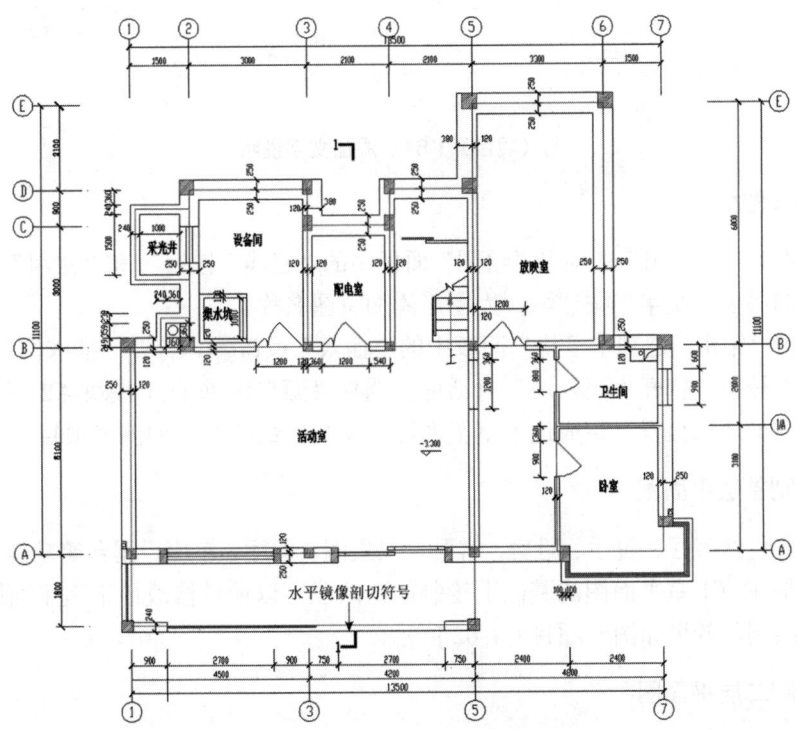

图(项目)1-60 水平镜像剖切符号

（4）利用上述方法绘制剩余的剖切符号。

（5）单击"常用"选项卡"注释"面板中的"多行文字"按钮，为图形添加文字说明，如图（项目）1-61所示。

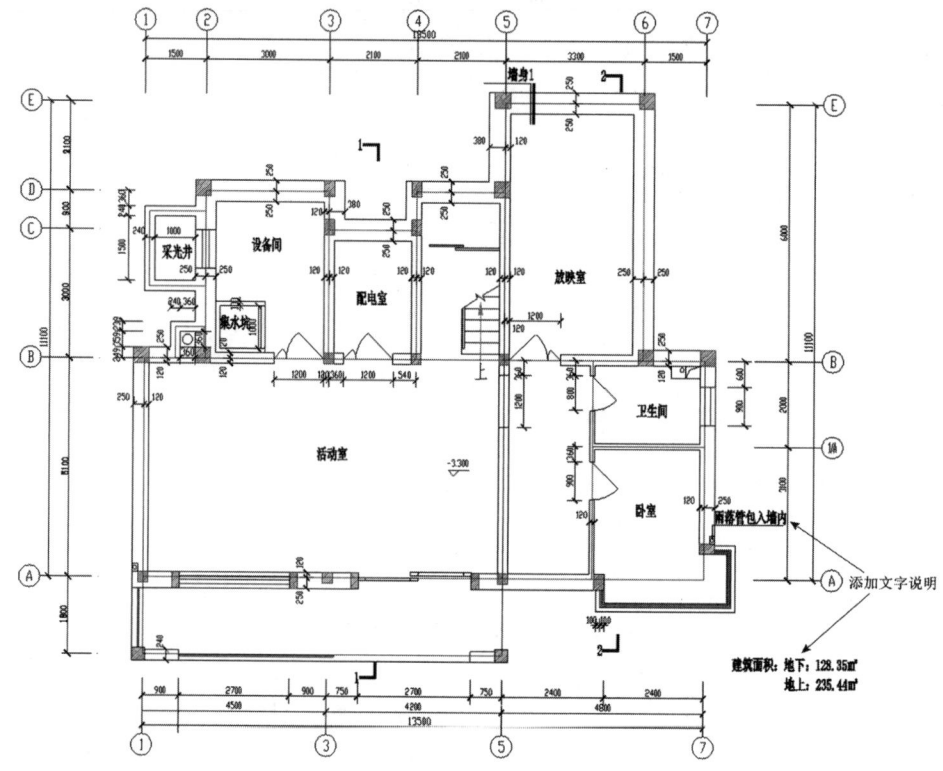

图（项目）1-61　添加文字说明

15. 插入图框

（1）分别单击"常用"选项卡"绘图"面板中的"直线"按钮和"常用"选项卡"注释"面板中的"多行文字"按钮，为图形添加总图名称。

（2）单击"常用"选项卡"块"面板中的"插入"按钮，打开"插入图块"对话框；单击"浏览"按钮，打开"插入块"对话框，选择"源文件\项目1\图块\A2图框"文件，将其放置到图形适当位置，完成地下室平面图的绘制，最终效果如图（项目）1-1所示。

16. 绘制首层平面图

首层主要包括客厅、餐厅、厨房、客卧、卫生间、门厅、车库、露台等功能区域。因为首层平面图是在地下室平面图的基础上绘制的，所以可以通过修改地下室平面图来完成首层平面图的绘制，效果如图（项目）1-62所示。

17. 绘制二层平面图

二层主要包括主卧、次卧、卫生间、更衣室、书房、过道、露台等功能区域。利用上述方法完成二层平面图的绘制，效果如图（项目）1-63所示。

项目1 绘制别墅建筑设计图

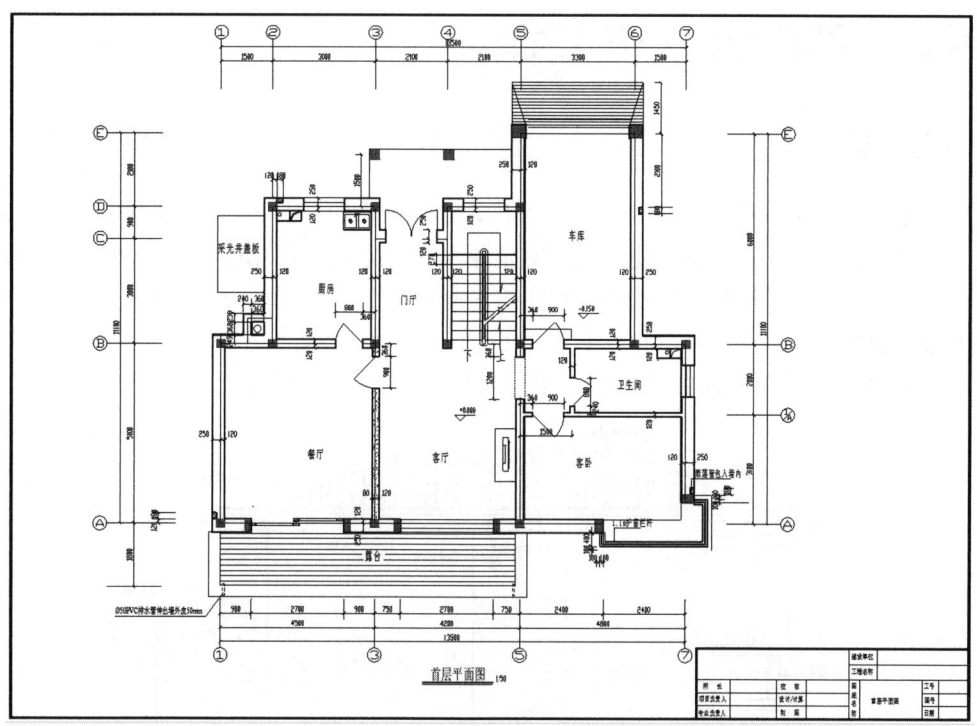

图（项目）1-62 首层平面图

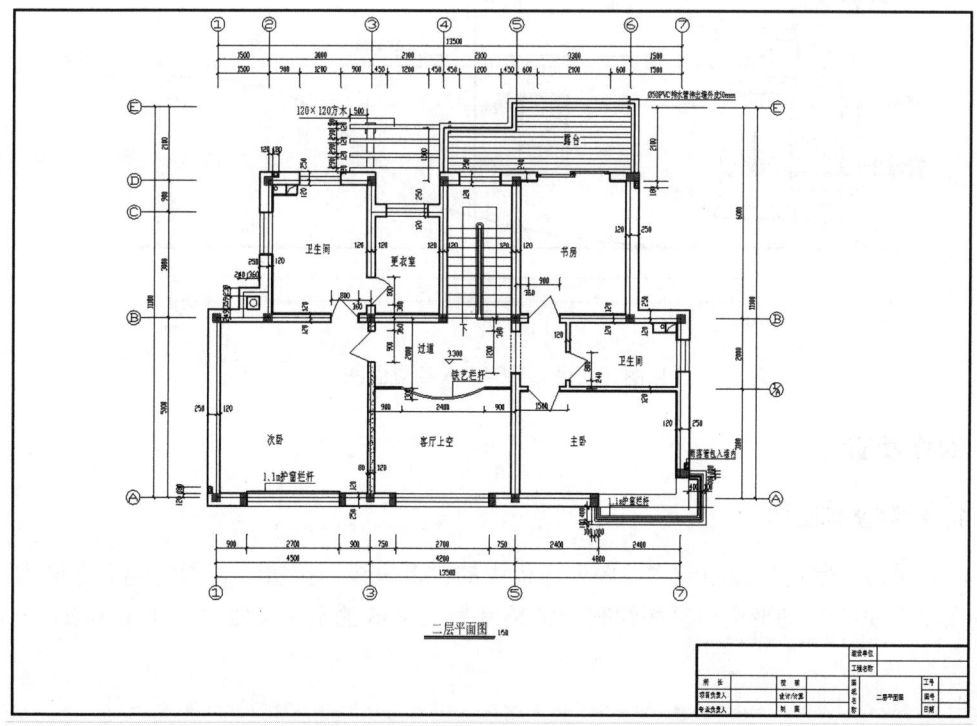

图（项目）1-63 二层平面图

任务 2　绘制别墅 A-E 立面图

📖 任务背景

由于地势地形的客观情况，本别墅的地下室实际上采用的是一种半地下结构，别墅南面的地下室完全露出地面，只有北面的地下室是深入地下的。这是因地制宜的结果。从总体来说，这种结构既利用了地形，使整个别墅建筑与自然地形融为一体，达到建筑与自然和谐共生的效果，也使地下室部分具有良好的采光效果。

本任务将介绍 A-E 立面图的绘制方法，绘制效果如图（项目）1-64 所示。

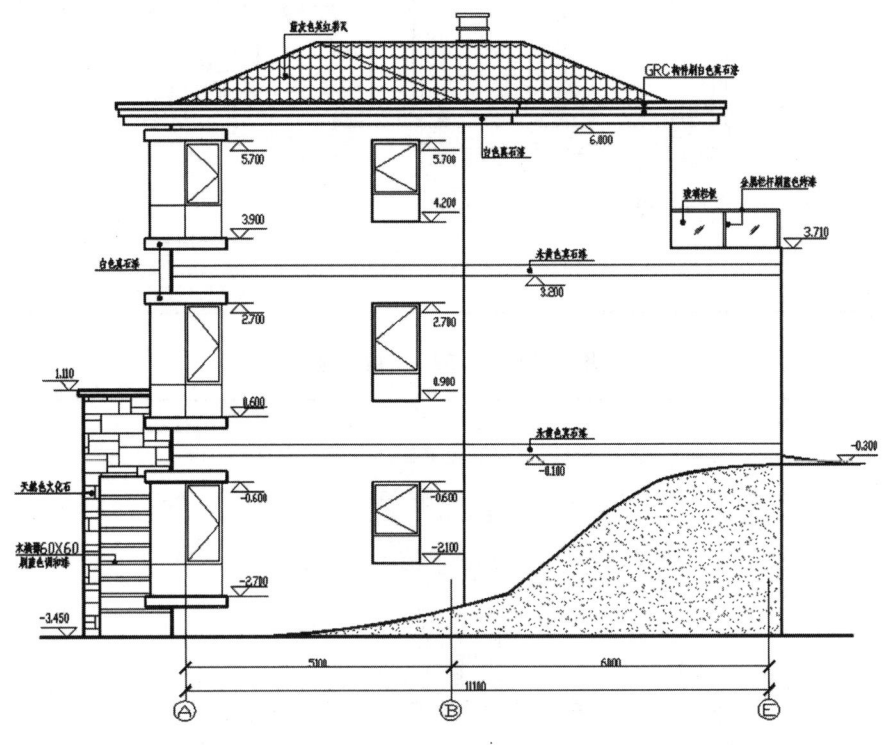

图（项目）1-64　A-E 立面图

📖 操作步骤

1. 绘制基础图形

（1）单击"常用"选项卡"绘图"面板中的"多段线"按钮，指定起点宽度为 30、端点宽度为 30，在图形空白区域绘制一条长度为 15 496 的水平多段线，如图（项目）1-65 所示。

图（项目）1-65　绘制水平多段线（1）

（2）单击"常用"选项卡"绘图"面板中的"多段线"按钮，指定起点宽度为25、端点宽度为25，在上一步绘制的水平多段线上选择一点为起点，向上绘制一条长度为9450的竖直多段线，如图（项目）1-66所示。

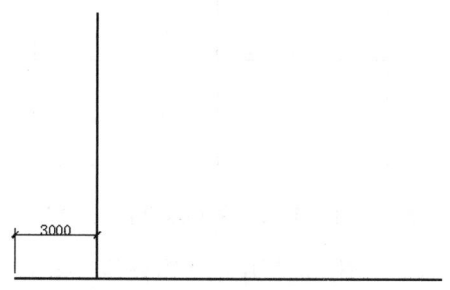

图（项目）1-66　绘制竖直多段线（1）

（3）单击"常用"选项卡"修改"面板中的"偏移"按钮，选择上一步绘制的竖直多段线为偏移对象，连续向右进行偏移，偏移距离分别为5600和6000，如图（项目）1-67所示。

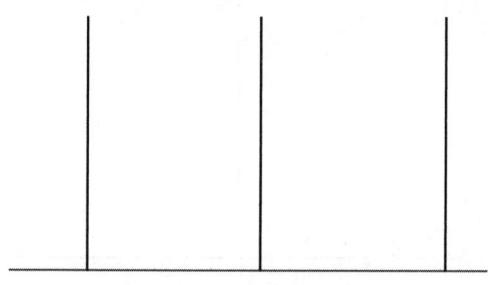

图（项目）1-67　偏移竖直多段线（1）

（4）单击"常用"选项卡"绘图"面板中的"直线"按钮，在上一步绘制的图形中选择一点为起点，向右绘制一条水平直线，如图（项目）1-68所示。

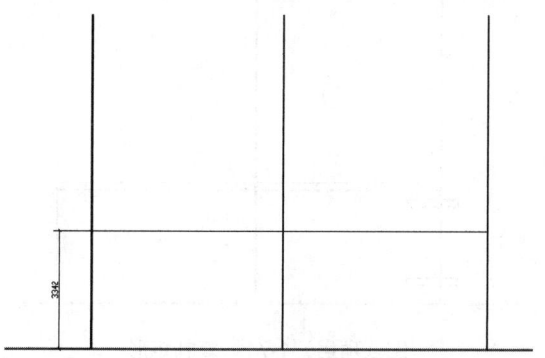

图（项目）1-68　绘制水平直线（1）

（5）单击"常用"选项卡"修改"面板中的"偏移"按钮，选择上一步绘制的水平直线为偏移对象，向上进行偏移，偏移距离为200，如图（项目）1-69所示。

145

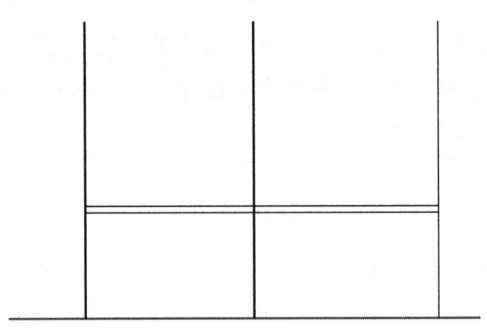

图（项目）1-69　偏移水平直线（1）

（6）单击"常用"选项卡"绘图"面板中的"多段线"按钮，指定起点宽度为25、端点宽度为25，在上一步绘制的图形适当位置绘制一个1550×200的矩形，如图（项目）1-70所示。

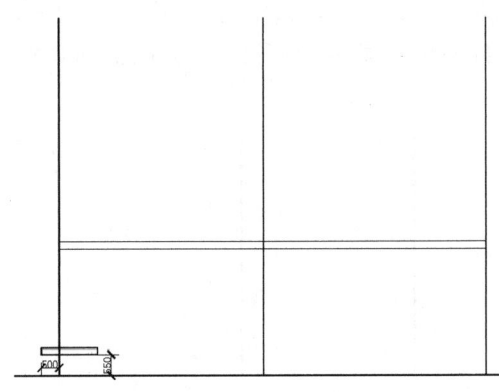

图（项目）1-70　绘制矩形（1）

（7）单击"常用"选项卡"修改"面板中的"复制"按钮，选择上一步绘制的矩形为复制对象，向上进行复制，复制间距为2300，如图（项目）1-71所示。

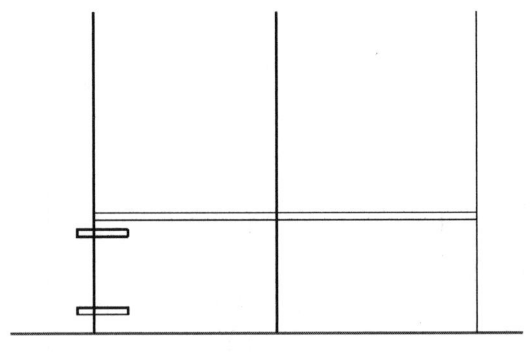

图（项目）1-71　复制矩形

（8）单击"常用"选项卡"绘图"面板中的"多段线"按钮，指定起点宽度为15、端点宽度为15，在上一步绘制的图形适当位置绘制一条竖直多段线连接两个矩形，如图（项目）1-72所示。

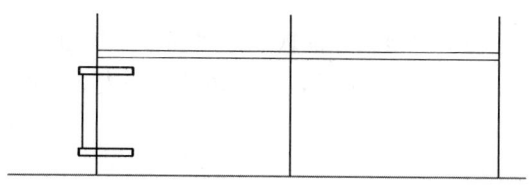

图(项目)1-72 绘制竖直多段线(2)

(9)单击"常用"选项卡"修改"面板中的"偏移"按钮,选择上一步绘制的竖直多段线为偏移对象,向右进行偏移,偏移距离为1350,如图(项目)1-73所示。

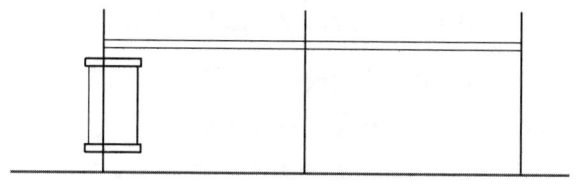

图(项目)1-73 偏移竖直多段线(2)

(10)单击"常用"选项卡"修改"面板中的"修剪"按钮,选择上一步偏移线段间的线段为修剪对象,对其进行修剪,如图(项目)1-74所示。

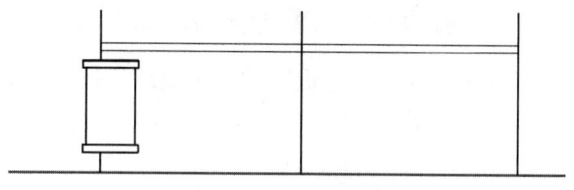

图(项目)1-74 修剪线段(1)

(11)单击"常用"选项卡"绘图"面板中的"直线"按钮,在图形适当位置绘制一条水平直线和一条竖直直线,如图(项目)1-75所示。

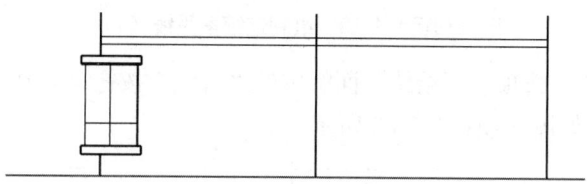

图(项目)1-75 绘制水平直线和竖直直线

(12)单击"常用"选项卡"修改"面板中的"偏移"按钮,选择上一步绘制的竖直直线为偏移对象,连续向右进行偏移,偏移距离分别为47和600,如图(项目)1-76所示。

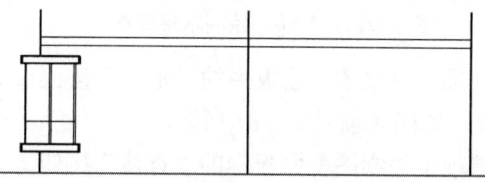

图(项目)1-76 偏移竖直直线(1)

（13）单击"常用"选项卡"修改"面板中的"偏移"按钮⊆，选择第（11）步绘制的水平直线为偏移对象，连续向上进行偏移，偏移距离分别为50和1386，如图（项目）1-77所示。

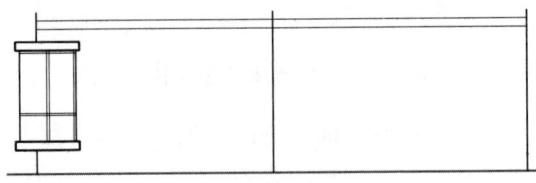

图（项目）1-77　偏移水平直线（2）

（14）单击"常用"选项卡"修改"面板中的"修剪"按钮⊬，选择上一步偏移的线段为修剪对象，对其进行修剪，如图（项目）1-78所示。

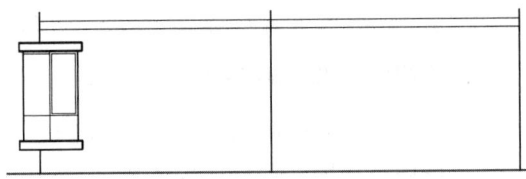

图（项目）1-78　修剪线段（2）

（15）单击"常用"选项卡"绘图"面板中的"多段线"按钮⊂，指定起点宽度为15、端点宽度为15，在上一步绘制的图形右侧绘制连续多段线，如图（项目）1-79所示。

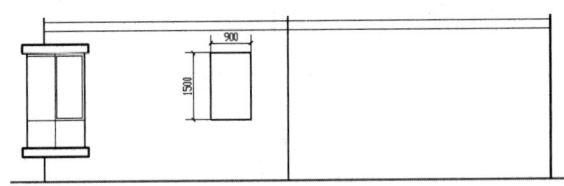

图（项目）1-79　绘制连续多段线（1）

（16）单击"常用"选项卡"绘图"面板中的"直线"按钮╲，在上一步绘制的图形内绘制一条水平直线，如图（项目）1-80所示。

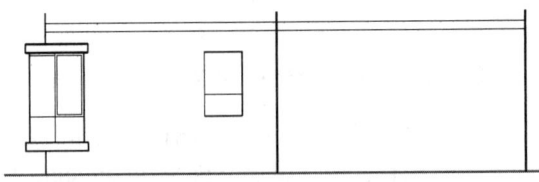

图（项目）1-80　绘制水平直线（2）

（17）单击"常用"选项卡"绘图"面板中的"矩形"按钮▢，在上一步绘制的图形内绘制一个800×886的矩形，如图（项目）1-81所示。

（18）单击"常用"选项卡"绘图"面板中的"直线"按钮╲，在上一步绘制的矩形内绘制两条斜向直线，如图（项目）1-82所示。

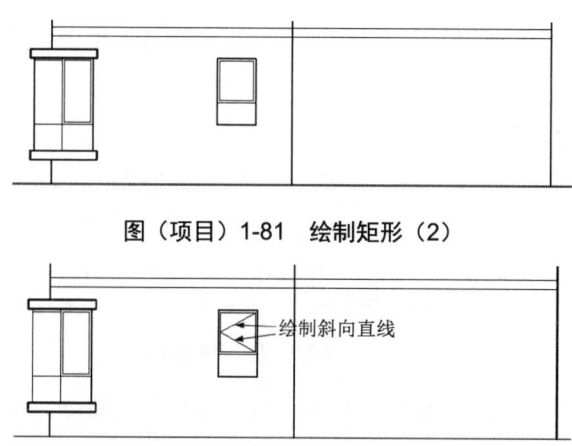

图(项目)1-81　绘制矩形(2)

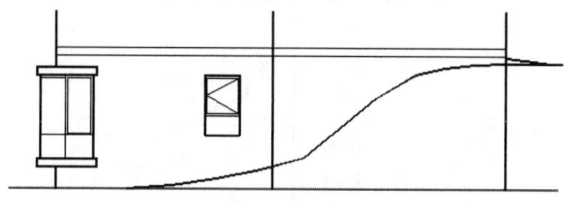

图(项目)1-82　绘制斜向直线(1)

(19)单击"常用"选项卡"绘图"面板中的"多段线"按钮，指定起点宽度为25、端点宽度为25，在图形适当位置绘制连续多段线，如图(项目)1-83所示。

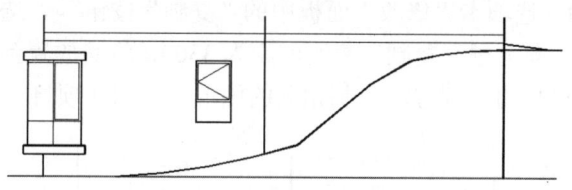

图(项目)1-83　绘制连续多段线(2)

(20)单击"常用"选项卡"修改"面板中的"修剪"按钮，选择上一步绘制的多段线内的线段为修剪对象，对其进行修剪，如图(项目)1-84所示。

图(项目)1-84　修剪线段(3)

(21)单击"常用"选项卡"绘图"面板中的"图案填充"按钮，打开"图案填充创建"选项卡，在"图案"面板中选择AR-SAND图案，如图(项目)1-85所示。

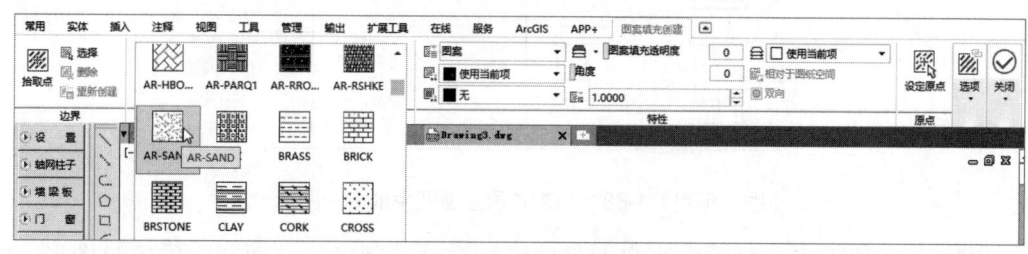

图(项目)1-85　选择填充图案

（22）选择第（20）步修剪的区域为填充区域，对其进行图案填充，效果如图（项目）1-86所示。

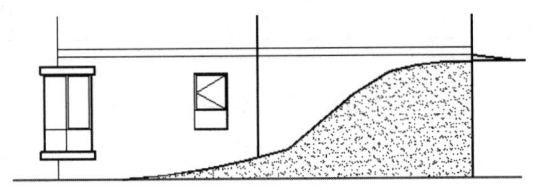

图（项目）1-86　图案填充效果

（23）单击"常用"选项卡"修改"面板中的"偏移"按钮，选择水平直线为偏移对象，连续向上进行偏移，偏移距离分别为3100和200，如图（项目）1-87所示。

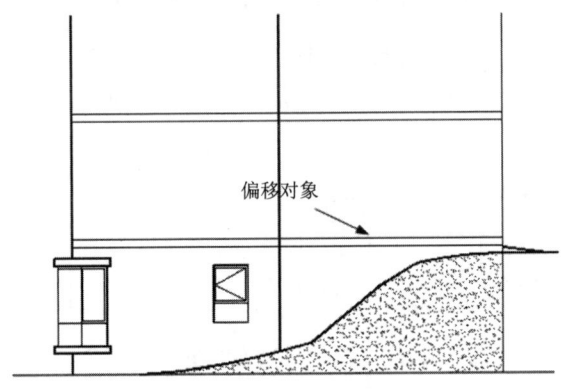

图（项目）1-87　偏移水平直线（3）

（24）单击"常用"选项卡"修改"面板中的"复制"按钮，选择地下室立面图中的窗户图形为复制对象，向上进行复制，复制间距为3300，将其放置到首层立面图中的合适位置，并利用上述小窗户的绘制方法绘制相同的图形，如图（项目）1-88所示。

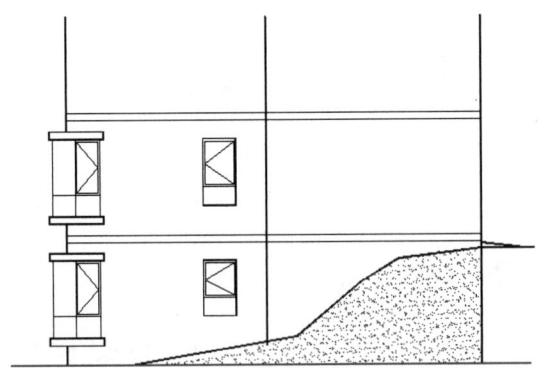

图（项目）1-88　绘制首层立面图中的窗户图形

（25）利用地下室立面图中窗户图形的绘制方法绘制二层立面图中的窗户图形，如图（项目）1-89所示。

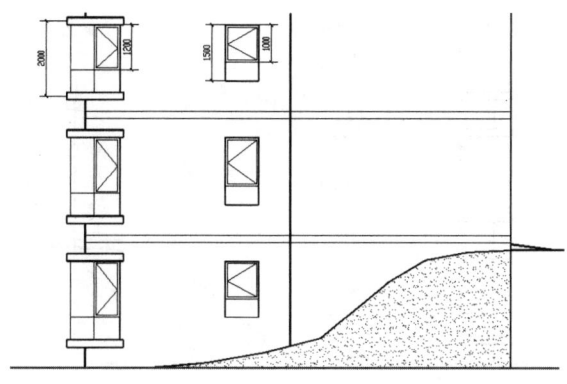

图（项目）1-89　绘制二层立面图中的窗户图形

（26）单击"常用"选项卡"绘图"面板中的"多段线"按钮，指定起点宽度为25、端点宽度为25，在图形适当位置绘制连续多段线，如图（项目）1-90所示。

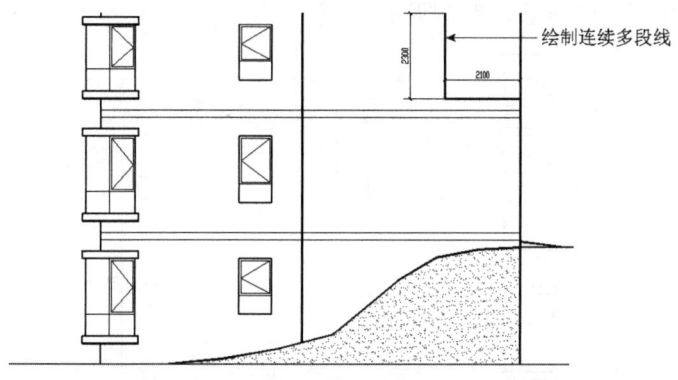

图（项目）1-90　绘制连续多段线（3）

（27）单击"常用"选项卡"修改"面板中的"修剪"按钮，选择上一步绘制的连续多段线外的线段为修剪对象，对其进行修剪，如图（项目）1-91所示。

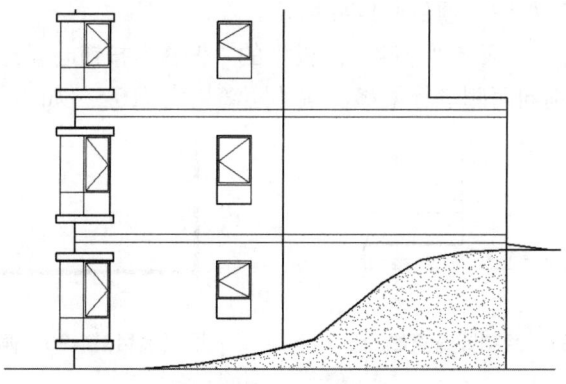

图（项目）1-91　修剪线段（4）

（28）单击"常用"选项卡"绘图"面板中的"多段线"按钮，指定起点宽度为0、端点宽度为0，在图形适当位置绘制连续多段线，如图（项目）1-92所示。

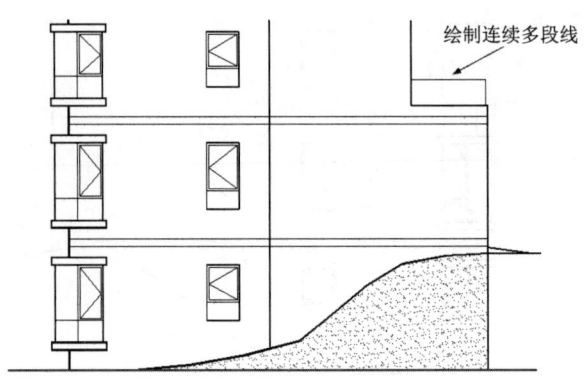

图（项目）1-92　绘制连续多段线（4）

（29）单击"常用"选项卡"修改"面板中的"偏移"按钮，选择上一步绘制的连续多段线为偏移对象，向内进行偏移，偏移距离为25，如图（项目）1-93所示（由于偏移距离大小，因此图中显示的偏移效果不明显）。

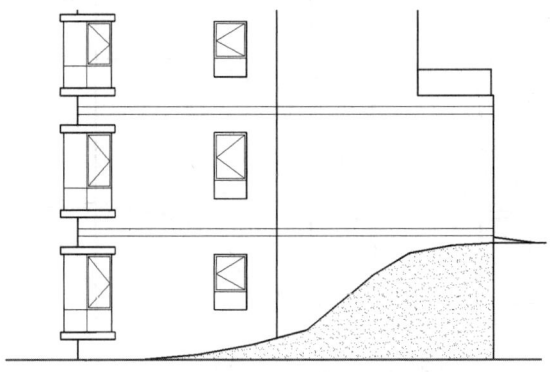

图（项目）1-93　偏移连续多段线

（30）单击"常用"选项卡"绘图"面板中的"直线"按钮，在上一步偏移的多段线内绘制一条竖直直线，如图（项目）1-94所示。

（31）单击"常用"选项卡"修改"面板中的"偏移"按钮，选择上一步绘制的竖直直线为偏移对象，分别向两侧进行偏移，偏移距离均为110.5，如图（项目）1-95所示。

图（项目）1-94　绘制竖直直线　　　　图（项目）1-95　偏移竖直直线（2）

（32）单击"常用"选项卡"修改"面板中的"删除"按钮，选择第（30）步绘制的竖直直线为删除对象，将其删除，如图（项目）1-96所示。

（33）单击"常用"选项卡"绘图"面板中的"多段线"按钮，指定起点宽度为25、端点宽度为25，绘制一条长度为11 299的水平多段线，如图（项目）1-97所示。

图(项目)1-96 删除竖直直线

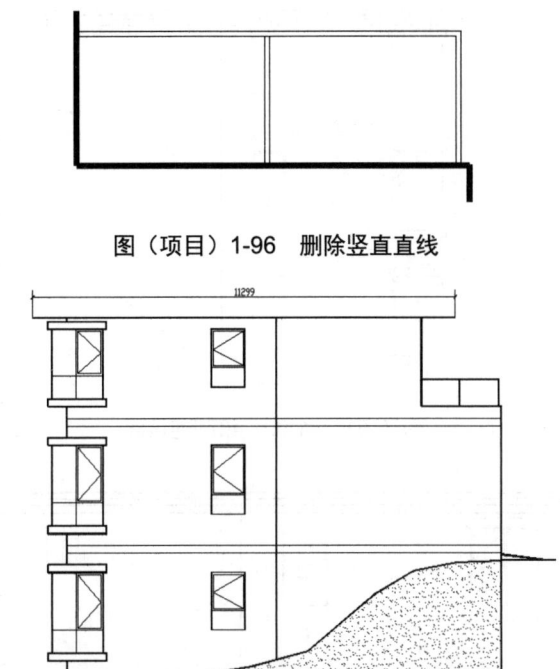

图(项目)1-97 绘制水平多段线(2)

(34)单击"常用"选项卡"修改"面板中的"偏移"按钮，选择上一步绘制的水平多段线为偏移对象，连续向上进行偏移，偏移距离分别为160、120、120，如图(项目)1-98所示。

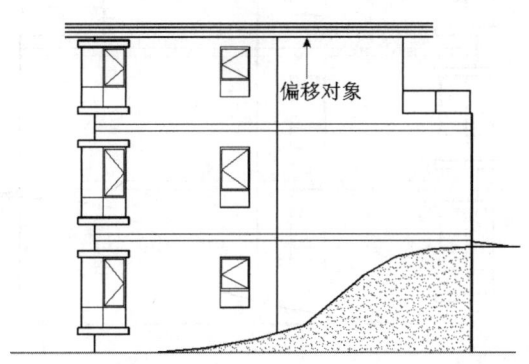

图(项目)1-98 偏移水平多段线(1)

(35)单击"常用"选项卡"绘图"面板中的"多段线"按钮，指定起点宽度为25、端点宽度为25，绘制上一步偏移线段的连接线，如图(项目)1-99所示。

(36)单击"常用"选项卡"修改"面板中的"偏移"按钮，选择上一步绘制的连接线为偏移对象，连续向右进行偏移，偏移距离分别为50、100、7399、100、50、3750、100、50，如图(项目)1-100所示。

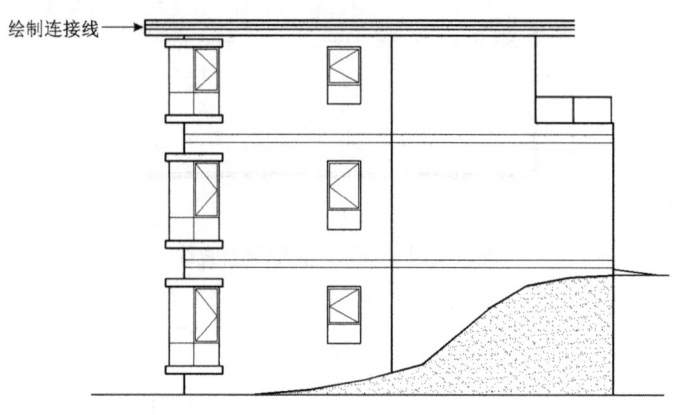

图(项目)1-99　绘制连接线

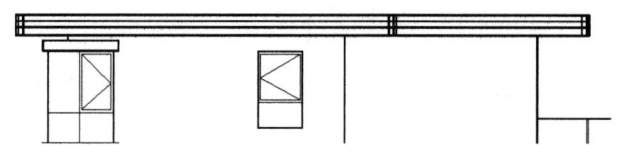

图(项目)1-100　偏移连接线

（37）单击"常用"选项卡"修改"面板中的"修剪"按钮，选择上一步偏移的线段为修剪对象，对其进行修剪，如图(项目)1-101所示。

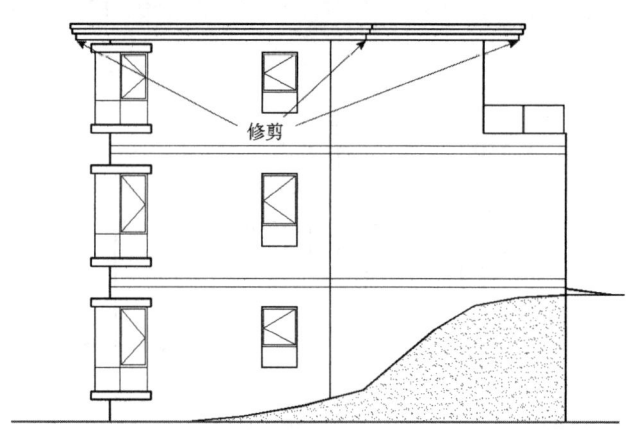

图(项目)1-101　修剪线段（5）

（38）单击"常用"选项卡"绘图"面板中的"多段线"按钮，指定起点宽度为25、端点宽度为25，在上一步绘制的图形上方绘制连续多段线，如图(项目)1-102所示。

（39）单击"常用"选项卡"绘图"面板中的"直线"按钮，在上一步绘制的图形内绘制一条斜向直线，如图(项目)1-103所示。

（40）分别单击"常用"选项卡"绘图"面板中的"直线"按钮和"圆弧"按钮，在上一步绘制的图形内绘制屋顶立面瓦片，如图(项目)1-104所示。

项目 1 绘制别墅建筑设计图

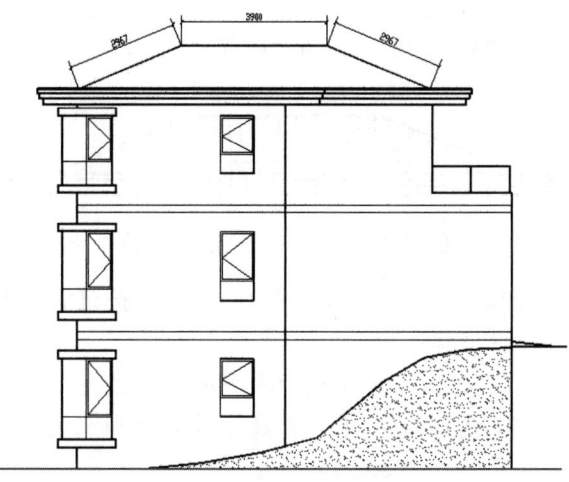

图（项目）1-102 绘制连续多段线（5）

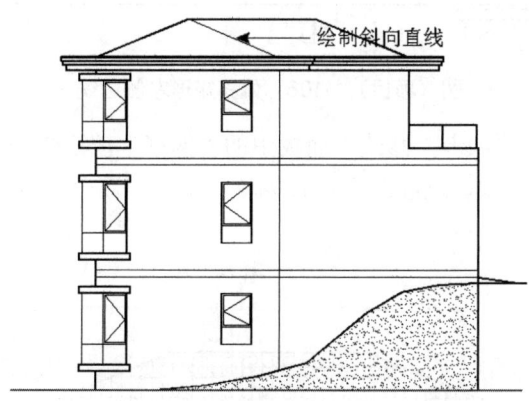

图（项目）1-103 绘制斜向直线（2）

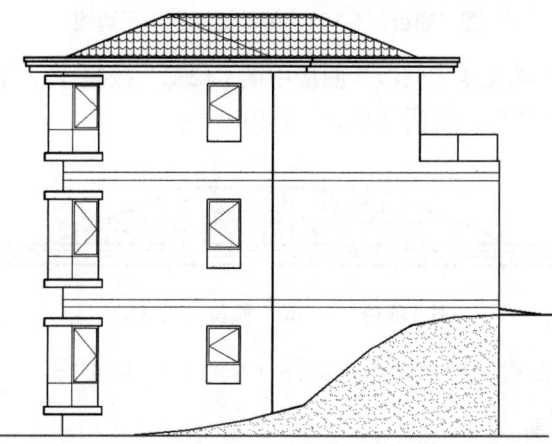

图（项目）1-104 绘制屋顶立面瓦片

（41）单击"常用"选项卡"绘图"面板中的"矩形"按钮，在屋顶适当位置选择一点为起点，绘制一个 619×526 的矩形，如图（项目）1-105 所示。

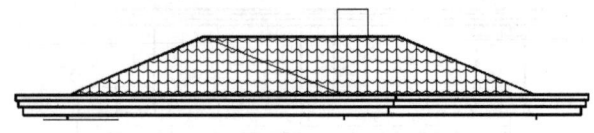

图（项目）1-105　绘制矩形（3）

（42）单击"常用"选项卡"修改"面板中的"分解"按钮，选择上一步绘制的矩形为分解对象，按 Enter 键确认分解。

（43）单击"常用"选项卡"修改"面板中的"偏移"按钮，选择上一步分解的矩形左侧边线为偏移对象，连续向右进行偏移，偏移距离分别为 50 和 519，如图（项目）1-106 所示。

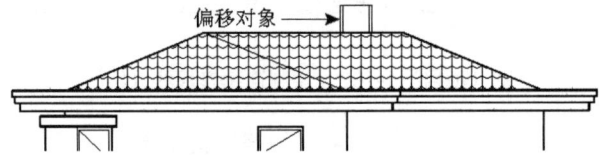

图（项目）1-106　偏移矩形左侧边线

（44）单击"常用"选项卡"修改"面板中的"偏移"按钮，选择第（42）步分解的矩形上水平边线为偏移对象，连续向下进行偏移，偏移距离分别为 60、195、50、195，如图（项目）1-107 所示。

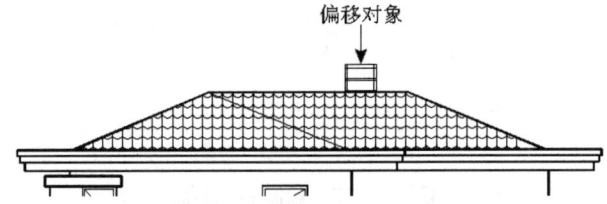

图（项目）1-107　偏移矩形上水平边线

（45）单击"常用"选项卡"修改"面板中的"修剪"按钮，选择上一步偏移的线段为修剪对象，对其进行修剪，如图（项目）1-108 所示。

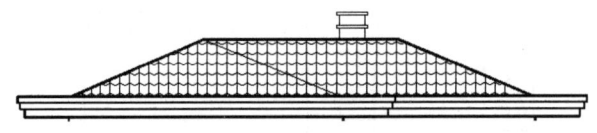

图（项目）1-108　修剪线段（6）

（46）利用上述方法绘制剩余图形，如图（项目）1-109 所示。

2．标注文字及标高

（1）单击"常用"选项卡"图层"面板中的"图层特性"按钮，打开图层特性管理器，新建"尺寸"图层，并将其设置为当前图层。

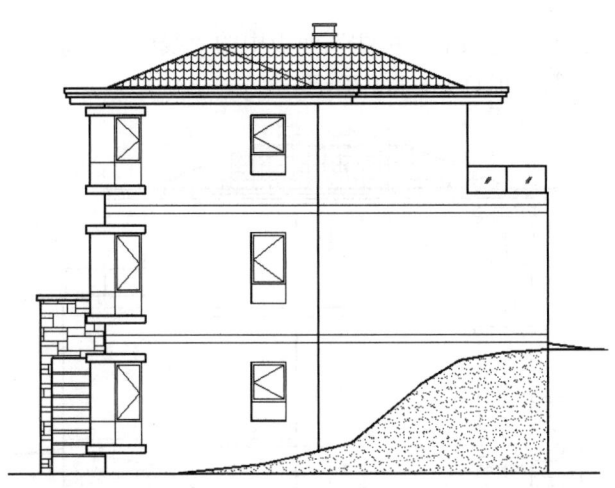

图（项目）1-109　绘制剩余图形

（2）设置标注样式。

选择"格式"→"标注样式"命令，打开"标注样式管理器"对话框，单击"新建"按钮，打开"新建标注样式"对话框，将新样式命名为"立面"，单击"继续"按钮，在"新建标注样式:立面"对话框中设置如下参数。

① 标注线：设置"原点"为200，"尺寸线"为200。
② 符号和箭头：设置"起始箭头"和"终止箭头"均为"建筑标记"，"箭头大小"为150。
③ 文字：设置"文字高度"为200。
④ 主单位：设置"单位格式"为"小数"，"精度"为0。

其他参数采用默认设置。

（3）分别单击"注释"选项卡"标注"面板中的"线性"按钮和"连续"按钮，为图形标注第一道尺寸，如图（项目）1-110所示。

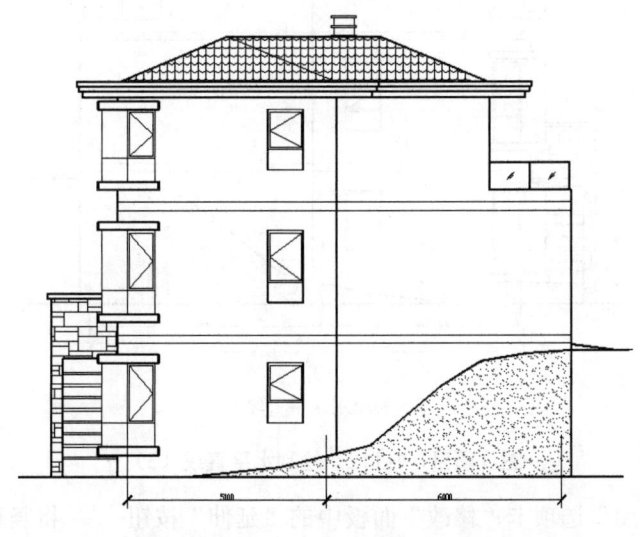

图（项目）1-110　标注第一道尺寸

（4）分别单击"注释"选项卡"标注"面板中的"线性"按钮和"连续"按钮，为图形标注总尺寸，如图（项目）1-111所示。

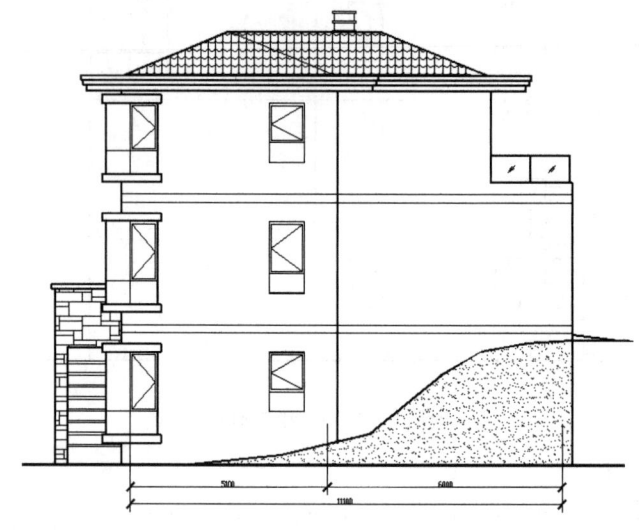

图（项目）1-111　标注总尺寸

（5）单击"常用"选项卡"修改"面板中的"分解"按钮，选择前两步添加的尺寸为分解对象，按 Enter 键确认分解。

（6）单击"常用"选项卡"绘图"面板中的"直线"按钮，在标注线底部绘制一条水平直线，如图（项目）1-112所示。

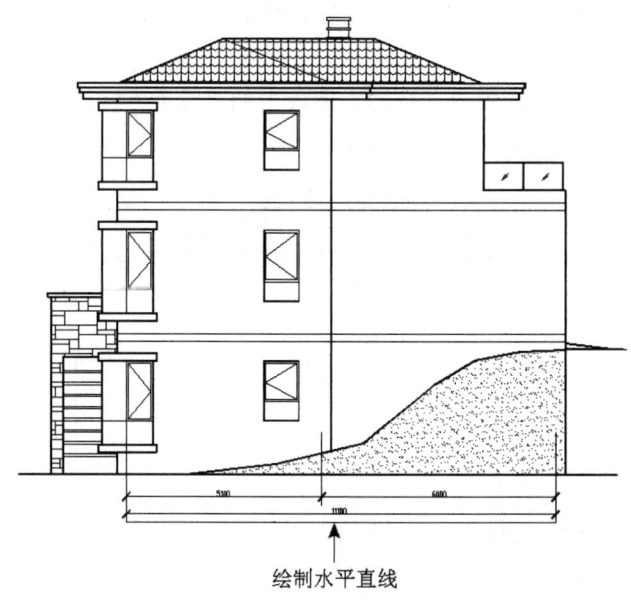

图（项目）1-112　绘制水平直线（3）

（7）单击"常用"选项卡"修改"面板中的"延伸"按钮，将竖直直线延伸至上一步绘制的水平直线处，如图（项目）1-113所示。

项目1　绘制别墅建筑设计图

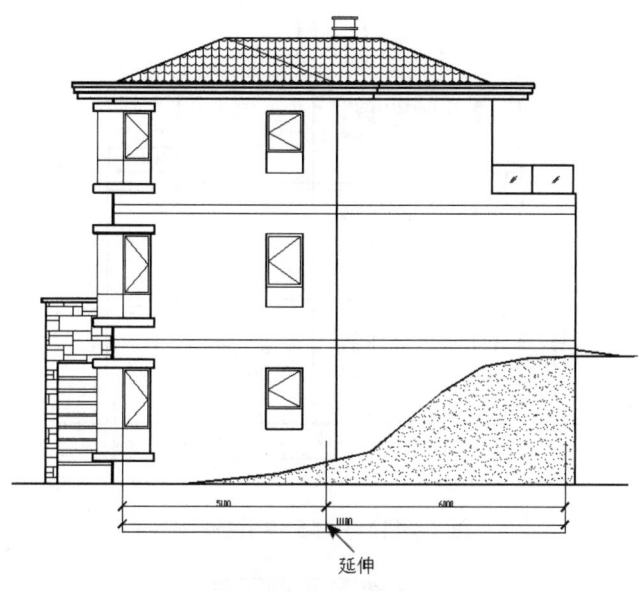

图（项目）1-113　延伸竖直直线

（8）单击"常用"选项卡"修改"面板中的"删除"按钮，选择第（6）步绘制的水平直线为删除对象，将其删除，如图（项目）1-114所示。

图（项目）1-114　删除水平直线

（9）利用本项目任务1中讲述的方法，在图形中标注轴号，如图（项目）1-115所示。
（10）单击"常用"选项卡"块"面板中的"插入"按钮，打开"插入图块"对话框；单击"浏览"按钮，打开"插入块"对话框，选择"源文件\项目1\图块\标高"图块，单击"打开"按钮；返回"插入图块"对话框，单击"插入"按钮，插入"标高"图块，如图（项目）1-116所示。
（11）利用上述方法添加剩余标高，如图（项目）1-117所示。

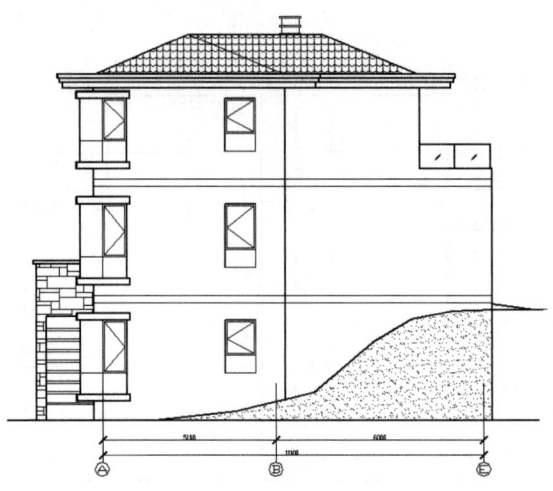

图（项目）1-115 标注轴号

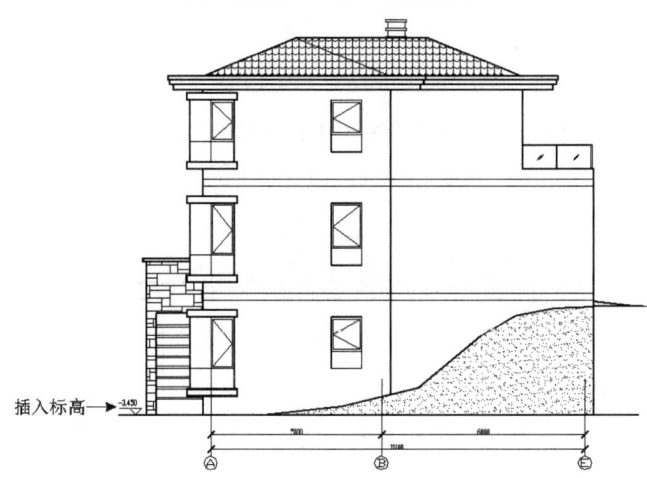

图（项目）1-116 插入"标高"图块

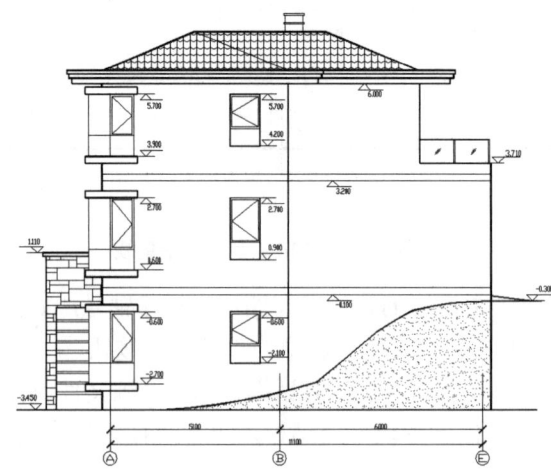

图（项目）1-117 添加剩余标高

(12) 在命令行中输入 QLEADER 命令,为图形添加文字说明,完成 A-E 立面图的绘制,最终效果如图(项目)1-64 所示。

3. 绘制 E-A 立面图

E-A 立面图的绘制方法与 A-E 立面图的绘制方法基本相同,这里不再详细阐述,绘制效果如图(项目)1-118 所示。

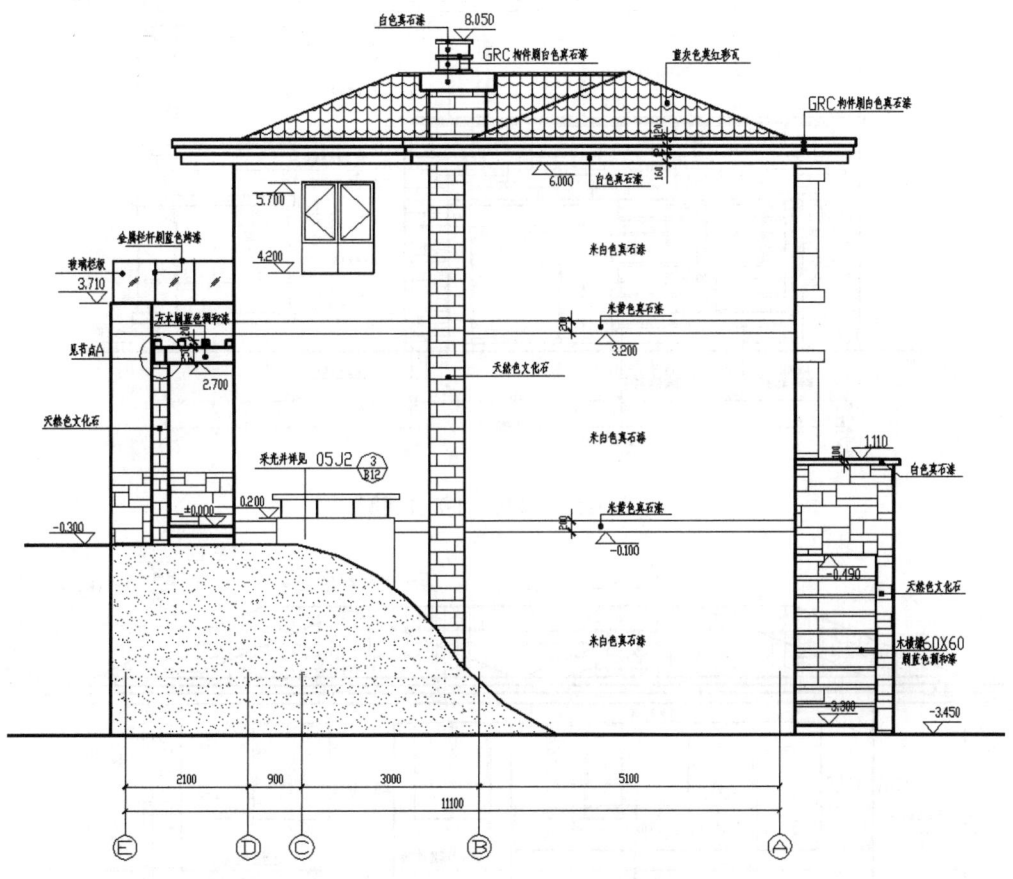

图(项目)1-118 E-A 立面图

4. 绘制 1-7 立面图

1-7 立面图主要表达了该立面上的门窗布置和构造、屋顶的构造,以及地下室南面砖石立墙的结构细节。其中,地下室南面砖石立墙的设计既要对其上面的露台起到支撑作用,又要进行镂空,增加地下室的透光性。这里木立撑和木横撑的设计目的就是既增强支撑的牢固性,又不影响总体透光。绘制效果如图(项目)1-119 所示。

5. 绘制 7-1 立面图

7-1 立面图的绘制方法与 1-7 立面图的绘制方法基本相同,这里不再详细阐述,绘制效果如图(项目)1-120 所示。

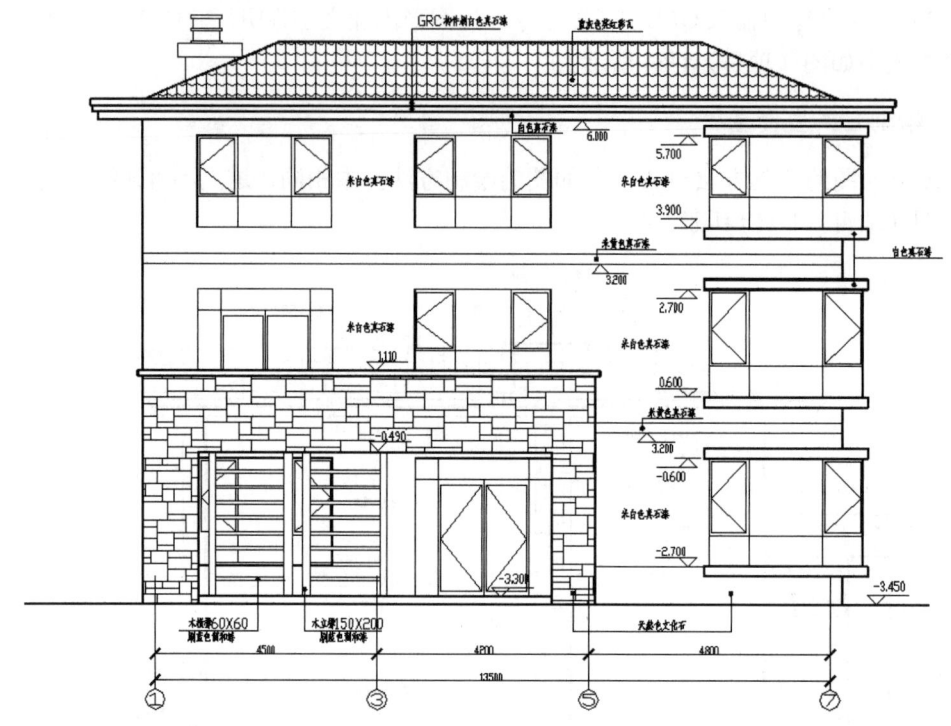

图（项目）1-119　1-7立面图

图（项目）1-120　7-1立面图

项目 1　绘制别墅建筑设计图

任务 3　绘制别墅剖面图

📖 任务背景

本任务将以别墅剖面图为例，通过绘制墙体、门窗等剖面图形，分别绘制地下室、首层、二层剖面图，从而完成整个剖面图的绘制。整个剖面图把这幢别墅的墙体构造、门洞及窗口高度、垂直空间利用情况表达得非常清楚。图（项目）1-121 所示为 1-1 剖面图。

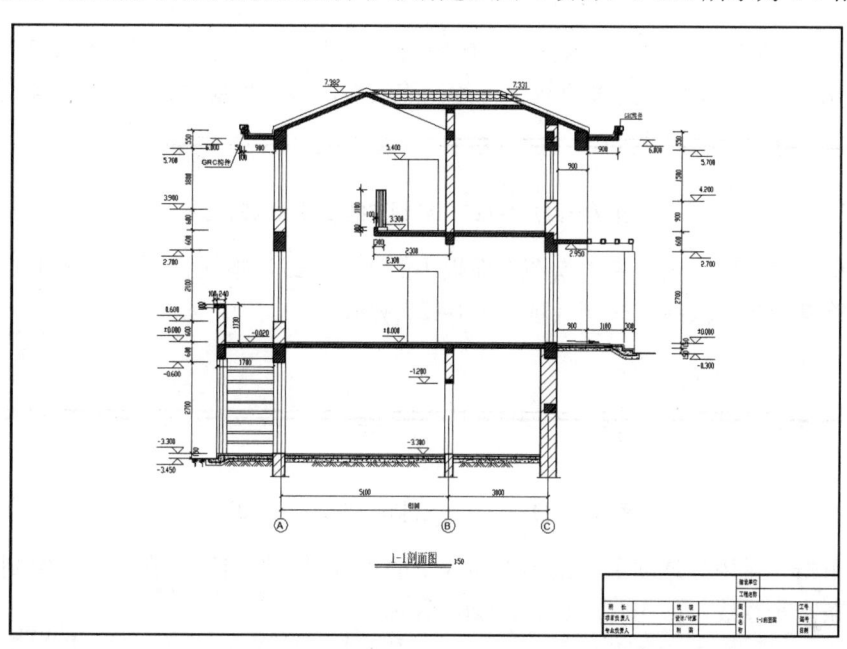

图（项目）1-121　1-1 剖面图

📖 操作步骤

1．设置绘图环境

（1）在命令行中输入 LIMITS 命令，设置图幅为 42 000×29 700。
（2）单击"常用"选项卡"图层"面板中的"图层特性"按钮，打开图层特性管理器，新建"剖面"图层，并将其设置为当前图层，如图（项目）1-122 所示。

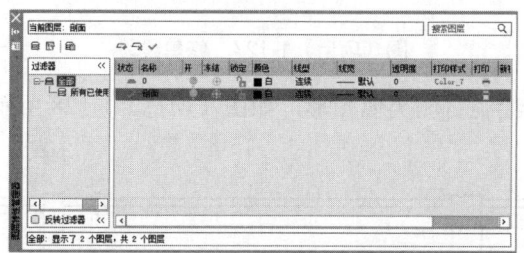

图（项目）1-122　新建图层并设置为当前图层

163

2．绘制楼板

（1）单击"常用"选项卡"绘图"面板中的"多段线"按钮，指定起点宽度为 25、端点宽度为 25，在图形空白区域绘制连续多段线，如图（项目）1-123 所示。

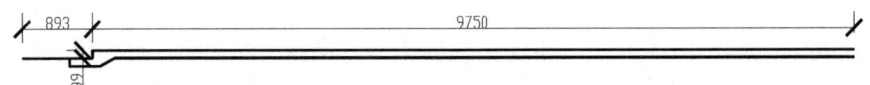

图（项目）1-123　绘制连续多段线（1）

（2）单击"常用"选项卡"绘图"面板中的"多段线"按钮，指定起点宽度为 0、端点宽度为 0，在上一步绘制的多段线下方绘制连续多段线，如图（项目）1-124 所示。

图（项目）1-124　绘制连续多段线（2）

（3）单击"常用"选项卡"绘图"面板中的"多段线"按钮，在上一步绘制的图形适当位置绘制连续多段线，如图（项目）1-125 所示。

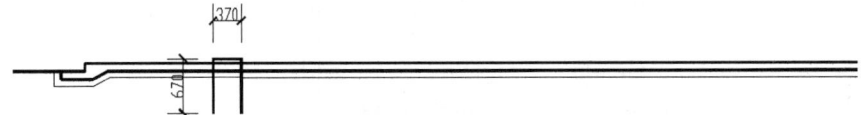

图（项目）1-125　绘制连续多段线（3）

（4）单击"常用"选项卡"绘图"面板中的"直线"按钮，在上一步绘制的图形底部绘制一条水平直线，如图（项目）1-126 所示。

图（项目）1-126　绘制水平直线（1）

（5）单击"常用"选项卡"修改"面板中的"修剪"按钮，对上一步绘制的图形内的多余线段进行修剪，如图（项目）1-127 所示。

图（项目）1-127　修剪线段

（6）利用上述方法绘制右侧类似图形，如图（项目）1-128 所示。

图（项目）1-128　绘制右侧类似图形

（7）单击"常用"选项卡"绘图"面板中的"图案填充"按钮，打开"图案填充创建"选项卡，选择 ANSI31 图案，设置"填充比例"为 60，如图（项目）1-129 所示。

图（项目）1-129　选择填充图案并设置填充比例

（8）选择填充区域完成图案填充，效果如图（项目）1-130 所示。

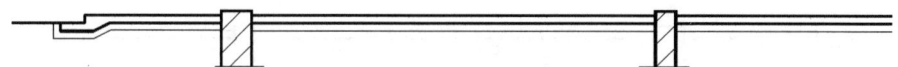

图（项目）1-130　图案填充效果（1）

（9）分别单击"常用"选项卡"绘图"面板中的"直线"按钮和"常用"选项卡"修改"面板中的"复制"按钮，在图形底部绘制图案，如图（项目）1-131 所示。

图（项目）1-131　绘制图案

（10）单击"常用"选项卡"绘图"面板中的"多段线"按钮，指定起点宽度为 25、端点宽度为 25，在图形上方绘制一个 240×1491 的矩形，如图（项目）1-132 所示。

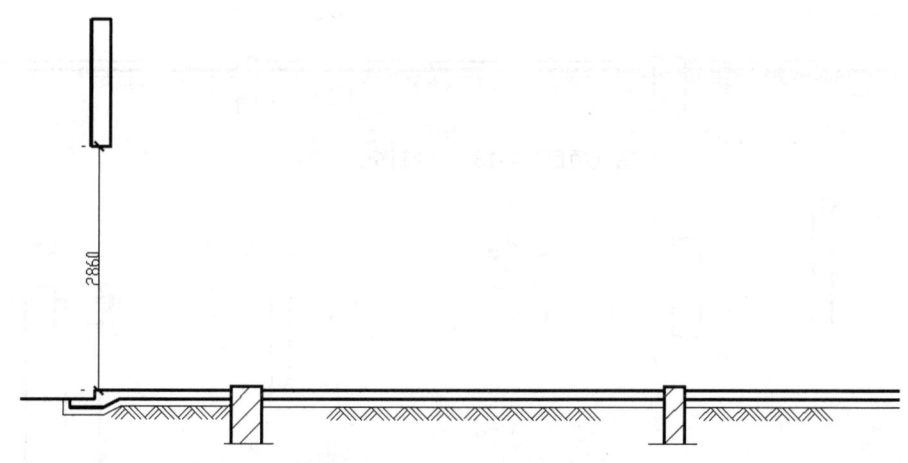

图（项目）1-132　绘制矩形（1）

（11）单击"常用"选项卡"绘图"面板中的"多段线"按钮，指定起点宽度为 25、端点宽度为 25，在上一步绘制的矩形上方绘制一个 343×100 的矩形，如图（项目）1-133 所示。

（12）单击"常用"选项卡"绘图"面板中的"多段线"按钮，在上一步绘制的矩形右侧绘制一个 370×1200 的矩形，如图（项目）1-134 所示。

（13）利用上述方法绘制右侧剩余矩形，如图（项目）1-135 所示。

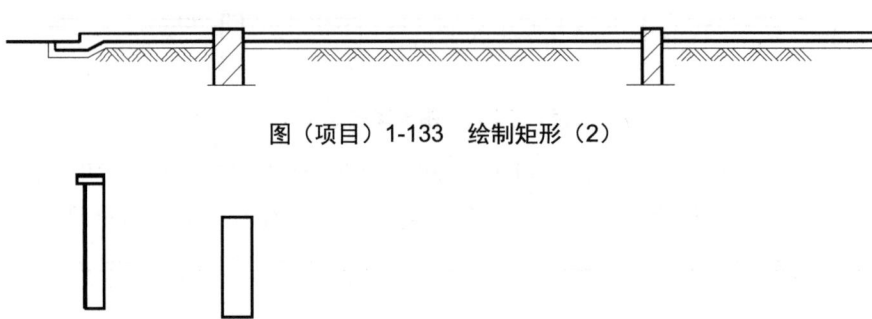

图（项目）1-133　绘制矩形（2）

图（项目）1-134　绘制矩形（3）

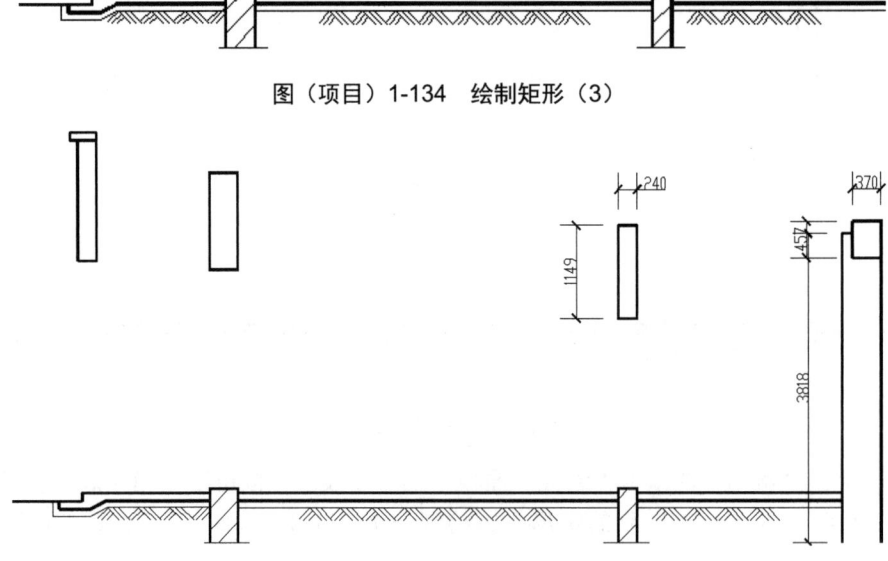

图（项目）1-135　绘制右侧剩余矩形

（14）单击"常用"选项卡"绘图"面板中的"多段线"按钮，指定起点宽度为 23、端点宽度为 23，绘制矩形之间的连接线，如图（项目）1-136 所示。

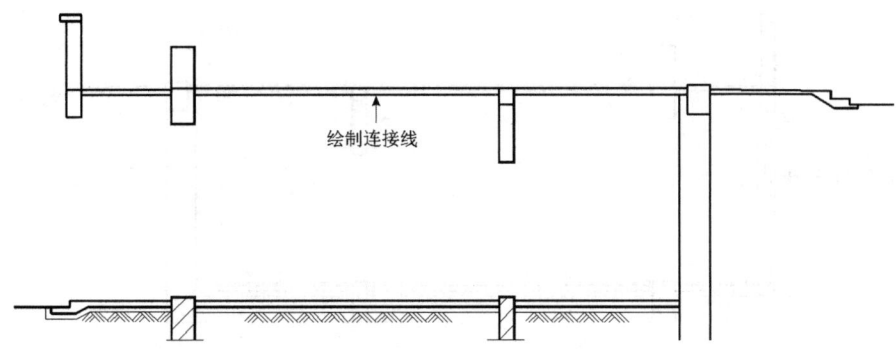

图(项目)1-136　绘制连接线

(15)单击"常用"选项卡"绘图"面板中的"直线"按钮，在最右侧矩形底部绘制一条水平直线，如图(项目)1-137所示。

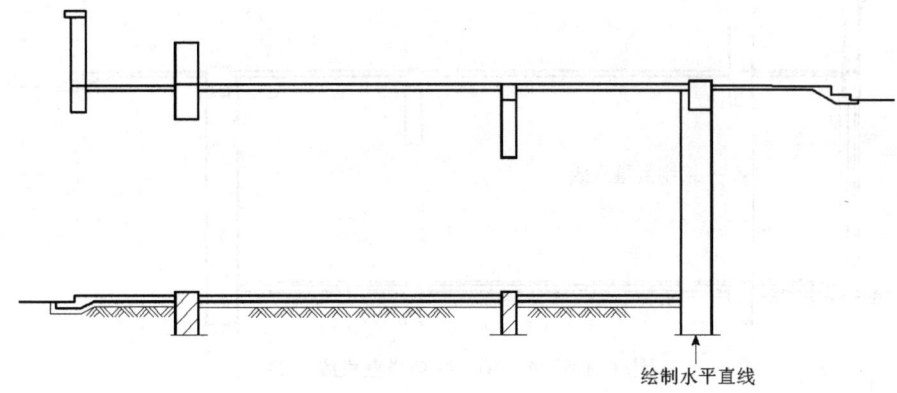

图(项目)1-137　绘制水平直线(2)

(16)单击"常用"选项卡"绘图"面板中的"直线"按钮，在剖面窗左侧窗洞处绘制一条竖直直线，如图(项目)1-138所示。

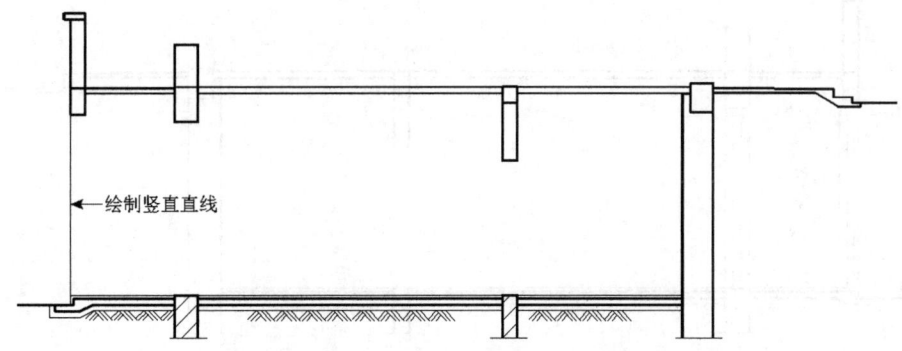

图(项目)1-138　绘制竖直直线(1)

(17)单击"常用"选项卡"修改"面板中的"偏移"按钮，选择上一步绘制的竖直直线为偏移对象，连续向右进行偏移，偏移距离分别为70、100、130，如图(项目)1-139所示。

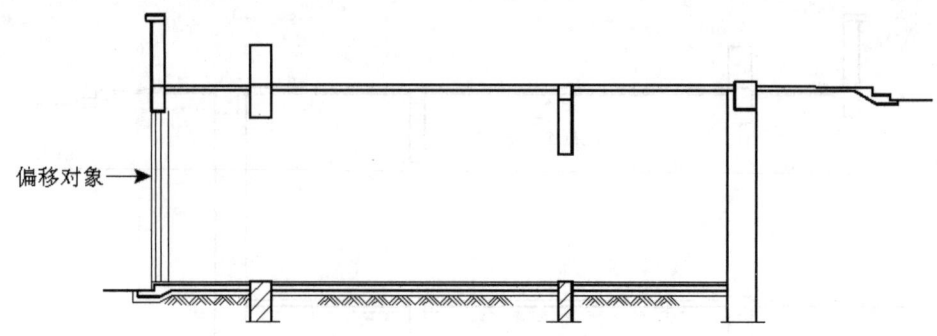

图（项目）1-139　偏移竖直直线（1）

（18）单击"常用"选项卡"绘图"面板中的"直线"按钮，在图形适当位置绘制一条竖直直线，如图（项目）1-140所示。

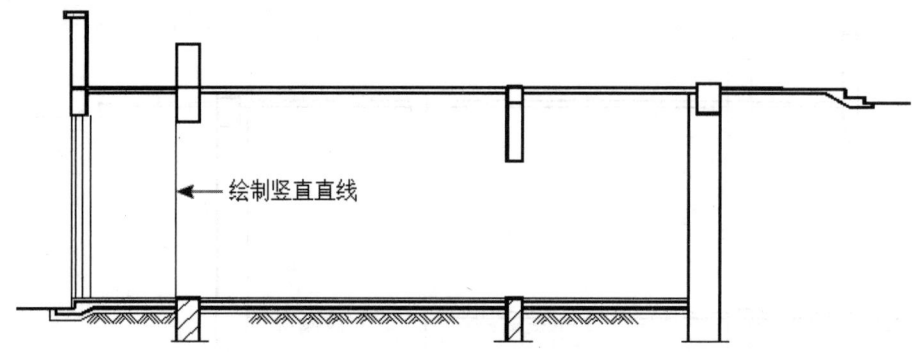

图（项目）1-140　绘制竖直直线（2）

（19）单击"常用"选项卡"修改"面板中的"偏移"按钮，选择上一步绘制的竖直直线为偏移对象，连续向右进行偏移，偏移距离分别为123、123、123，如图（项目）1-141所示。

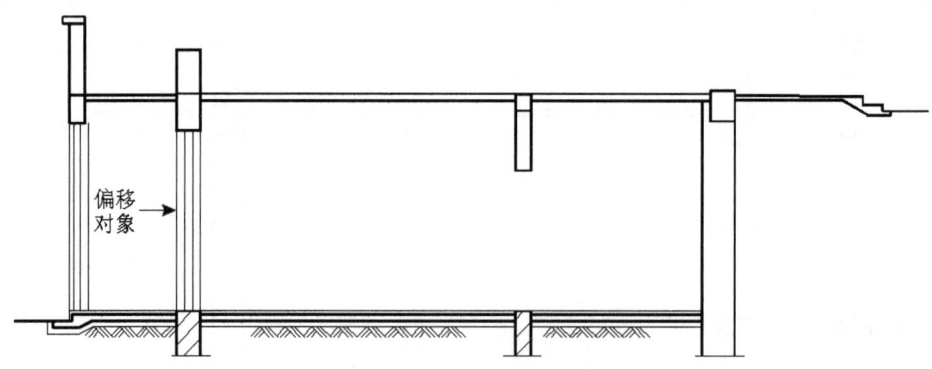

图（项目）1-141　偏移竖直直线（2）

（20）单击"常用"选项卡"绘图"面板中的"直线"按钮，在图形适当位置绘制一条水平直线，如图（项目）1-142所示。

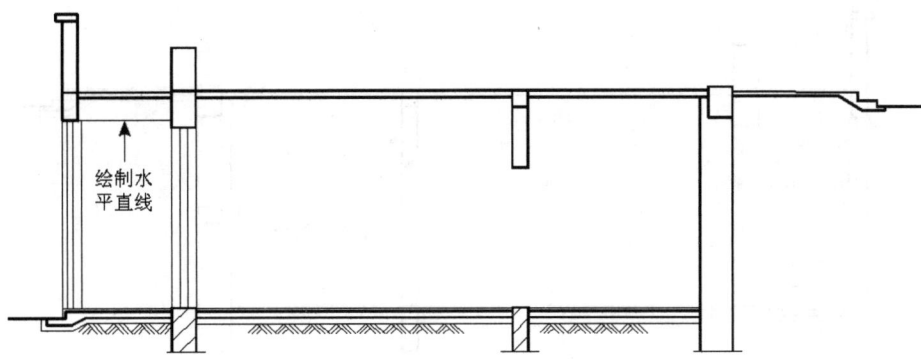

图（项目）1-142　绘制水平直线（3）

（21）单击"常用"选项卡"修改"面板中的"偏移"按钮，选择上一步绘制的水平直线为偏移对象，连续向下进行偏移，偏移距离分别为 354、60、240、60、240、60、240、60、240、60、240、60、240、60、240、60，如图（项目）1-143 所示。

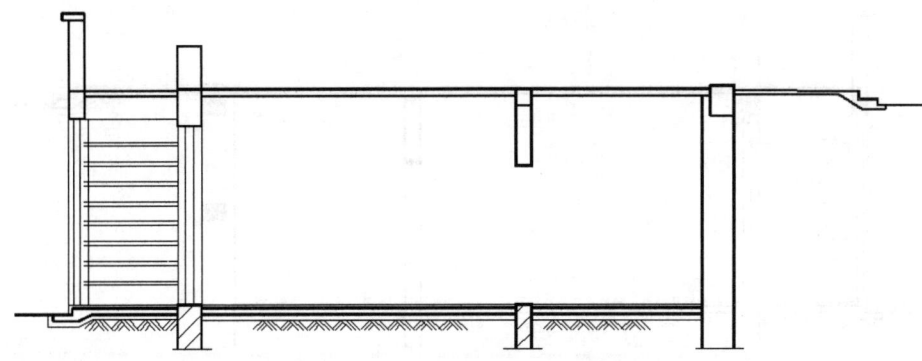

图（项目）1-143　偏移水平直线

（22）单击"常用"选项卡"修改"面板中的"修剪"按钮，选择上一步偏移的水平直线为修剪对象，对其进行修剪，如图（项目）1-144 所示。

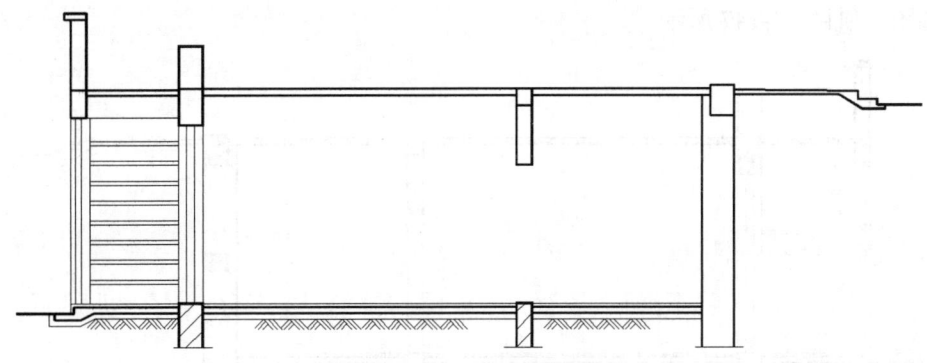

图（项目）1-144　修剪水平直线

（23）利用上述方法绘制右侧剩余图形，如图（项目）1-145 所示。

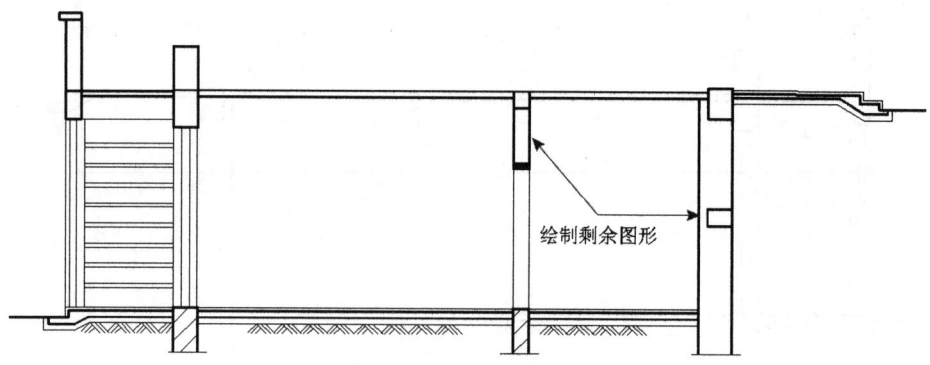

图(项目)1-145 绘制右侧剩余图形

(24)单击"常用"选项卡"绘图"面板中的"图案填充"按钮▦,打开"图案填充创建"选项卡,选择ANSI31图案,设置"填充比例"为6,选择填充区域完成图案填充,效果如图(项目)1-146所示。

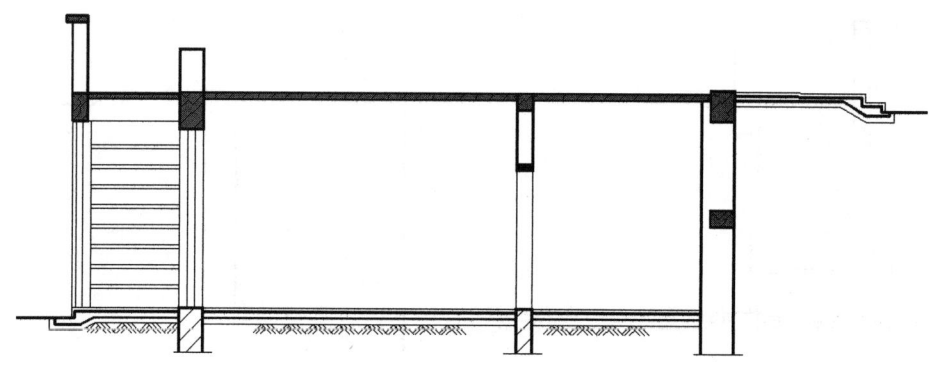

图(项目)1-146 图案填充效果(2)

(25)单击"常用"选项卡"绘图"面板中的"图案填充"按钮▦,打开"图案填充创建"选项卡,选择ANSI31图案,设置"填充比例"为60,选择填充区域完成图案填充,效果如图(项目)1-147所示。

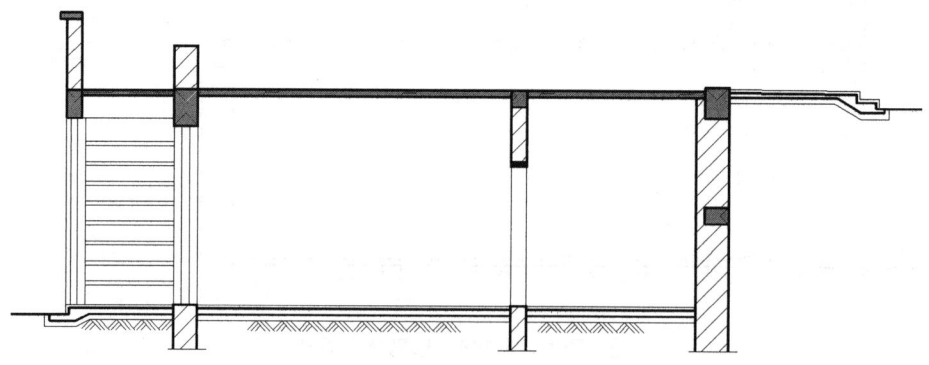

图(项目)1-147 图案填充效果(3)

（26）单击"常用"选项卡"绘图"面板中的"图案填充"按钮，打开"图案填充创建"选项卡，选择 AR-CONC 图案，设置"填充比例"为 1，选择填充区域完成图案填充，效果如图（项目）1-148 所示。

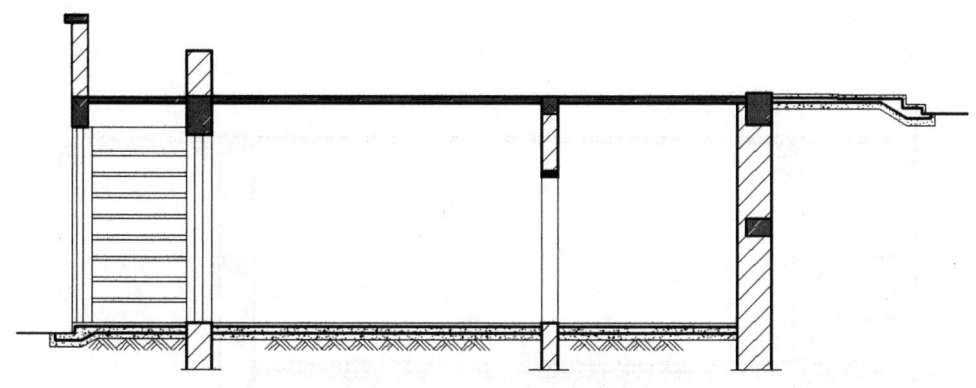

图（项目）1-148　图案填充效果（4）

（27）利用绘制地下室楼板的方法绘制首层楼板，如图（项目）1-149 所示。

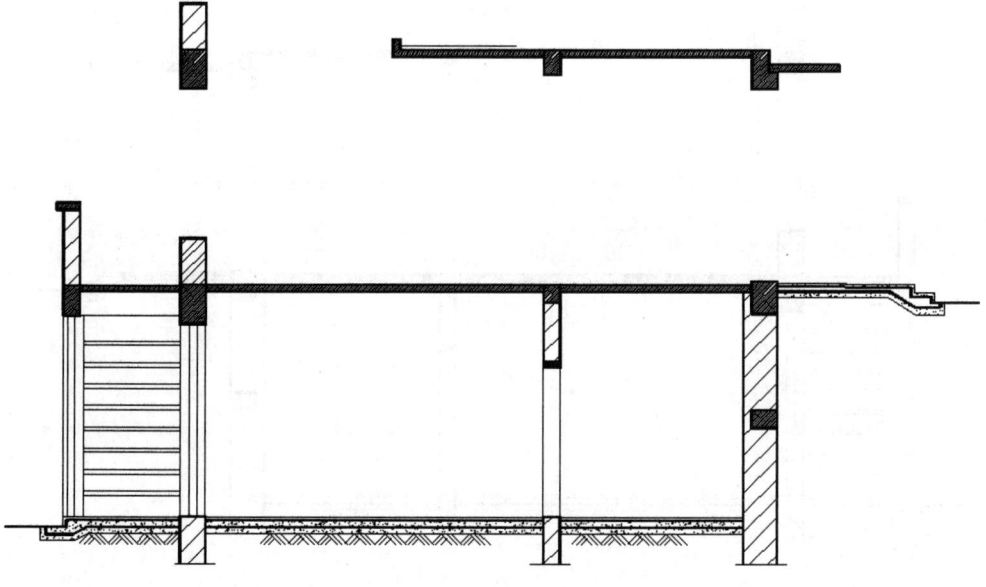

图（项目）1-149　绘制首层楼板

（28）单击"常用"选项卡"绘图"面板中的"多段线"按钮，指定起点宽度为 25、端点宽度为 25，在图形适当位置绘制一个 119×116 的矩形，如图（项目）1-150 所示。

（29）单击"常用"选项卡"修改"面板中的"复制"按钮，选择上一步绘制的矩形为复制对象，连续向右进行复制，复制间距均为 410，如图（项目）1-151 所示。

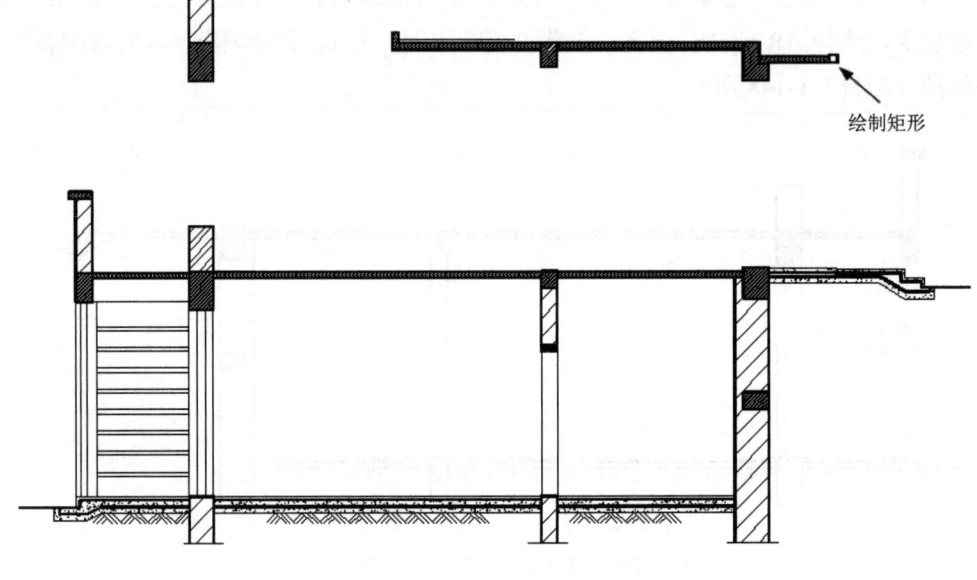

图(项目)1-150　绘制矩形(4)

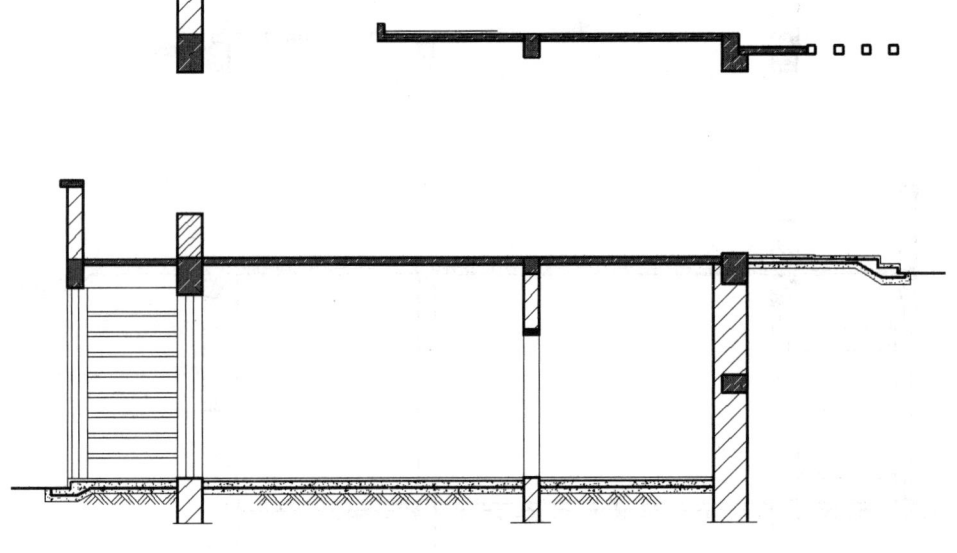

图(项目)1-151　复制矩形

(30)单击"常用"选项卡"绘图"面板中的"直线"按钮，在首层立面窗洞处绘制一条竖直直线，如图(项目)1-152所示。

(31)单击"常用"选项卡"修改"面板中的"偏移"按钮，选择上一步绘制的竖直直线为偏移对象，连续向右进行偏移，偏移距离分别为145、80、145，如图(项目)1-153所示。

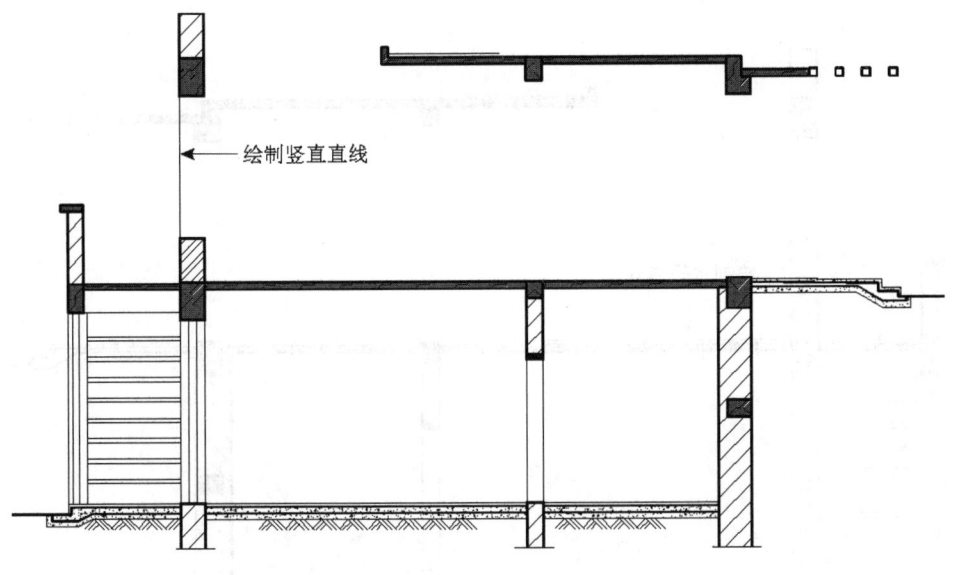

图(项目)1-152 绘制竖直直线(3)

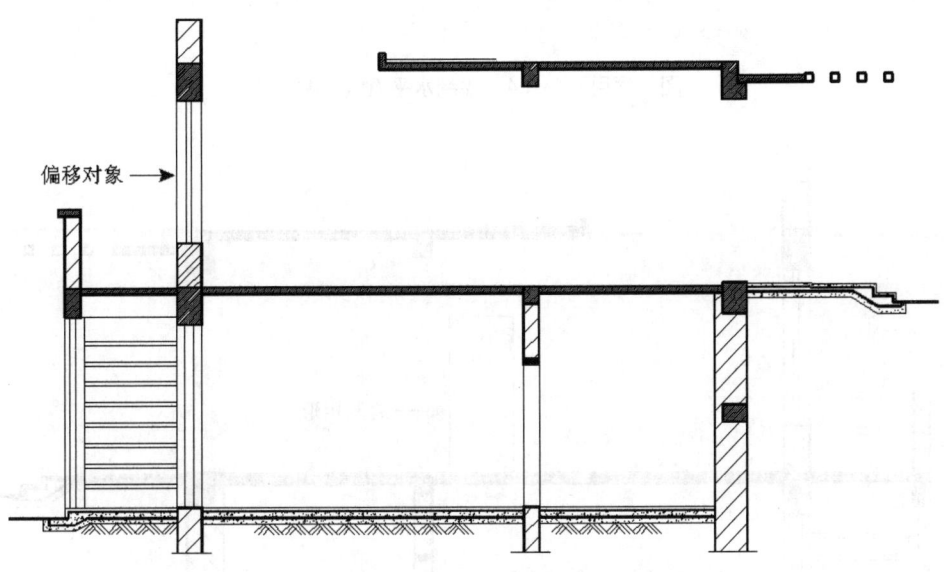

图(项目)1-153 偏移竖直直线(3)

(32)单击"常用"选项卡"绘图"面板中的"直线"按钮，在图形适当位置绘制一条水平直线，如图(项目)1-154所示。

(33)单击"常用"选项卡"绘图"面板中的"矩形"按钮，在首层立面适当位置绘制一个900×2100的矩形，如图(项目)1-155所示。

(34)分别单击"常用"选项卡"绘图"面板中的"直线"按钮和"常用"选项卡"修改"面板中的"偏移"按钮，绘制右侧剩余立面窗户图形，如图(项目)1-156所示。

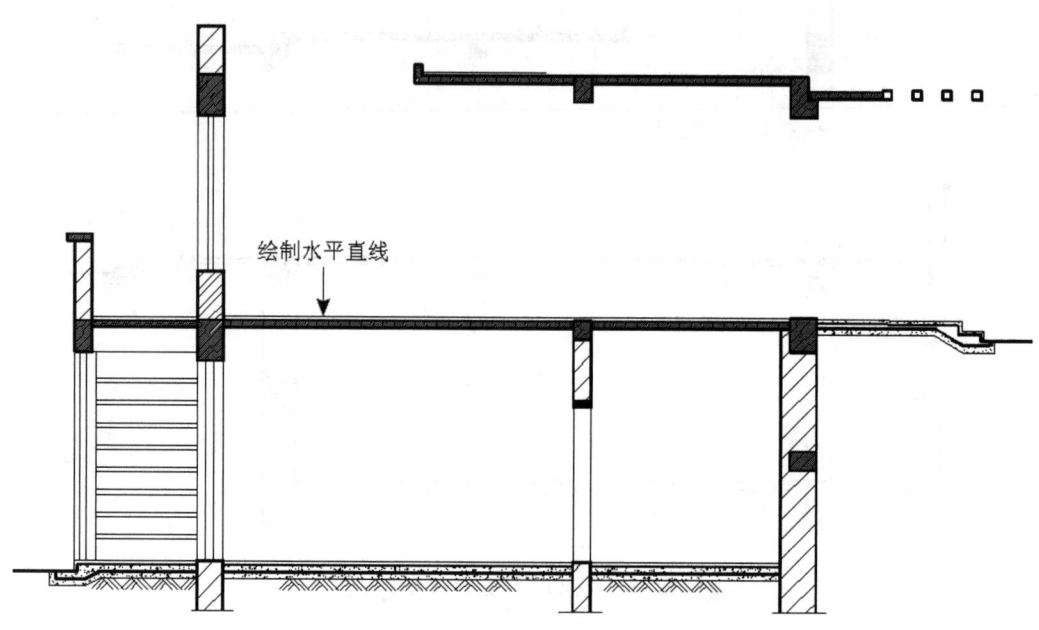

图(项目)1-154 绘制水平直线(4)

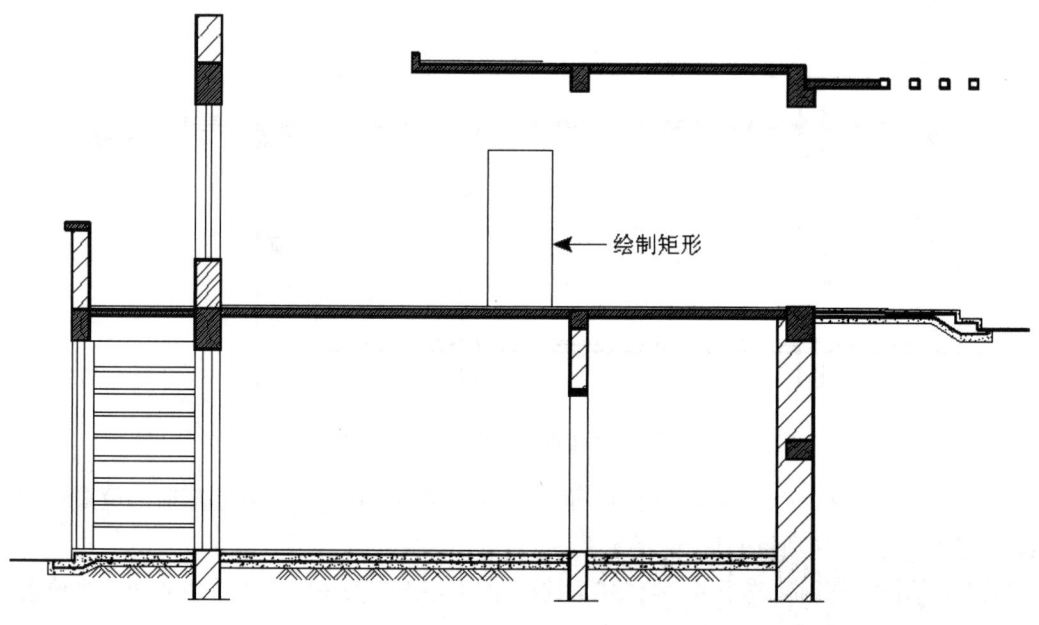

图(项目)1-155 绘制矩形(5)

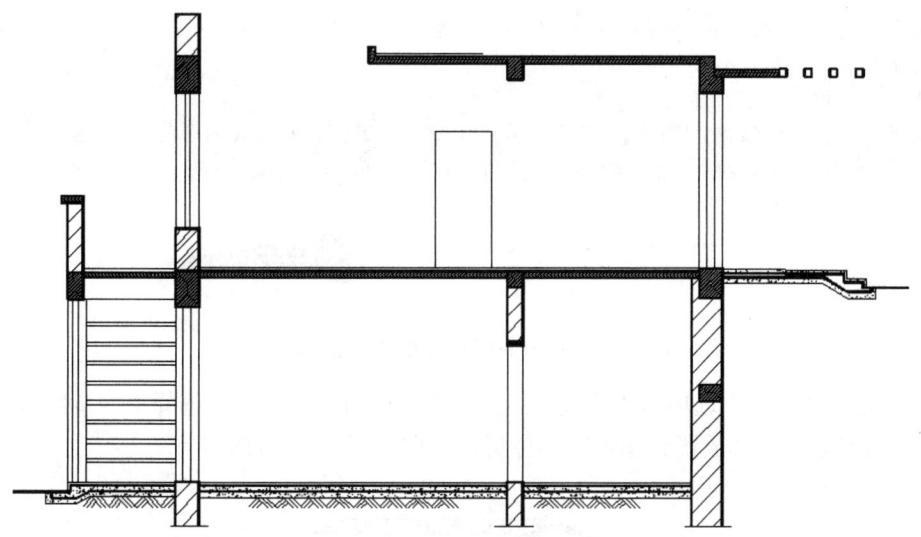

图(项目)1-156 绘制右侧剩余立面窗户图形

(35)利用上述方法绘制剩余立面图形,如图(项目)1-157所示。

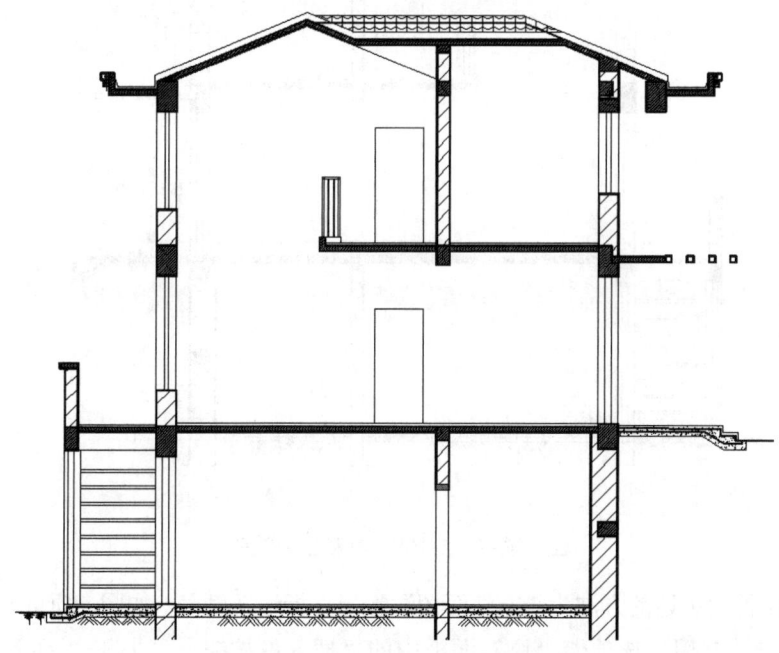

图(项目)1-157 绘制剩余立面图形

(36)单击"常用"选项卡"绘图"面板中的"多段线"按钮，绘制指引箭头,如图(项目)1-158所示。命令行提示与操作如下。

```
命令:PLINE
指定多段线的起点或 <最后点>:
当前线宽是 0.0000
指定下一点或 [圆弧(A)/半宽(H)/长度(L)/撤销(U)/宽度(W)]:
```

```
指定下一点或 [圆弧(A)/闭合(C)/半宽(H)/长度(L)/撤销(U)/宽度(W)]: W
指定起始宽度 <0.0000>: 80
指定终止宽度 <80.0000>: 0
指定下一点或 [圆弧(A)/闭合(C)/半宽(H)/长度(L)/撤销(U)/宽度(W)]:
指定下一点或 [圆弧(A)/闭合(C)/半宽(H)/长度(L)/撤销(U)/宽度(W)]:
```

图（项目）1-158　绘制指引箭头

（37）单击"常用"选项卡"修改"面板中的"移动"按钮，选择上一步绘制的指引箭头为移动对象，将其放置到图形适当位置，如图（项目）1-159所示。

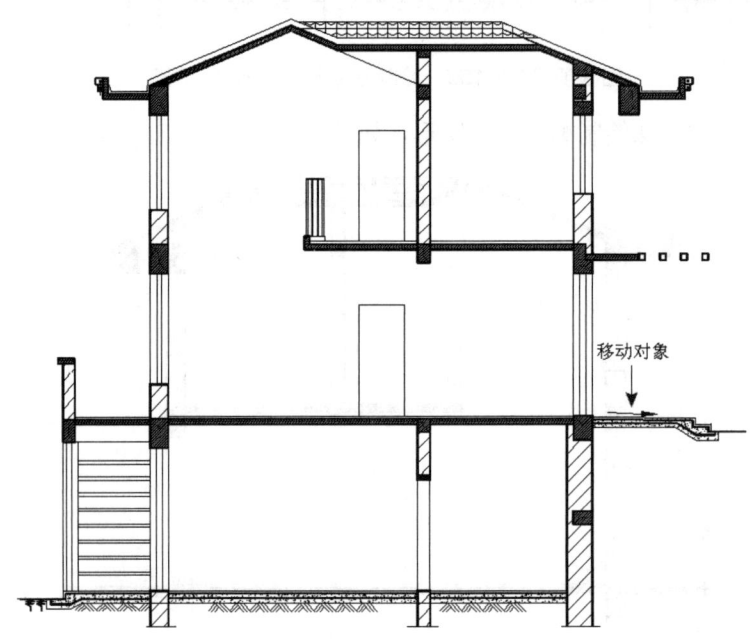

图（项目）1-159　移动指引箭头

（38）利用前面讲述的方法为1-1剖面图添加尺寸标注及轴号，如图（项目）1-160所示。

（39）单击"常用"选项卡"块"面板中的"插入"按钮，打开"插入图块"对话框；单击"浏览"按钮，打开"插入块"对话框，选择"源文件\项目1\图块\标高\图块"，单击"打开"按钮；返回"插入图块"对话框，单击"插入"按钮，插入"标高"图块，如图（项目）1-161所示。

（40）在命令行中输入QLEADER命令，为图形添加文字说明，最终效果如图（项目）1-121所示。

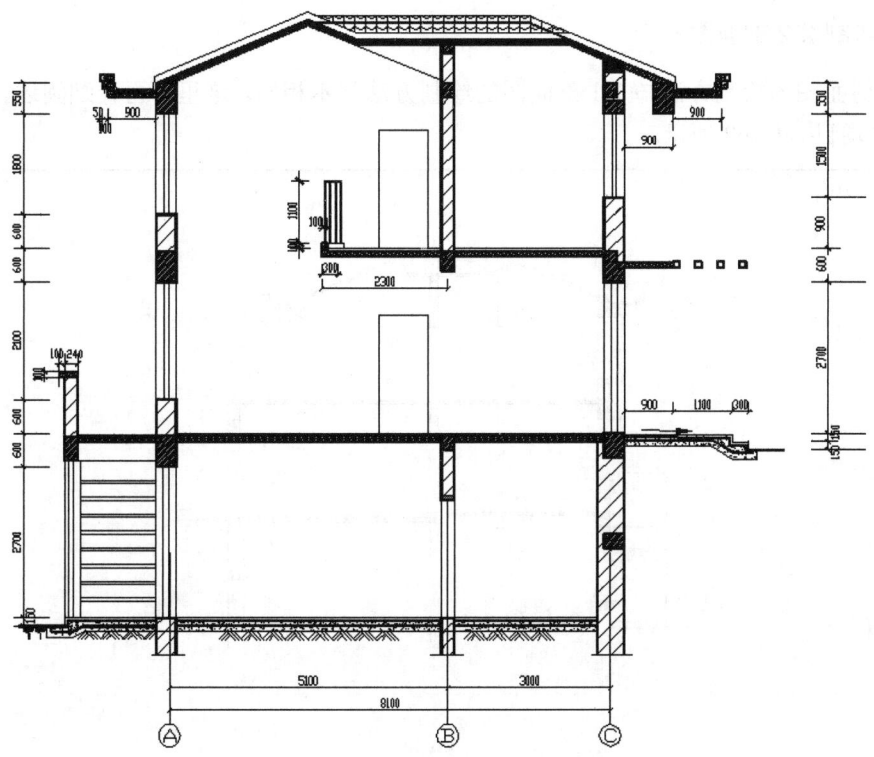

图(项目)1-160 添加尺寸标注及轴号

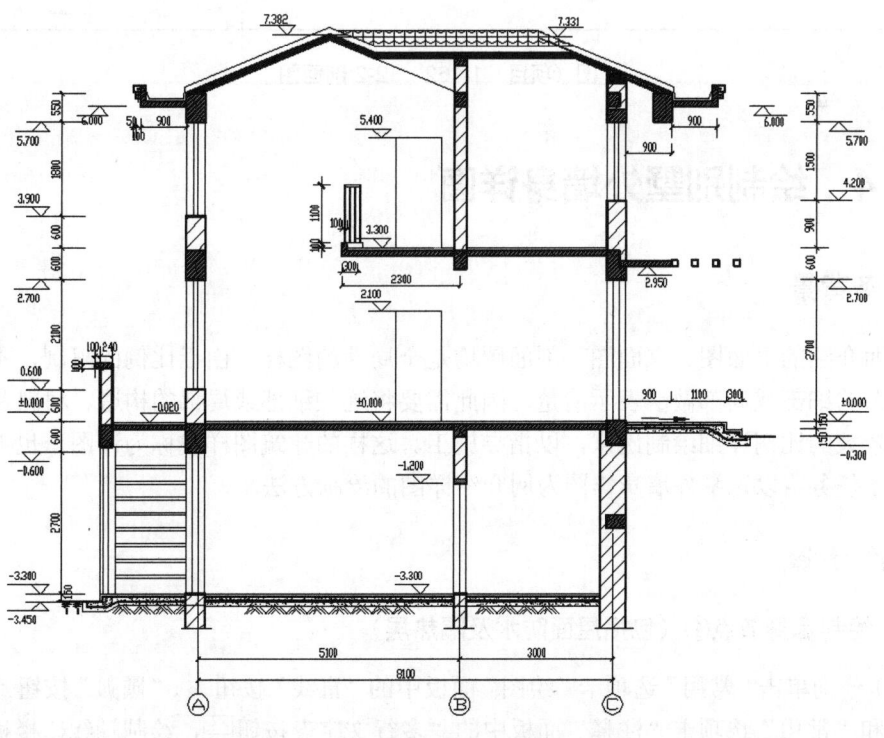

图(项目)1-161 插入"标高"图块

3. 绘制 2-2 剖面图

2-2 剖面图的绘制方法与 1-1 剖面图的绘制方法基本相同，这里不再详细阐述，绘制效果如图（项目）1-162 所示。

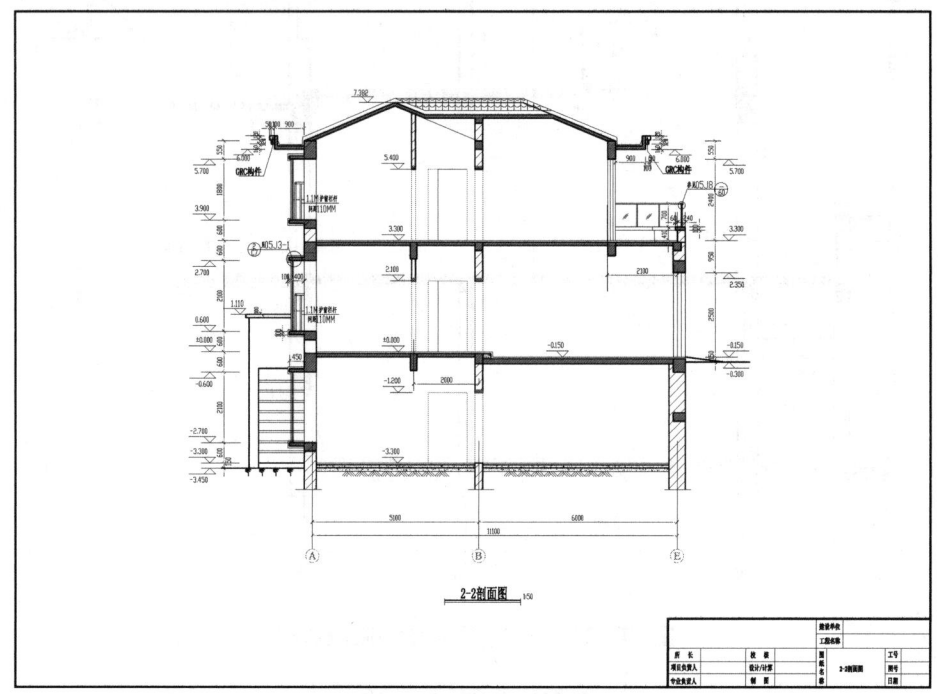

图（项目）1-162　2-2 剖面图

任务 4　绘制别墅外墙身详图

📖 任务背景

前面介绍的平面图、立面图、剖面图均是全局性的图样，由于比例的限制，不可能将一些复杂的细部或局部做法表示清楚，因此需要将这些细部或局部的构造、材料及相互关系采用较大的比例详细绘制出来，以指导施工。这样的建筑图样被称为详图，也被称为大样图。本任务将以别墅外墙身详图为例介绍详图的绘制方法。

📖 操作步骤

1. 绘制墙身节点①（包括屋面防水及隔热层）

（1）分别单击"常用"选项卡"绘图"面板中的"直线"按钮、"圆弧"按钮、"圆"按钮和"常用"选项卡"注释"面板中的"多行文字"按钮，绘制轴线、楼板和檐口轮廓线，如图（项目）1-163 所示。

（2）单击"常用"选项卡"修改"面板中的"偏移"按钮，将檐口轮廓线向外偏移20，如图（项目）1-164所示，完成檐口抹灰的绘制。

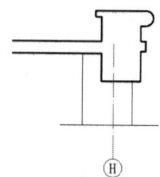 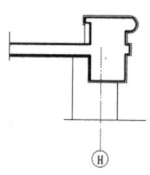

图（项目）1-163　绘制轴线、楼板和檐口轮廓线　　　图（项目）1-164　偏移檐口轮廓线

（3）单击"常用"选项卡"修改"面板中的"偏移"按钮，将楼板分别向上偏移20、40、20、10、40，并将偏移后的直线设置为细实线，之后将偏移后最上面的直线与右侧的竖直直线做圆弧处理，如图（项目）1-165所示。

（4）单击"常用"选项卡"绘图"面板中的"多段线"按钮，设置多段线宽度为1，转角处做圆弧处理，并将多余直线删除，如图（项目）1-166所示，完成防水层的绘制。

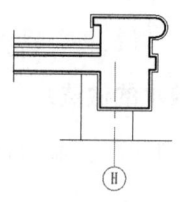 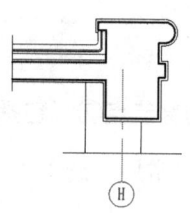

图（项目）1-165　偏移直线、设置线型及　　　图（项目）1-166　绘制多段线、圆弧处理及删除
　　　　　　　圆弧处理　　　　　　　　　　　　　　　　　　　多余直线

（5）单击"常用"选项卡"绘图"面板中的"图案填充"按钮，依次填充各种材料图例，如图（项目）1-167所示。其中，钢筋混凝土采用ANSI31和AR-CONC图案的叠加，聚苯乙烯泡沫塑料采用ANSI37图案。

（6）分别单击"注释"选项卡"标注"面板中的"线性"按钮、"连续"按钮和"半径"按钮，为图形添加尺寸标注，如图（项目）1-168所示。

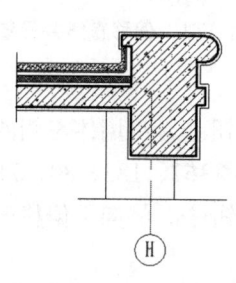 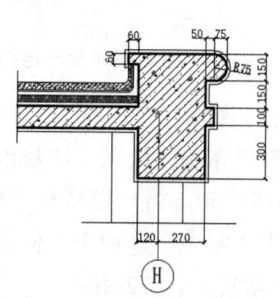

图（项目）1-167　填充材料图例（1）　　　图（项目）1-168　添加尺寸标注（1）

（7）单击"常用"选项卡"绘图"面板中的"直线"按钮，绘制引出线；单击"常用"选项卡"注释"面板中的"多行文字"按钮，说明屋面防水层的多层次构造，完成

墙身节点①的绘制，效终结果如图（项目）1-169 所示。

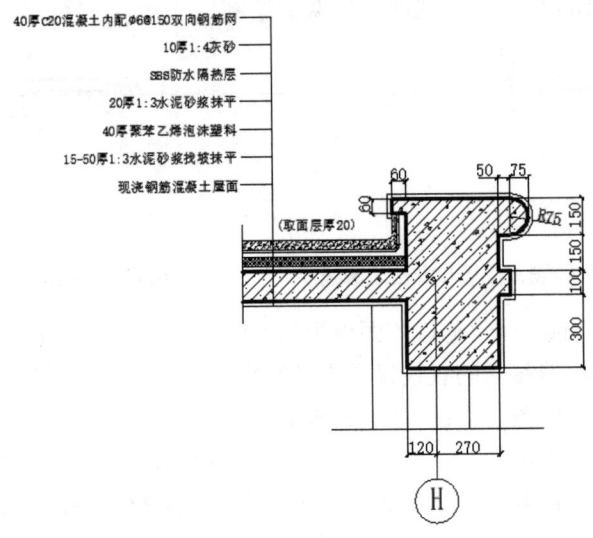

图（项目）1-169　墙身节点①

2．绘制墙身节点②（包括墙体与室内外地坪的关系及散水的做法）

（1）单击"常用"选项卡"绘图"面板中的"直线"按钮，绘制墙体及一层楼板轮廓线，如图（项目）1-170 所示。

（2）单击"常用"选项卡"修改"面板中的"偏移"按钮，将墙体及一层楼板轮廓线向外偏移 20，并将偏移后的直线设置为细实线，如图（项目）1-171 所示，完成抹灰的绘制。

图（项目）1-170　绘制墙体及一层楼板轮廓线　　图（项目）1-171　偏移直线并设置线型（1）

（3）绘制散水。

① 单击"常用"选项卡"修改"面板中的"偏移"按钮，将墙体左侧的轮廓线依次向左偏移 615、60，将一层楼板下侧的轮廓线依次向下偏移 367、182、80、71。

② 单击"常用"选项卡"修改"面板中的"移动"按钮，将向下偏移的直线向左移动，如图（项目）1-172 所示。

③ 单击"常用"选项卡"修改"面板"移动"下拉列表中的"旋转"按钮，将移动后的直线以最下面直线的左端点为基点进行旋转，旋转角度为 2°，如图（项目）1-173 所示。

④ 单击"常用"选项卡"修改"面板中的"修剪"按钮，修剪多余直线，如图（项目）1-174 所示，完成散水的绘制。

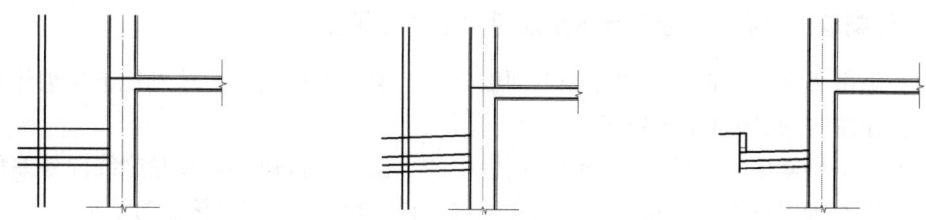

图(项目)1-172 偏移并移动直线　　图(项目)1-173 旋转直线　　图(项目)1-174 修剪多余直线

(4)单击"常用"选项卡"绘图"面板中的"图案填充"按钮▦,依次填充各种材料图例。其中,钢筋混凝土采用 ANSI31 和 AR-CONC 图案的叠加,砖墙采用 ANSI31 图案,素土采用 ANSI37 图案,素混凝土采用 AR-CONC 图案。

(5)分别单击"常用"选项卡"绘图"面板中的"轴,端点"按钮⌒和"常用"选项卡"修改"面板中的"复制"按钮⊞,绘制鹅卵石图案,如图(项目)1-175 所示。

(6)分别单击"注释"选项卡"标注"面板中的"线性"按钮⊢⊣、"常用"选项卡"绘图"面板中的"直线"按钮╲和"常用"选项卡"注释"面板中的"多行文字"按钮,为图形添加尺寸标注,如图(项目)1-176 所示。

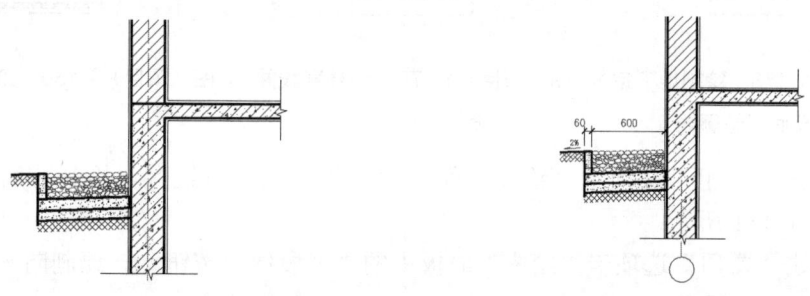

图(项目)1-175 绘制鹅卵石图案　　　　图(项目)1-176 添加尺寸标注(2)

(7)单击"常用"选项卡"绘图"面板中的"直线"按钮╲,绘制引出线;单击"常用"选项卡"注释"面板中的"多行文字"按钮,说明散水的多层次构造,完成墙身节点②的绘制,最终效果如图(项目)1-177 所示。

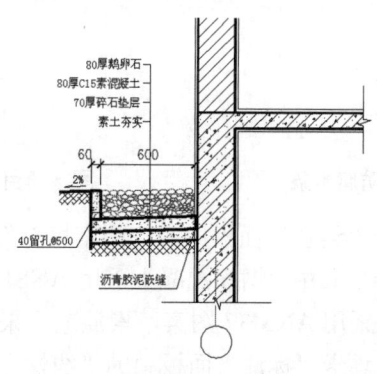

图(项目)1-177 墙身节点②

3．绘制墙身节点③（包括地下室地坪和墙体防潮层）

（1）单击"常用"选项卡"绘图"面板中的"直线"按钮，绘制地下室墙体及底部轮廓线，如图（项目）1-178所示。

（2）单击"常用"选项卡"修改"面板中的"偏移"按钮，将轮廓线向外偏移20，并将偏移后的直线设置为细实线，如图（项目）1-179所示，完成抹灰的绘制。

（3）绘制防潮层，如图（项目）1-180所示。

① 单击"常用"选项卡"修改"面板中的"偏移"按钮，将墙体左侧的抹灰线依次向左偏移20、16、24、120、100，将底部的抹灰线依次向下偏移20、16、24、80。

② 单击"常用"选项卡"修改"面板中的"修剪"按钮，修剪偏移后的直线。

③ 单击"常用"选项卡"修改"面板中的"圆角"按钮，将直角处倒圆角，并修改线宽。

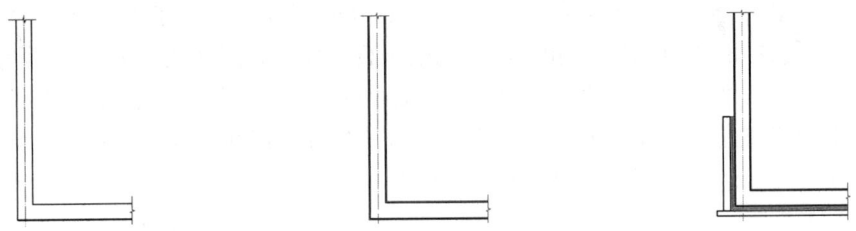

图（项目）1-178　绘制地下室　　图（项目）1-179　偏移直线并　　图（项目）1-180　绘制防潮层
　　墙体及底部轮廓线　　　　　　　　设置线型（2）

（4）单击"常用"选项卡"绘图"面板中的"直线"按钮，绘制防腐木条，如图（项目）1-181所示。

（5）单击"常用"选项卡"绘图"面板中的"多段线"按钮，绘制防水卷材，如图（项目）1-182所示。

图（项目）1-181　绘制防腐木条　　　　图（项目）1-182　绘制防水卷材

（6）单击"常用"选项卡"绘图"面板中的"图案填充"按钮，依次填充各种材料图例，如图（项目）1-183所示。其中，钢筋混凝土采用ANSI31和AR-CONC图案的叠加，砖墙采用ANSI31图案，素土采用ANSI37图案，素混凝土采用AR-CONC图案。

（7）分别单击"注释"选项卡"标注"面板中的"线性"按钮、"常用"选项卡"绘图"面板中的"直线"按钮和"常用"选项卡"注释"面板中的"多行文字"按钮，

项目 1 绘制别墅建筑设计图

为图形添加尺寸标注及标高,如图(项目)1-184 所示。

(8)单击"常用"选项卡"绘图"面板中的"直线"按钮,绘制引出线;单击"常用"选项卡"注释"面板中的"多行文字"按钮,说明散水的多层次构造,完成墙身节点③的绘制,效果如图(项目)1-185 所示。

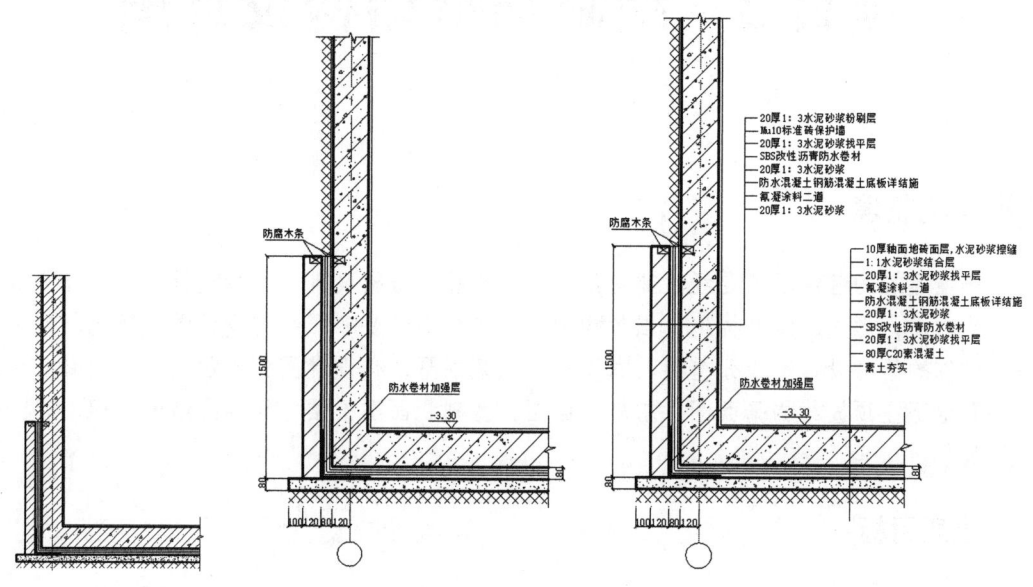

图(项目)1-183 填充材料图例(2)　　图(项目)1-184 添加尺寸标注及标高　　图(项目)1-185 墙身节点③

项目 2　绘制别墅结构设计图

学习情境

一幢建筑的落成不仅要经过建筑设计，还要经过结构设计。结构设计的主要任务是确定结构的受力形式、配筋构造、细部构造等，在施工时要参照结构设计图。因此，绘制明确、详细的结构设计图十分重要。本项目将以某别墅结构设计图作为示例，和大家一起体验别墅地下室顶板结构平面图、基础平面图、基础断面图、楼梯结构配筋图、烟囱详图的绘制过程。

素质目标

➢ 结构设计是一个创造性的过程，鼓励学生发挥想象力和创新思维，寻找新的设计理念和解决方案，这有助于培养学生的创新意识和创造力。
➢ 通过团队合作完成别墅结构设计图的绘制，增强学生的团队协作能力。

能力目标

➢ 掌握别墅结构设计图的具体绘制方法。
➢ 灵活使用中望建筑 CAD 中的各种命令。
➢ 提高别墅结构设计图的绘制速度和绘制效率。

任务 1　绘制别墅地下室顶板结构平面图

任务背景

地下室顶板结构平面图主要表达地下室顶板的浇筑厚度、配筋布置、过梁结构、圈梁结构等具体结构信息。就本项目而言，由于该别墅属于普通低层建筑，对结构没有什么特殊要求，因此按一般设计规范就可以达到要求。本任务主要讲述地下室顶板结构平面图的绘制方法，绘制效果如图（项目）2-1 所示。

项目 2　绘制别墅结构设计图

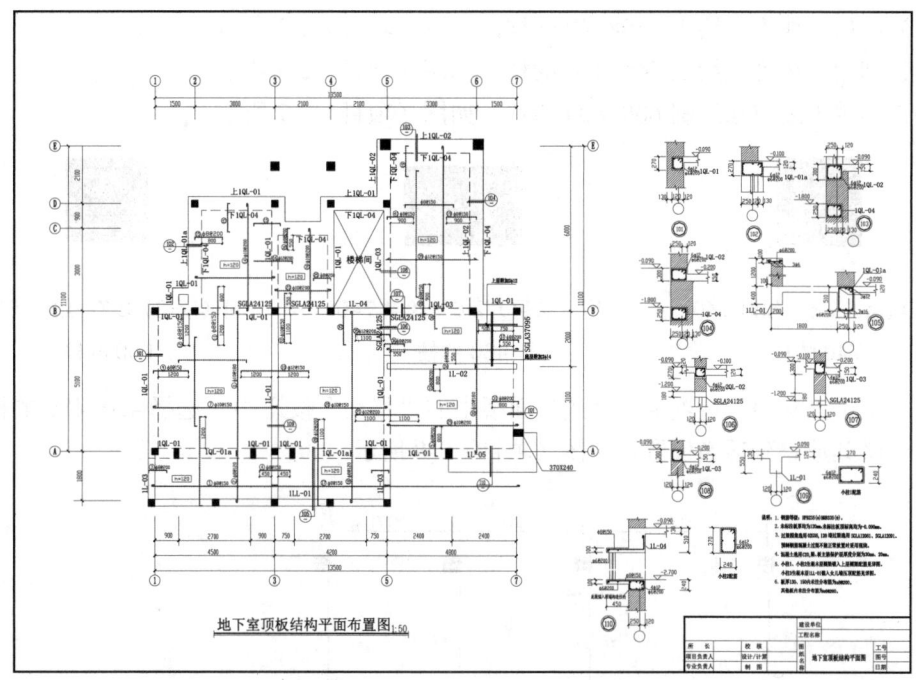

图（项目）2-1　地下室顶板结构平面图

操作步骤

1. 绘制地下室顶板结构平面布置图

（1）单击"常用"选项卡"绘图"面板中的"多段线"按钮，指定起点宽度为 45、端点宽度为 45，在图形空白区域绘制一个 480×480 的矩形作为柱，如图（项目）2-2 所示。

（2）单击"常用"选项卡"绘图"面板中的"图案填充"按钮，打开"图案填充创建"选项卡，选择 SOLID 图案，单击"拾取点"按钮，选择矩形内部为填充区域，完成图案填充，效果如图（项目）2-3 所示。

图（项目）2-2　绘制 480×480 的矩形　　　　图（项目）2-3　图案填充效果（1）

（3）利用上述方法绘制 360×740 的柱，如图（项目）2-4 所示。

图（项目）2-4　绘制 360×740 的柱

（4）利用上述方法绘制 740×740 的柱，如图（项目）2-5 所示。

（5）利用上述方法绘制 740×480 的柱，如图（项目）2-6 所示。

（6）利用上述方法绘制 600×600 的柱，如图（项目）2-7 所示。

图（项目）2-5　绘制 740×740 的柱　　　图（项目）2-6　绘制 740×480 的柱　　　图（项目）2-7　绘制 600×600 的柱

（7）单击"常用"选项卡"修改"面板中的"移动"按钮，选择 480×480 的柱为移动对象，将其放置到适当位置，如图（项目）2-8 所示。

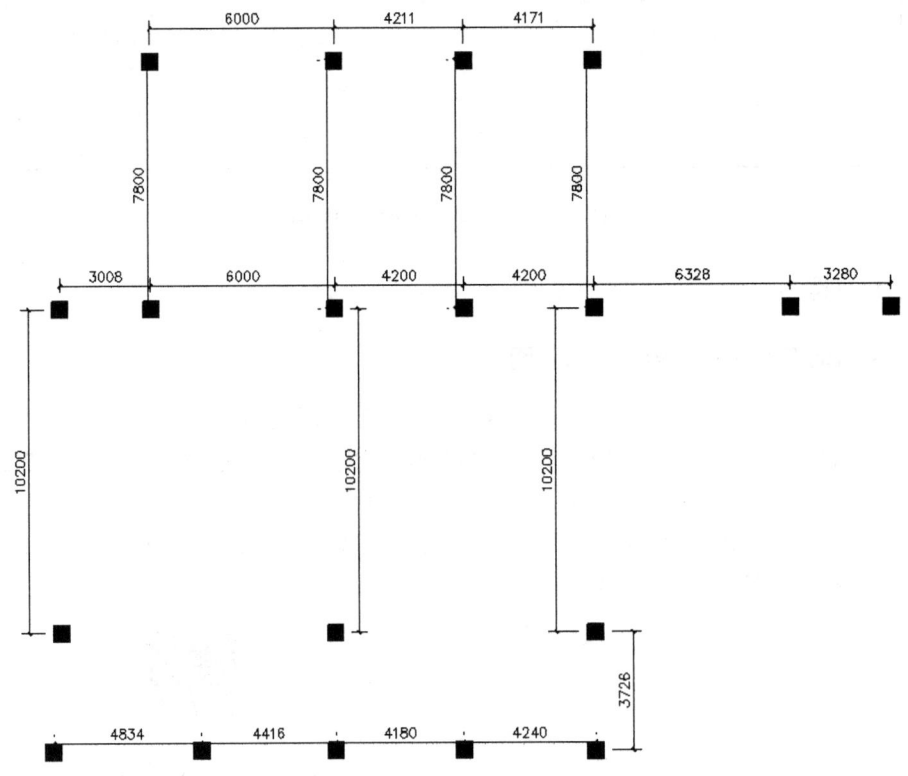

图（项目）2-8　移动 480×480 的柱

（8）单击"常用"选项卡"修改"面板中的"移动"按钮，选择 600×600 的柱为移动对象，将其放置到适当位置，如图（项目）2-9 所示。

（9）单击"常用"选项卡"修改"面板中的"移动"按钮，选择 740×740 的柱为移动对象，将其放置到适当位置，如图（项目）2-10 所示。

（10）利用上述方法添加剩余构造柱，如图（项目）2-11 所示。

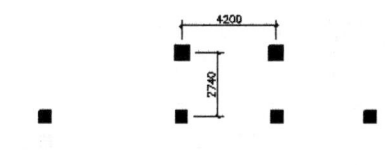

图（项目）2-9　移动 600×600 的柱

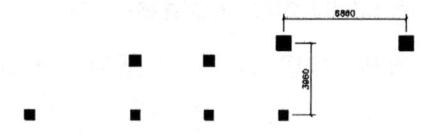

图（项目）2-10　移动 740×740 的柱　　　　图（项目）2-11　添加剩余构造柱

（11）单击"常用"选项卡"绘图"面板中的"矩形"按钮□，在图形空白区域任选一点为起点，绘制一个 1444×545 的矩形，如图（项目）2-12 所示。

（12）单击"常用"选项卡"绘图"面板中的"矩形"按钮□，分别绘制 1408×449、1393×429、1481×493、1481×592、1452×468、1465×530、1393×434、1384×446 的矩形。

（13）单击"常用"选项卡"修改"面板中的"移动"按钮✥，选择上一步绘制的矩形为移动对象,将其放置到适当位置,如图(项目)2-13 所示。

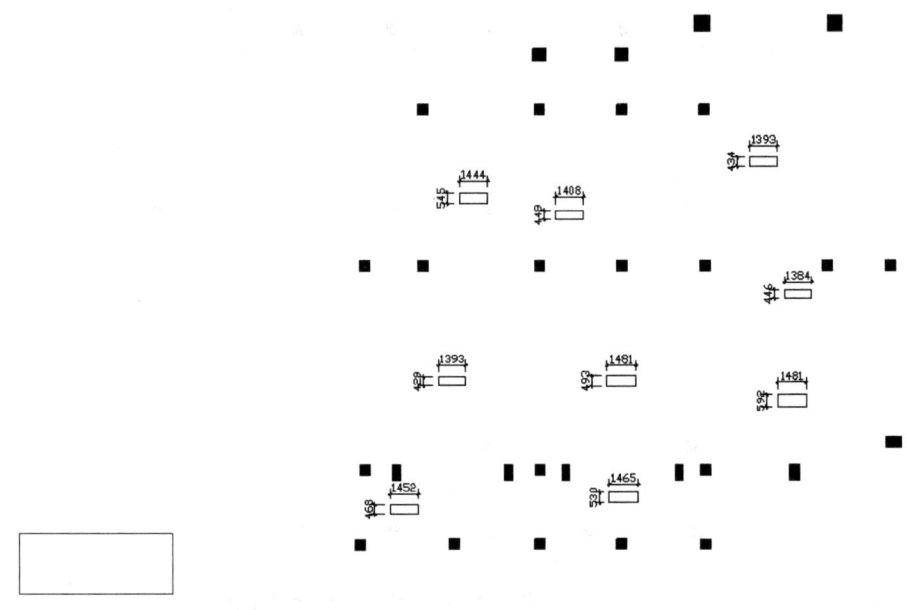

图(项目)2-12　绘制 1444×545 的矩形　　　图(项目)2-13　绘制并移动矩形

(14)单击"常用"选项卡"绘图"面板中的"直线"按钮\,在图形适当位置绘制梁,如图(项目)2-14 所示。

(15)单击"常用"选项卡"绘图"面板中的"矩形"按钮□,在图形适当位置绘制一个 9600×400 的矩形,如图(项目)2-15 所示。

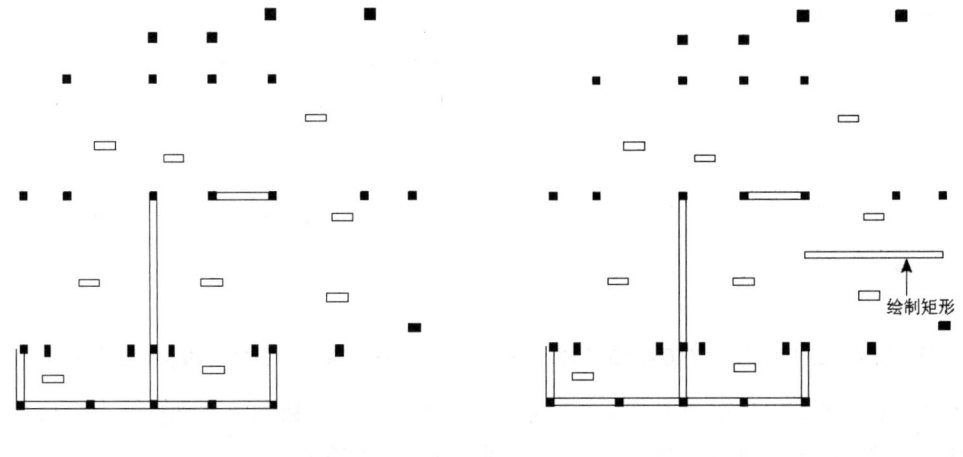

图(项目)2-14　绘制梁　　　图(项目)2-15　绘制 9600×400 的矩形

(16)单击"常用"选项卡"绘图"面板中的"多段线"按钮⌒,指定起点宽度为 5、端点宽度为 5,绘制柱间的墙虚线,如图(项目)2-16 所示。

（17）单击"常用"选项卡"绘图"面板中的"直线"按钮，在楼梯间位置绘制交叉线，如图（项目）2-17所示。

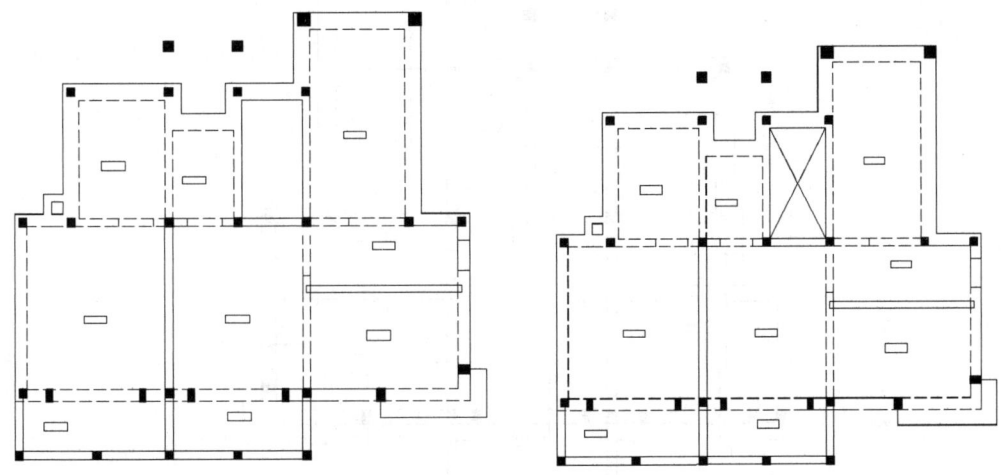

图（项目）2-16 绘制墙虚线　　　　　　图（项目）2-17 绘制交叉线

（18）新建"支座钢筋"图层，如图（项目）2-18所示。

图（项目）2-18 新建"支座钢筋"图层

（19）单击"常用"选项卡"绘图"面板中的"多段线"按钮，指定起点宽度为45、端点宽度为45，绘制支座钢筋，如图（项目）2-19所示。

（20）单击"常用"选项卡"修改"面板中的"移动"按钮，选择上一步绘制的支座钢筋为移动对象，将其放置到适当位置，如图（项目）2-20所示。

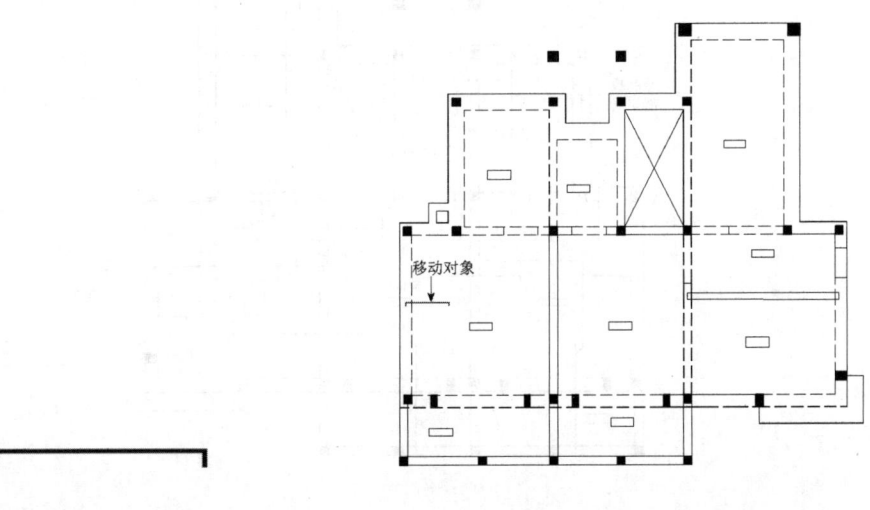

图（项目）2-19 绘制支座钢筋　　　　　　图（项目）2-20 移动支座钢筋

（21）利用上述方法绘制剩余支座钢筋，如图（项目）2-21 所示。

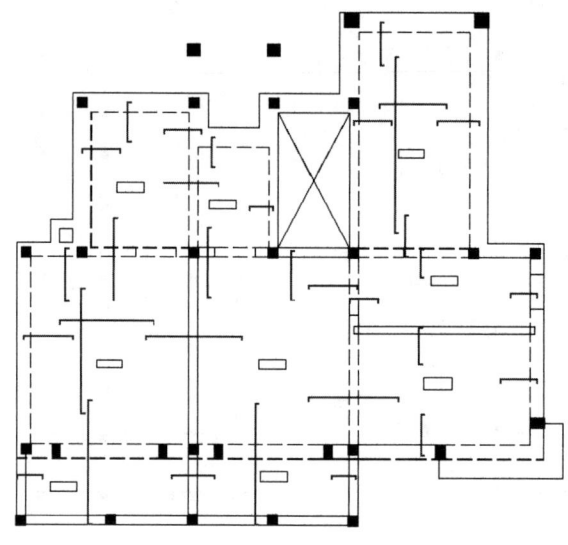

图（项目）2-21　绘制剩余支座钢筋

（22）新建"板底钢筋"图层，如图（项目）2-22 所示。

图（项目）2-22　新建"板底钢筋"图层

（23）单击"常用"选项卡"绘图"面板中的"多段线"按钮，指定起点宽度为 45、端点宽度为 45，绘制板底钢筋，如图（项目）2-23 所示。

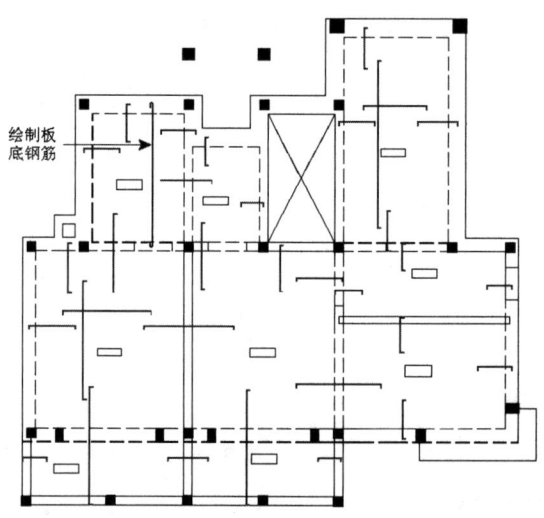

图（项目）2-23　绘制板底钢筋

（24）利用上述方法绘制剩余板底钢筋，如图（项目）2-24 所示。

图（项目）2-24 绘制剩余板底钢筋

（25）单击"常用"选项卡"绘图"面板中的"多段线"按钮，指定起点宽度为 45、端点宽度为 45，绘制一条长度为 3965 的竖直多段线，如图（项目）2-25 所示。

（26）单击"常用"选项卡"修改"面板中的"偏移"按钮，选择上一步绘制的竖直多段线为偏移对象，向右进行偏移，偏移距离为 98，如图（项目）2-26 所示。

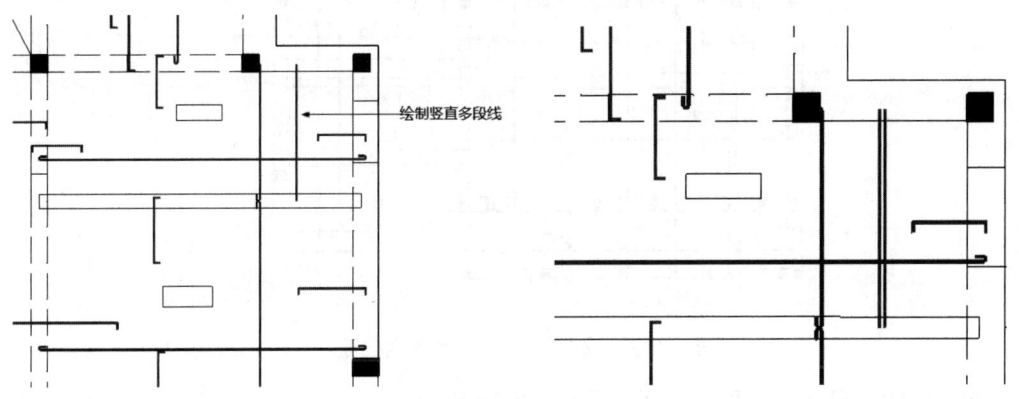

图（项目）2-25 绘制竖直多段线　　　　图（项目）2-26 偏移竖直多段线

（27）单击"常用"选项卡"绘图"面板中的"多段线"按钮，在图形适当位置绘制一条长度为 2923 的水平多段线，如图（项目）2-27 所示。

（28）单击"常用"选项卡"修改"面板中的"偏移"按钮，选择上一步绘制的水平多段线为偏移对象，向下进行偏移，偏移距离为 98，如图（项目）2-28 所示，完成支座配筋的绘制。

（29）利用上述方法绘制剩余支座配筋，如图（项目）2-29 所示。

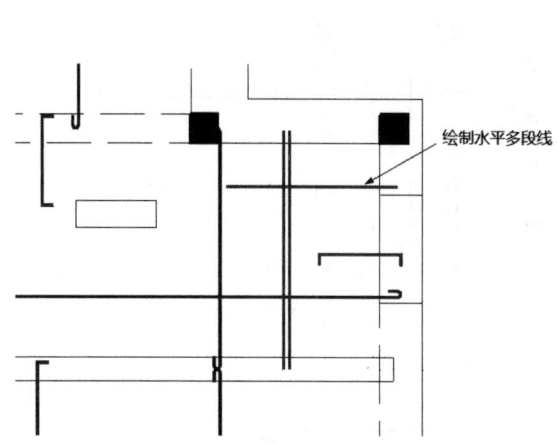

图（项目）2-27　绘制水平多段线　　　　图（项目）2-28　偏移水平多段线

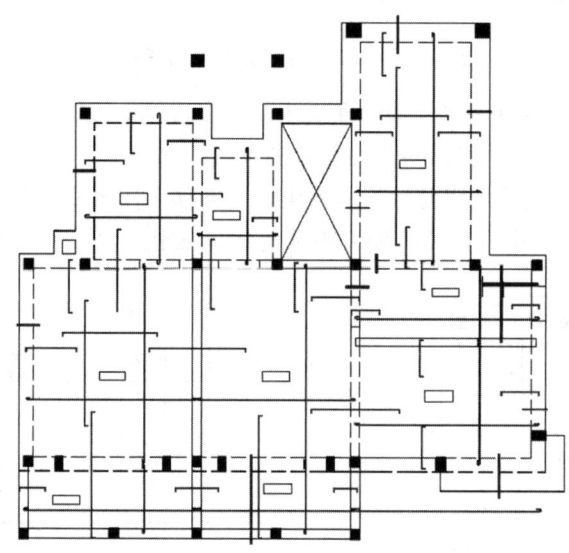

图（项目）2-29　绘制剩余支座配筋

（30）新建"尺寸"图层，如图（项目）2-30所示。

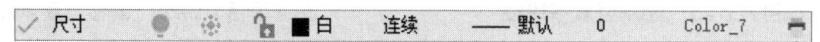

图（项目）2-30　新建"尺寸"图层

（31）设置标注样式。

① 选择"标注"→"标注样式"命令，打开"标注样式管理器"对话框。

② 单击"新建"按钮，打开"新建标注样式"对话框，在"新样式名"文本框中输入"细部标注"，如图（项目）2-31所示。

③ 单击"继续"按钮,打开"新建标注样式:细部标注"对话框。

④ 切换到"标注线"选项卡,按照如图(项目)2-32 所示的设置修改标注样式。

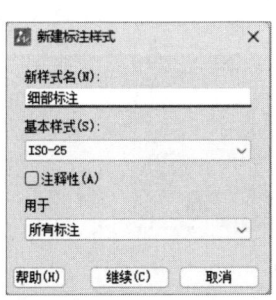

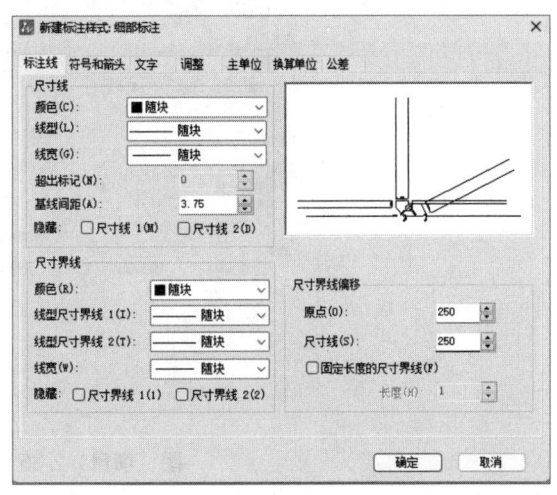

图(项目)2-31　新建标注样式　　　　　图(项目)2-32　标注线设置

⑤ 切换到"符号和箭头"选项卡,按照如图(项目)2-33 所示的设置修改标注样式。

⑥ 切换到"文字"选项卡,设置"文字高度"为 300,如图(项目)2-34 所示。

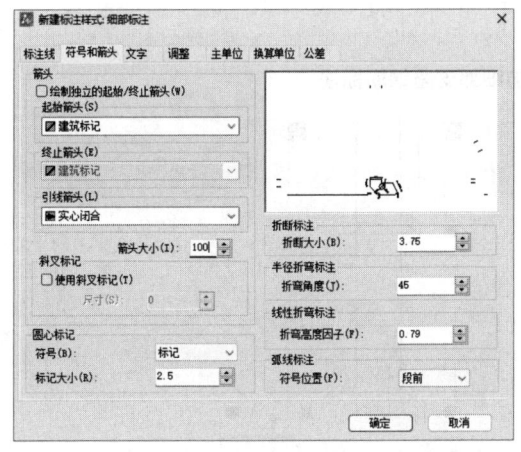

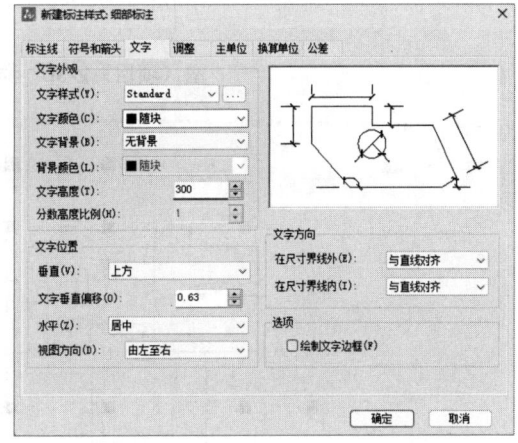

图(项目)2-33　符号和箭头设置　　　　图(项目)2-34　文字设置

⑦ 切换到"主单位"选项卡,按照如图(项目)2-35 所示的设置修改标注样式。

⑧ 设置完成后,单击"确定"按钮,返回"标注样式管理器"对话框,将"细部标注"样式置为当前。

(32)单击"注释"选项卡"标注"面板中的"线性"按钮,为图形添加细部支座钢筋标注,如图(项目)2-36 所示。

(33)利用上述方法添加剩余细部尺寸标注,如图(项目)2-37 所示。

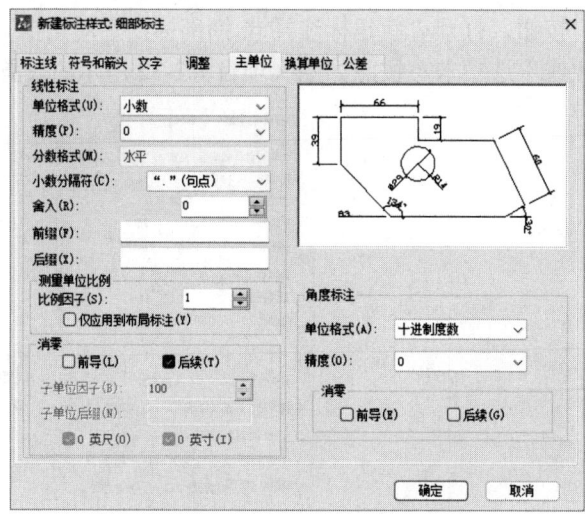

图(项目)2-35 主单位设置

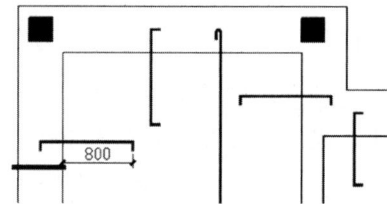

图(项目)2-36 添加细部支座钢筋标注

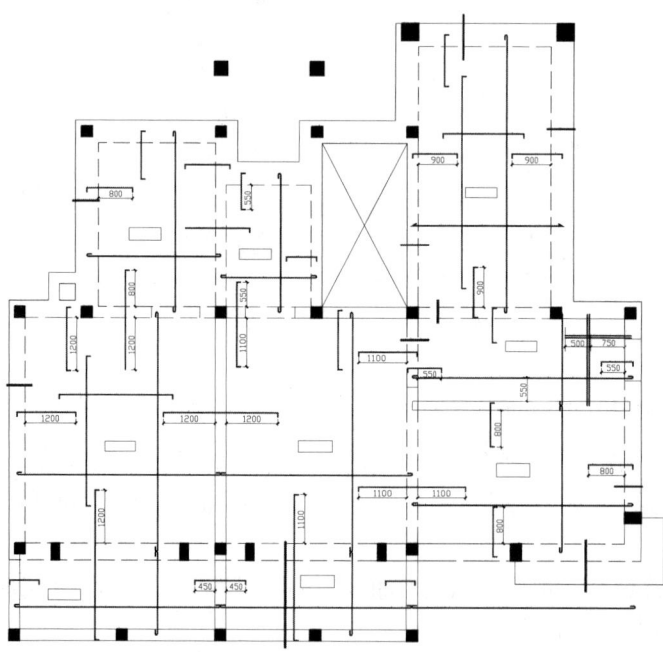

图(项目)2-37 添加剩余细部尺寸标注

（34）分别单击"注释"选项卡"标注"面板中的"线性"按钮和"连续"按钮，为图形添加第一道尺寸，如图（项目）2-38 所示。

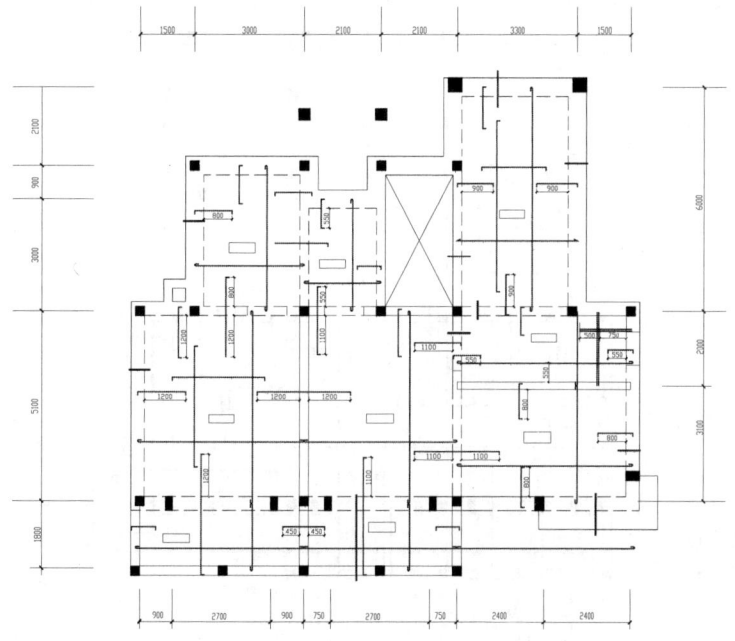

图（项目）2-38　添加第一道尺寸

（35）分别单击"注释"选项卡"标注"面板中的"线性"按钮和"连续"按钮，为图形添加第二道尺寸，如图（项目）2-39 所示。

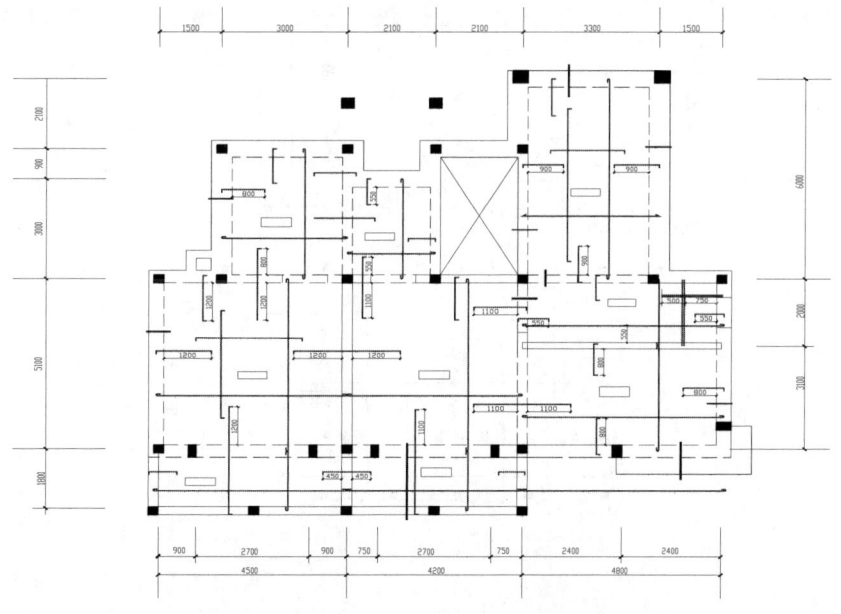

图（项目）2-39　添加第二道尺寸

（36）单击"注释"选项卡"标注"面板中的"线性"按钮⊢⊣，为图形添加总尺寸，如图（项目）2-40 所示。

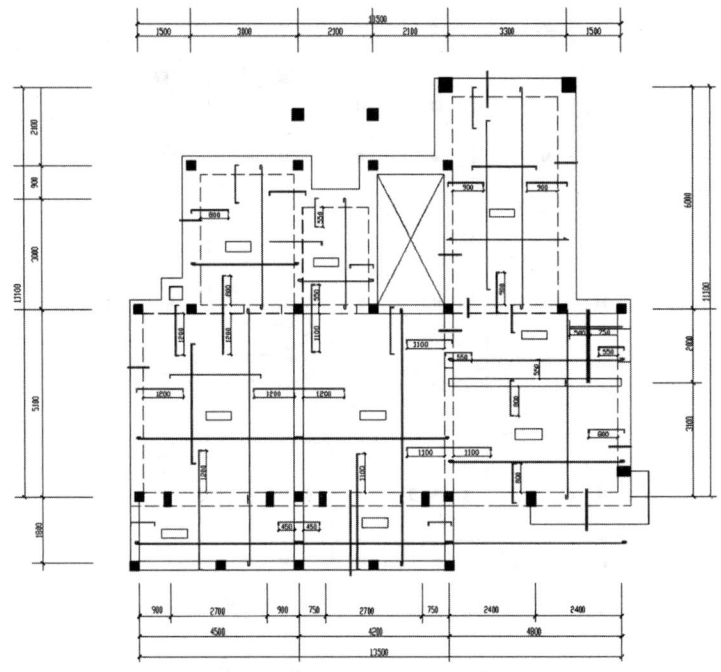

图（项目）2-40　添加总尺寸

（37）利用前面讲述的方法为图形添加轴号，如图（项目）2-41 所示。

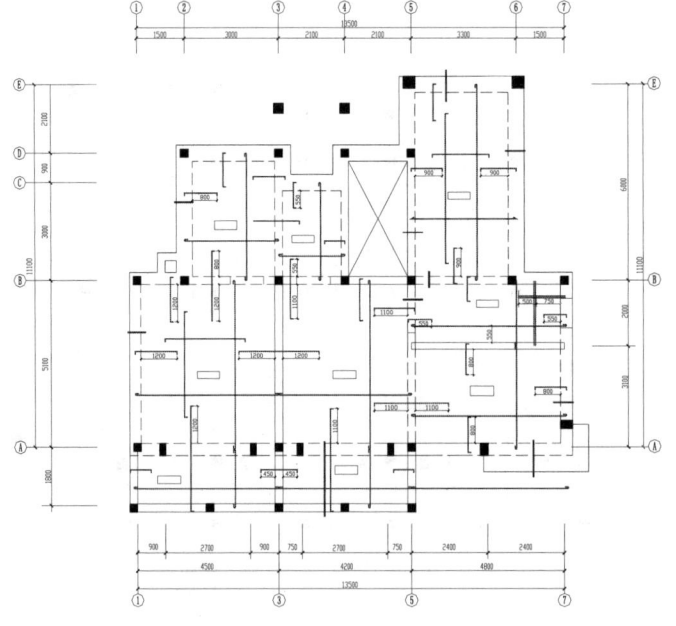

图（项目）2-41　添加轴号

（38）单击"常用"选项卡"注释"面板中的"多行文字"按钮，为图形添加构件名称，如图（项目）2-42 所示。

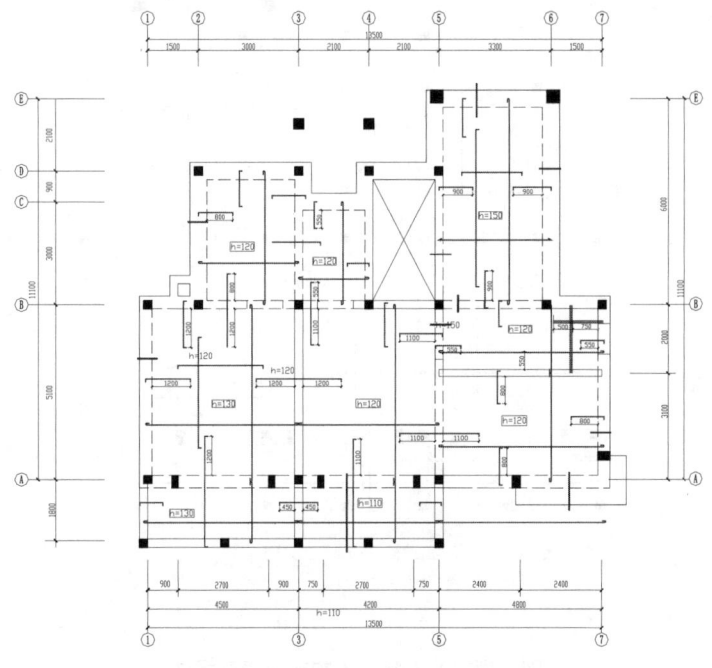

图（项目）2-42　添加构件名称

（39）单击"常用"选项卡"绘图"面板中的"圆"按钮，在支座钢筋上方绘制一个半径为 100 的圆，如图（项目）2-43 所示。

（40）单击"常用"选项卡"注释"面板中的"多行文字"按钮，为图形添加标注号，如图（项目）2-44 所示。

（41）单击"常用"选项卡"注释"面板中的"多行文字"按钮，在上一步绘制的图形右侧添加文字，如图（项目）2-45 所示。

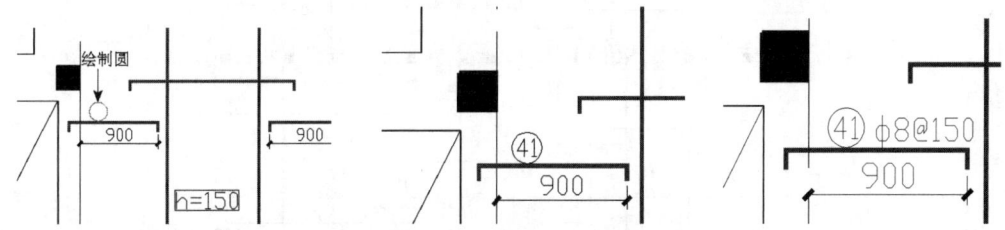

图（项目）2-43　绘制半径为100的圆　　图（项目）2-44　添加标注号　　图（项目）2-45　添加文字（1）

（42）利用上述方法添加支座钢筋标注，如图（项目）2-46 所示。

（43）利用上述方法添加板底钢筋标注，如图（项目）2-47 所示。

（44）单击"常用"选项卡"绘图"面板中的"多段线"按钮，指定起点宽度为 0、端点宽度为 0，在图形适当位置绘制连续多段线，如图（项目）2-48 所示。

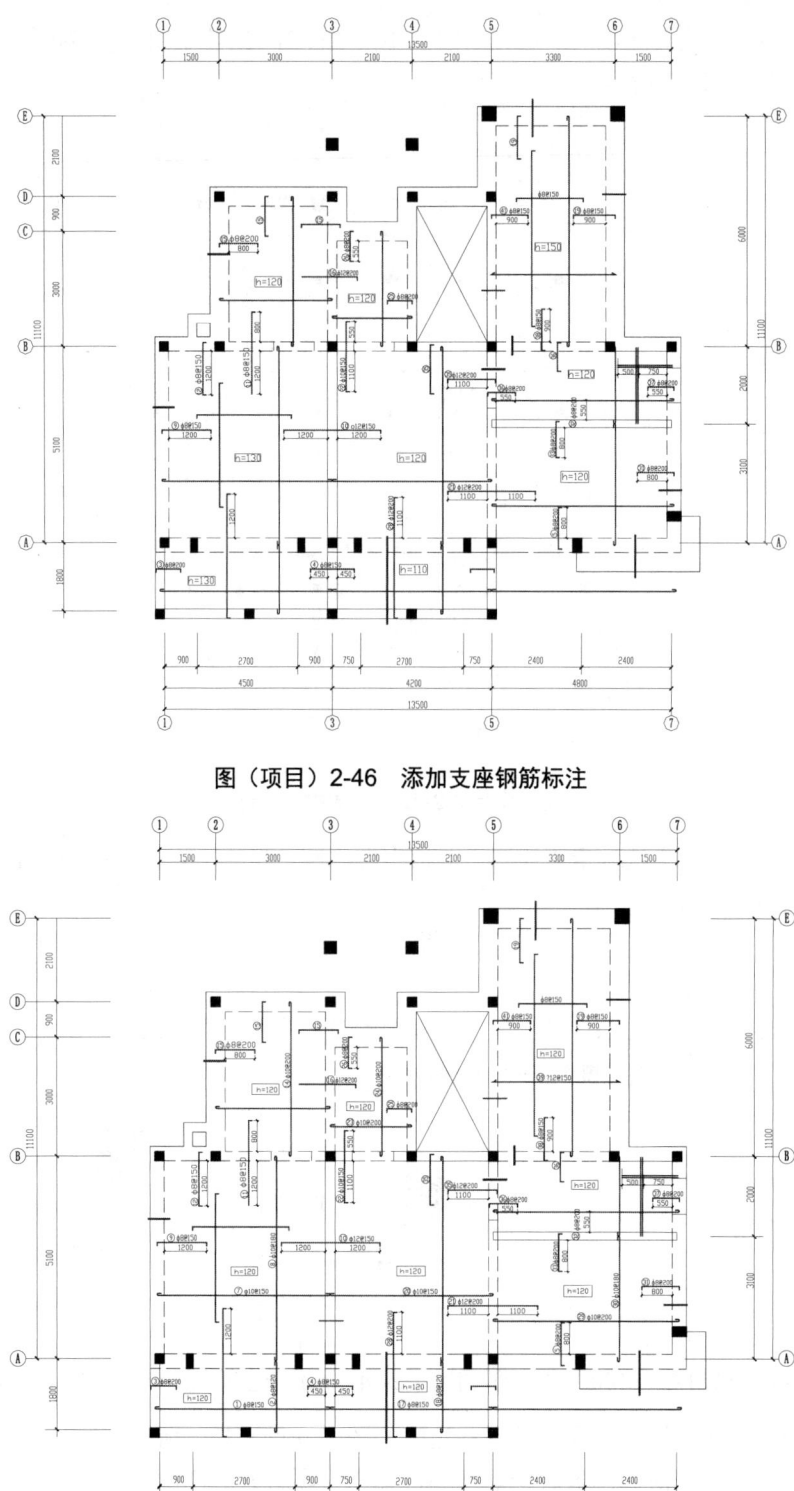

图（项目）2-46　添加支座钢筋标注

图（项目）2-47　添加板底钢筋标注

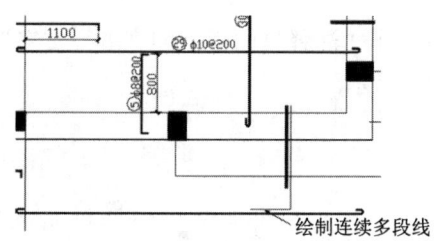

图（项目）2-48　绘制连续多段线（1）

（45）单击"常用"选项卡"绘图"面板中的"圆"按钮⊙，在图形适当位置绘制一个半径为 228 的圆，如图（项目）2-49 所示。

（46）单击"常用"选项卡"注释"面板中的"多行文字"按钮，在上一步绘制的圆内添加文字，如图（项目）2-50 所示。

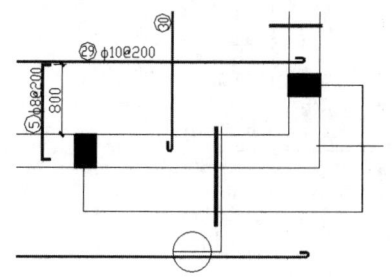
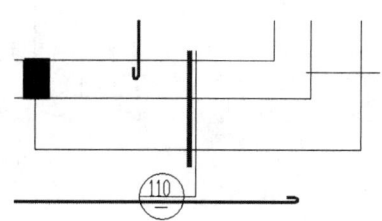

图（项目）2-49　绘制半径为 228 的圆　　　图（项目）2-50　添加文字（2）

（47）利用上述方法绘制剩余相同图形，如图（项目）2-51 所示。

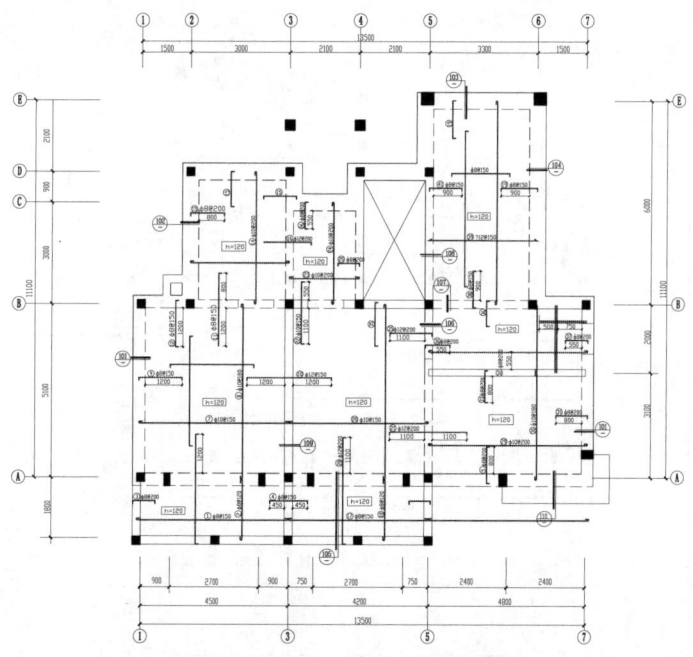

图（项目）2-51　绘制剩余相同图形

（48）单击"常用"选项卡"注释"面板中的"多行文字"按钮，为图形添加剩余文字说明，如图（项目）2-52所示。

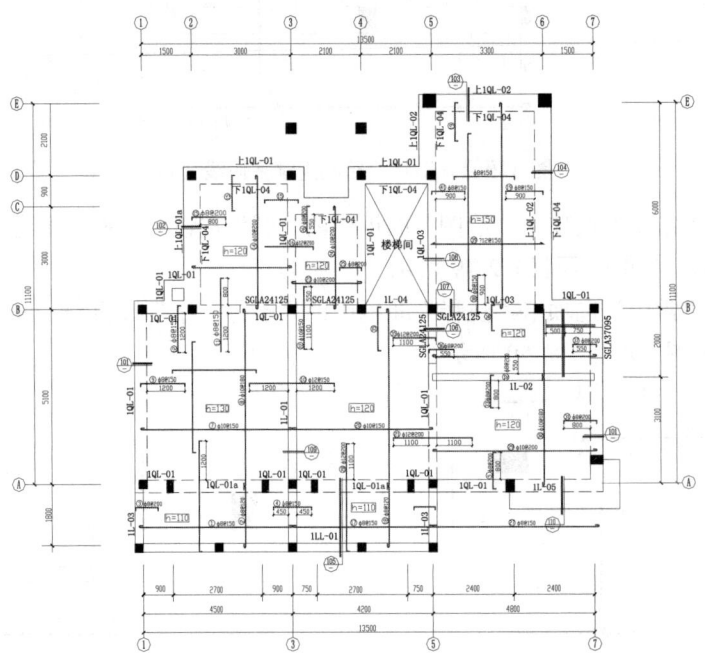

图（项目）2-52　添加剩余文字说明

（49）在命令行中输入QLEADER命令，为图形添加引线标注，如图（项目）2-53所示。

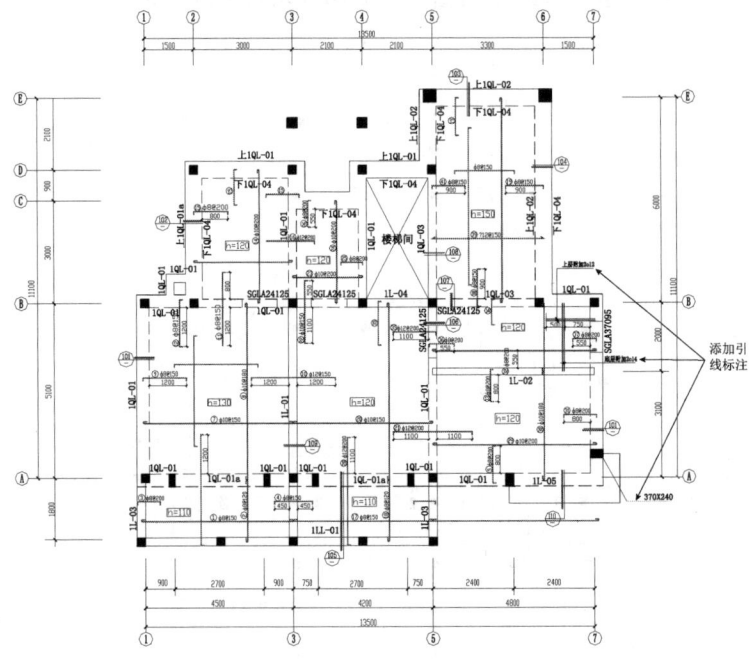

图（项目）2-53　添加引线标注

（50）分别单击"常用"选项卡"绘图"面板中的"多段线"按钮和"常用"选项卡"注释"面板中的"多行文字"按钮，为图形添加图名，完成地下室顶板结构平面布置图的绘制，效果如图（项目）2-54所示。

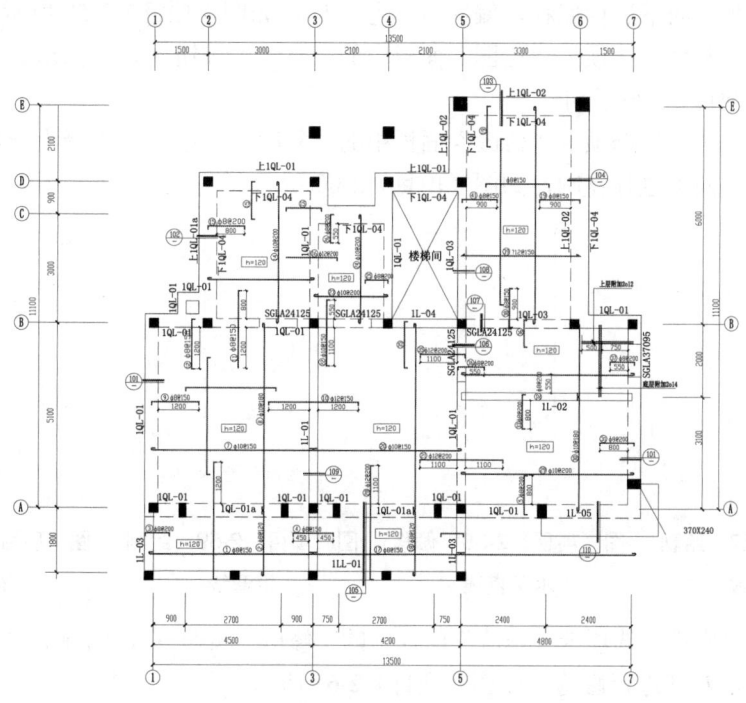

图（项目）2-54　地下室顶板结构平面布置图

2．绘制1QL箍梁

（1）单击"常用"选项卡"绘图"面板中的"直线"按钮，在图形适当位置绘制一条竖直直线，如图（项目）2-55所示。

（2）单击"常用"选项卡"修改"面板中的"偏移"按钮，选择上一步绘制的竖直直线为偏移对象，向右进行偏移，偏移距离为370，如图（项目）2-56所示。

图（项目）2-55　绘制竖直直线　　　　　　图（项目）2-56　偏移竖直直线

（3）单击"常用"选项卡"绘图"面板中的"直线"按钮，在上一步偏移的竖直直线上方绘制一条水平直线，如图（项目）2-57所示。

（4）单击"常用"选项卡"修改"面板中的"偏移"按钮，选择上一步绘制的水平直线为偏移对象，向下进行偏移，偏移距离为1659，如图（项目）2-58所示。

（5）单击"常用"选项卡"绘图"面板中的"直线"按钮，在图形适当位置绘制折弯线，如图（项目）2-59所示。

（6）单击"常用"选项卡"修改"面板中的"复制"按钮，选择上一步绘制的折弯线为复制对象，向下进行复制，如图（项目）2-60所示。

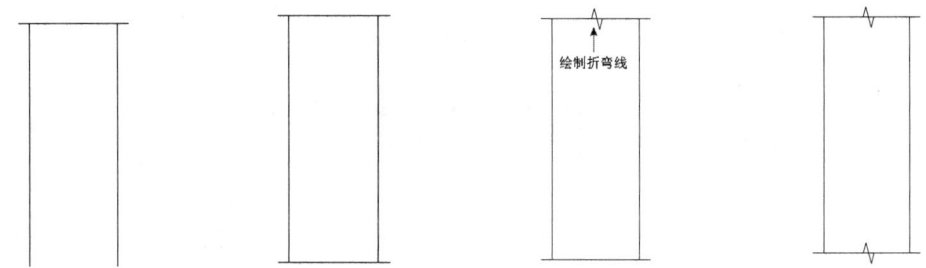

图（项目）2-57 绘制水平直线　　图（项目）2-58 偏移水平直线　　图（项目）2-59 绘制折弯线　　图（项目）2-60 复制折弯线

（7）单击"常用"选项卡"修改"面板中的"修剪"按钮，选择折弯线中的多余线段为修剪对象，对其进行修剪，如图（项目）2-61所示。

（8）单击"常用"选项卡"绘图"面板中的"多段线"按钮，指定起点宽度为0、端点宽度为0，绘制连续多段线，如图（项目）2-62所示。

（9）单击"常用"选项卡"修改"面板中的"修剪"按钮，选择上一步绘制的连续多段线为修剪对象，对其进行修剪，如图（项目）2-63所示。

（10）单击"常用"选项卡"绘图"面板中的"多段线"按钮，指定起点宽度为50、端点宽度为50，绘制连续多段线，如图（项目）2-64所示。

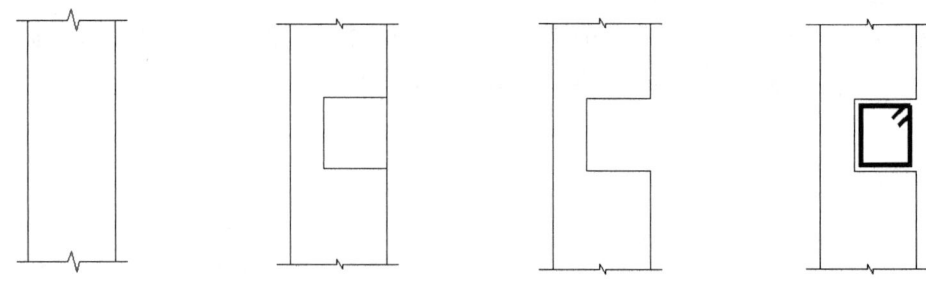

图（项目）2-61 修剪线段（1）　　图（项目）2-62 绘制连续多段线（2）　　图（项目）2-63 修剪线段（2）　　图（项目）2-64 绘制连续多段线（3）

（11）单击"常用"选项卡"绘图"面板中的"圆"按钮，在图形适当位置绘制一个适当半径的圆，如图（项目）2-65所示。

（12）单击"常用"选项卡"修改"面板中的"偏移"按钮，选择上一步绘制的圆为偏移对象，向内进行偏移，偏移距离为 45，如图（项目）2-66 所示。

图（项目）2-65　绘制圆（1）　　　　　　图（项目）2-66　偏移圆（1）

（13）单击"常用"选项卡"绘图"面板中的"图案填充"按钮，打开"图案填充创建"选项卡，选择 SOLID 图案，选择偏移圆之间的空白区域为填充区域，完成图案填充，效果如图（项目）2-67 所示。

（14）单击"常用"选项卡"修改"面板中的"复制"按钮，选择上一步填充后的图形为复制对象，对其进行复制，如图（项目）2-68 所示。

图（项目）2-67　图案填充效果（2）　　　　图（项目）2-68　复制图形

（15）单击"常用"选项卡"绘图"面板中的"图案填充"按钮，打开"图案填充创建"选项卡，选择 ANSI31 图案，设置"填充比例"为 50，选择填充区域完成图案填充，效果如图（项目）2-69 所示。

（16）单击"常用"选项卡"绘图"面板中的"直线"按钮，绘制剩余图形，如图（项目）2-70 所示。

 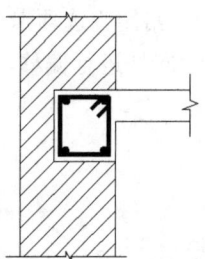

图（项目）2-69　图案填充效果（3）　　　　图（项目）2-70　绘制剩余图形

（17）单击"注释"选项卡"标注"面板中的"线性"按钮，为图形添加尺寸标注，如图（项目）2-71所示。

（18）分别单击"常用"选项卡"绘图"面板中的"直线"按钮和"常用"选项卡"注释"面板中的"多行文字"按钮，为图形添加文字说明，如图（项目）2-72所示。

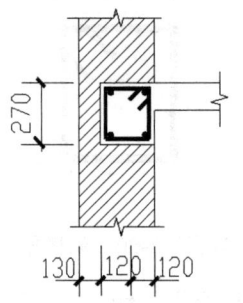 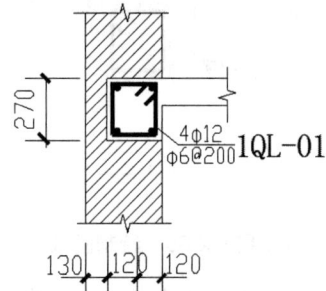

图（项目）2-71　添加尺寸标注（1）　　　图（项目）2-72　添加文字说明（1）

（19）分别单击"常用"选项卡"绘图"面板中的"直线"按钮和"常用"选项卡"注释"面板中的"多行文字"按钮，为图形添加标高，如图（项目）2-73所示。

（20）单击"常用"选项卡"绘图"面板中的"圆"按钮，在标注线下方绘制一个适当半径的圆，如图（项目）2-74所示。

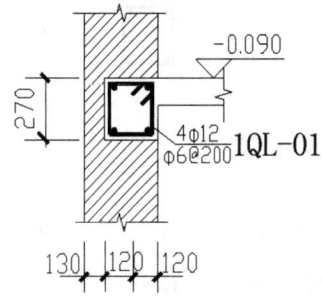

图（项目）2-73　添加标高　　　图（项目）2-74　绘制圆（2）

（21）单击"常用"选项卡"绘图"面板中的"圆"按钮，在上一步绘制的图形下方绘制一个适当半径的圆，如图（项目）2-75所示。

（22）单击"常用"选项卡"修改"面板中的"偏移"按钮，选择上一步绘制的圆为偏移对象，连续向外进行偏移，偏移距离分别为40和93，如图（项目）2-76所示。

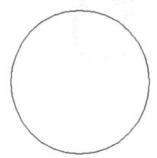

图（项目）2-75　绘制圆（3）　　　图（项目）2-76　偏移圆（2）

（23）单击"常用"选项卡"绘图"面板中的"图案填充"按钮，打开"图案填充创建"选项卡，选择 SOLID 图案，选择偏移圆之间的空白区域为填充区域，完成图案填充，效果如图（项目）2-77 所示。

（24）单击"常用"选项卡"注释"面板中的"多行文字"按钮，在上一步绘制的图形内添加文字，完成 101 箍梁的绘制，效果如图（项目）2-78 所示。

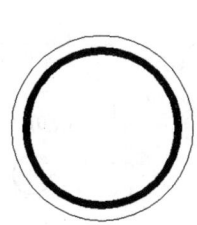

图（项目）2-77　图案填充效果（4）

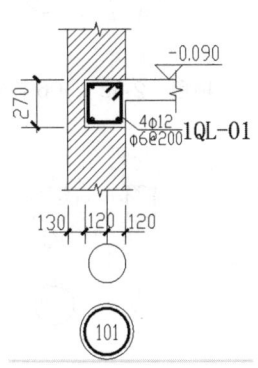

图（项目）2-78　101 箍梁

3．绘制 102～110 箍梁

利用上述方法完成 102～110 箍梁的绘制，效果如图（项目）2-79～图（项目）2-87 所示。

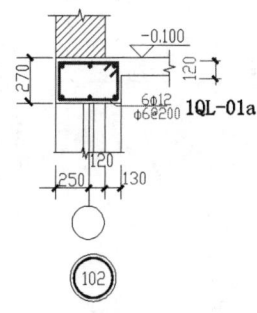

图（项目）2-79　102 箍梁

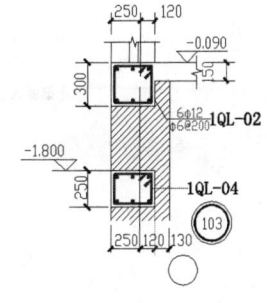

图（项目）2-80　103 箍梁

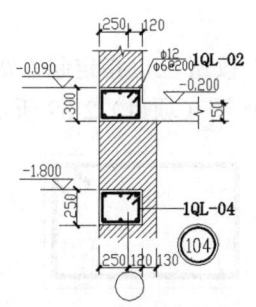

图（项目）2-81　104 箍梁

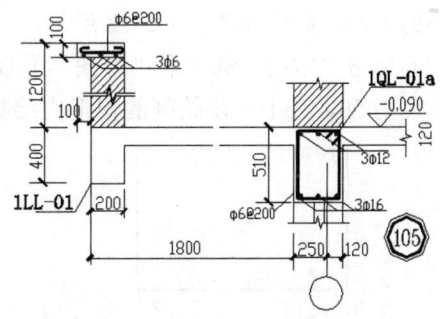

图（项目）2-82　105 箍梁

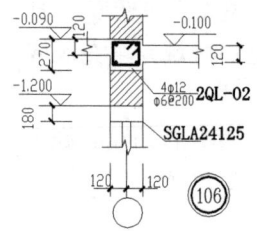

图（项目）2-83　106 箍梁

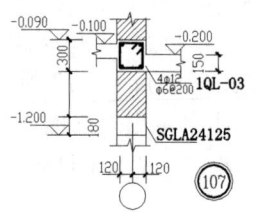

图（项目）2-84　107 箍梁

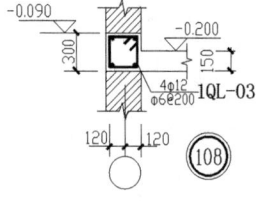

图（项目）2-85　108 箍梁

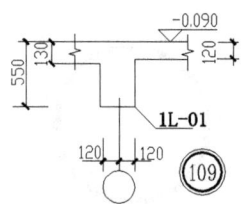

图（项目）2-86　109 箍梁

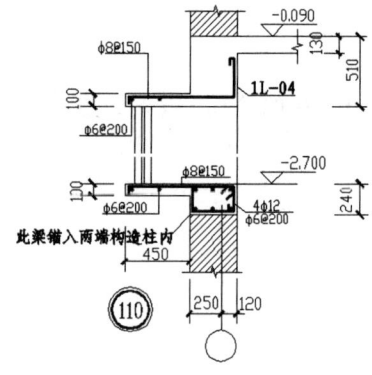

图（项目）2-87　110 箍梁

4．绘制小柱 1、2 配筋

（1）单击"常用"选项卡"绘图"面板中的"矩形"按钮，在图形空白区域绘制适当大小的矩形，如图（项目）2-88 所示。

（2）单击"常用"选项卡"绘图"面板中的"多段线"按钮，指定起点宽度为 50、端点宽度为 50，在上一步绘制的矩形内绘制连续多段线，如图（项目）2-89 所示。

图（项目）2-88　绘制矩形

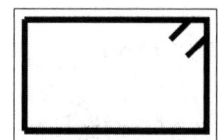

图（项目）2-89　绘制连续多段线（4）

（3）利用前面讲述的方法绘制内部图形，如图（项目）2-90 所示。

（4）单击"注释"选项卡"标注"面板中的"线性"按钮，为图形添加尺寸标注，如图（项目）2-91 所示。

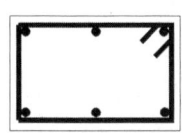
图（项目）2-90　绘制内部图形

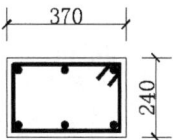
图（项目）2-91　添加尺寸标注（2）

（5）分别单击"常用"选项卡"绘图"面板中的"直线"按钮和"常用"选项卡"注释"面板中的"多行文字"按钮，为图形添加文字说明，完成小柱 1 配筋的绘制，效果如图（项目）2-92 所示。

（6）利用上述方法完成小柱 2 配筋的绘制，效果如图（项目）2-93 所示。

图（项目）2-92　小柱 1 配筋　　　　　　图（项目）2-93　小柱 2 配筋

（7）单击"常用"选项卡"注释"面板中的"多行文字"按钮，为图形添加文字说明，如图（项目）2-94 所示。

说明：1. 钢筋等级：HPB235（φ）HRB335（Φ）。
　　　2. 未标注板厚均为120mm，未标注板顶标高均为-0.090mm。
　　　3. 过梁图集选用 02G05，120 墙过梁选用 SGLA12081、SGLA12091。
　　　　 预制钢筋混凝土过梁不能正常放置时采用现浇。
　　　4. 混凝土选用C20，梁、板主筋保护层厚度分别为30mm、20mm。
　　　5. 小柱1、小柱2生根本层圈梁锚入上层圈梁配筋见详图。
　　　　 小柱3生根本层1LL-01锚入女儿墙压顶配筋见详图。
　　　6. 板厚130、150内未注分布筋为φ8@200。
　　　　 其他板内未注分布筋为φ6@200。

图（项目）2-94　添加文字说明（2）

（8）单击"常用"选项卡"块"面板中的"插入"按钮，打开"插入图块"对话框；单击"浏览"按钮，打开"插入块"对话框，选择"源文件\项目 2\图块\A2 图框"图块，将其放置到图形适当位置，完成地下室顶板结构平面图的绘制，最终效果如图（项目）2-1 所示。

5．绘制首层结构平面布置图

利用上述方法完成首层结构平面布置图的绘制，效果如图（项目）2-95 所示。

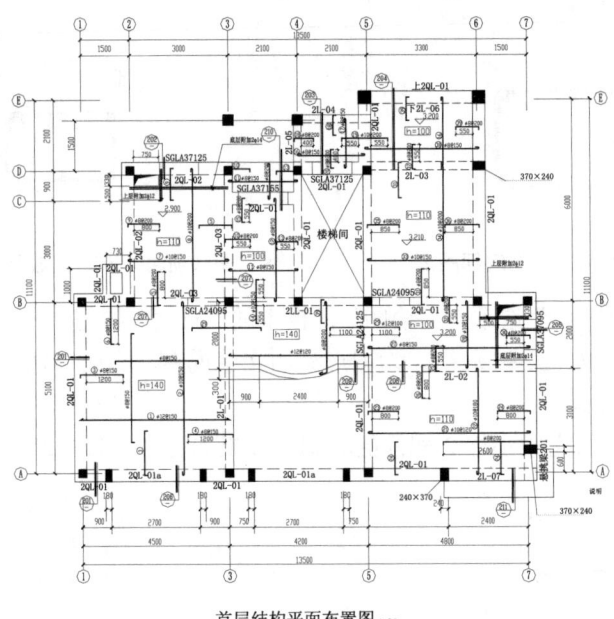

图（项目）2-95　首层结构平面布置图

6．绘制屋顶结构平面布置图

利用上述方法完成屋顶结构平面布置图的绘制，效果如图（项目）2-96 所示。

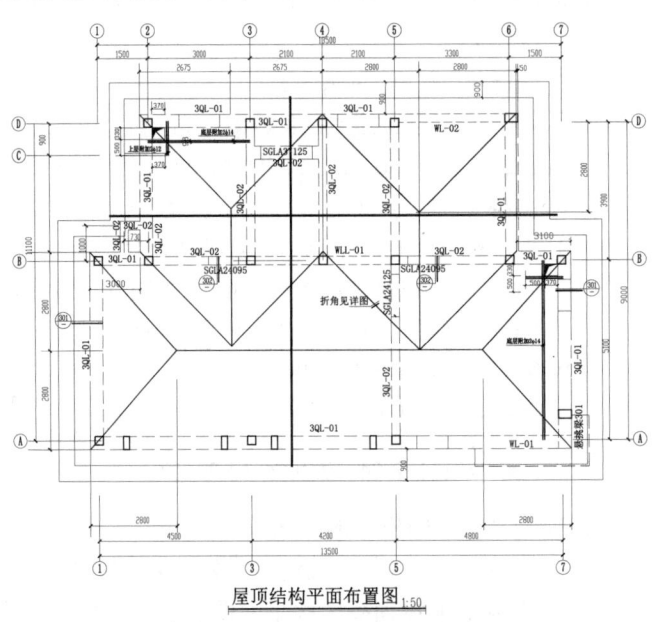

图（项目）2-96　屋顶结构平面布置图

任务 2　绘制别墅基础平面图

任务背景

基础平面图与前面讲述的地下室顶板结构平面图类似，其中的基础平面布置图与其他层的平面布置图类似，不再赘述。本任务将讲述基础平面图中相对独特的建筑结构，比如自然地坪以下防水做法、集水坑结构施工图及各种构造柱剖面图等的绘制方法。基础平面图如图（项目）2-97 所示。

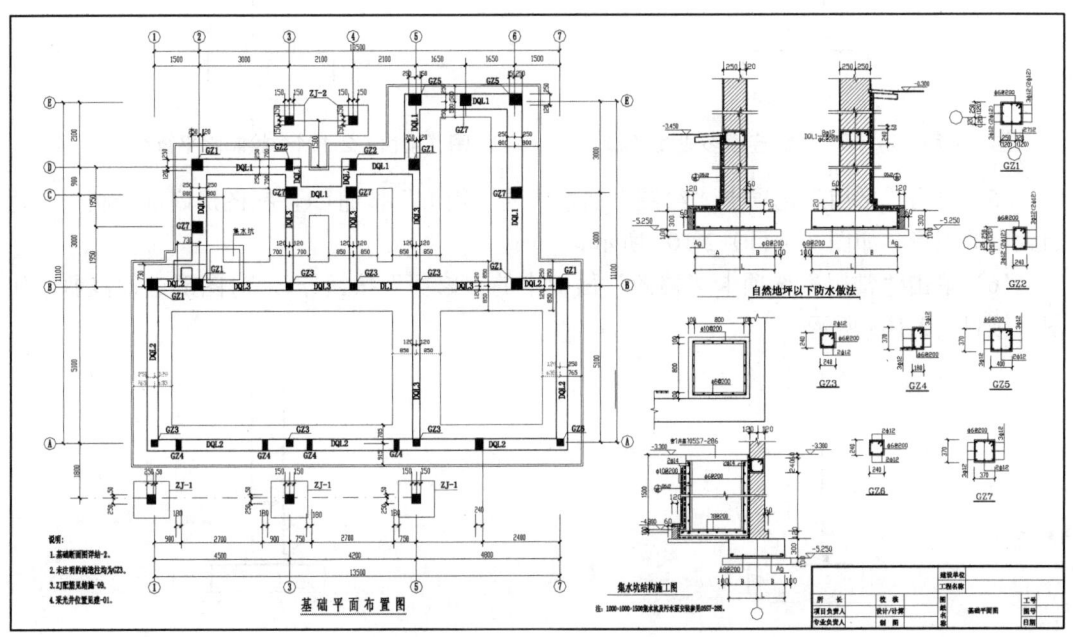

图（项目）2-97　基础平面图

操作步骤

1. 绘制自然地坪以下防水做法

（1）单击"常用"选项卡"绘图"面板中的"多段线"按钮，指定起点宽度为 50、端点宽度为 50，在图形空白区域绘制连续多段线，如图（项目）2-98 所示。

（2）单击"常用"选项卡"修改"面板"复制"下拉列表中的"镜像"按钮，选择上一步绘制的连续多段线为镜像对象，对其进行镜像处理，如图（项目）2-99 所示。

图（项目）2-98　绘制连续多段线（1）　　　　图（项目）2-99　镜像连续多段线

(3) 单击"常用"选项卡"绘图"面板中的"多段线"按钮 ⌒，指定起点宽度为 50、端点宽度为 50，在上一步绘制的图形底部绘制连续多段线，如图（项目）2-100 所示。

(4) 单击"常用"选项卡"绘图"面板中的"直线"按钮 ╲，在图形适当位置绘制多条水平直线，如图（项目）2-101 所示。

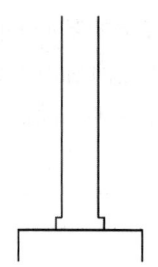 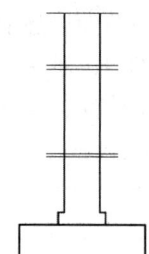

图（项目）2-100　绘制连续多段线（2）　　　图（项目）2-101　绘制水平直线（1）

(5) 单击"常用"选项卡"绘图"面板中的"矩形"按钮 ▢，在图形底部绘制一个适当大小的矩形，如图（项目）2-102 所示。

(6) 单击"常用"选项卡"修改"面板中的"修剪"按钮 ⌿，对图形进行修剪，如图（项目）2-103 所示。

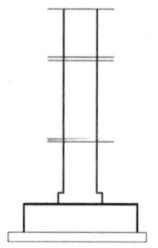 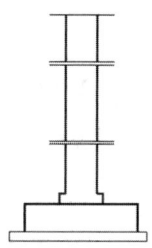

图（项目）2-102　绘制矩形（1）　　　　　图（项目）2-103　修剪图形

(7) 单击"常用"选项卡"绘图"面板中的"直线"按钮 ╲，在图形顶部绘制折弯线，如图（项目）2-104 所示。

(8) 单击"常用"选项卡"修改"面板中的"修剪"按钮 ⌿，选择上一步绘制的折弯线为修剪对象，对其进行修剪，如图（项目）2-105 所示。

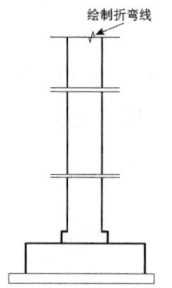 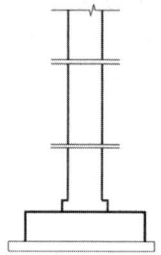

图（项目）2-104　绘制折弯线（1）　　　　图（项目）2-105　修剪折弯线（1）

（9）利用上述方法绘制剩余相同图形，如图（项目）2-106所示。

（10）单击"常用"选项卡"绘图"面板中的"直线"按钮，在图形左侧绘制连续直线，如图（项目）2-107所示。

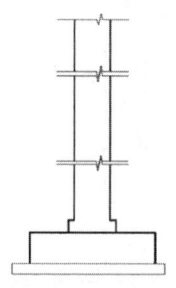 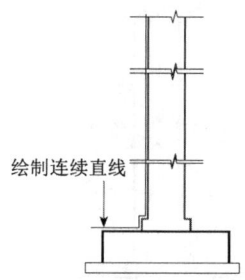

图（项目）2-106　绘制剩余相同图形　　　图（项目）2-107　绘制连续直线（1）

（11）单击"常用"选项卡"修改"面板中的"偏移"按钮，选择上一步绘制的连续直线为偏移对象，向外进行偏移，偏移距离为120，如图（项目）2-108所示。

（12）单击"常用"选项卡"绘图"面板中的"直线"按钮，在图形适当位置绘制竖直直线，如图（项目）2-109所示。

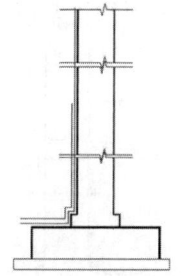 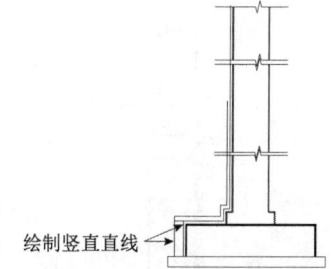

图（项目）2-108　偏移连续直线　　　图（项目）2-109　绘制竖直直线

（13）单击"常用"选项卡"绘图"面板中的"多段线"按钮，指定起点宽度为30、端点宽度为30，在图形适当位置绘制连续多段线，如图（项目）2-110所示。

（14）单击"常用"选项卡"修改"面板中的"修剪"按钮，选择上一步绘制的连续多段线为修剪对象，对其进行修剪，如图（项目）2-111所示。

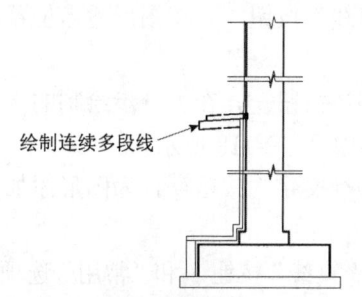 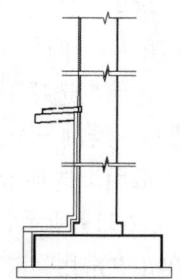

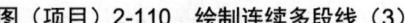

图（项目）2-110　绘制连续多段线（3）　　　图（项目）2-111　修剪连续多段线

（15）单击"常用"选项卡"绘图"面板中的"直线"按钮，在图形内绘制水平直线，如图（项目）2-112所示。

（16）利用前面讲述的方法绘制内部图形，如图（项目）2-113所示。

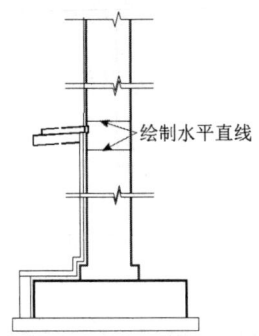 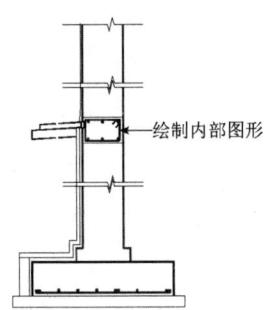

图（项目）2-112　绘制水平直线（2）　　　　图（项目）2-113　绘制内部图形

（17）结合前面所学知识完成图形中图案的填充，效果如图（项目）2-114所示。

（18）分别单击"注释"选项卡"标注"面板中的"线性"按钮和"连续"按钮，为图形添加尺寸标注，如图（项目）2-115所示。

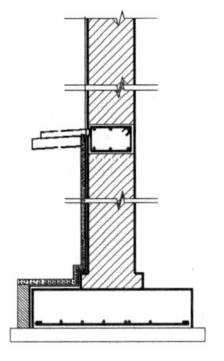 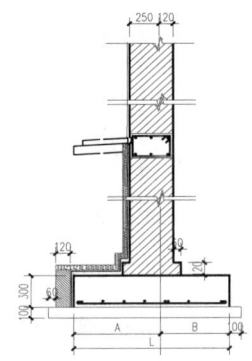

图（项目）2-114　图案填充效果　　　　图（项目）2-115　添加尺寸标注（1）

（19）分别单击"常用"选项卡"绘图"面板中的"直线"按钮和"常用"选项卡"注释"面板中的"多行文字"按钮，为图形添加标高，如图（项目）2-116所示。

（20）单击"常用"选项卡"绘图"面板中的"直线"按钮，在图形适当位置绘制一条水平直线，如图（项目）2-117所示。

（21）单击"常用"选项卡"绘图"面板中的"圆"按钮，在上一步绘制的水平直线上选择一点为圆心，绘制一个适当半径的圆，如图（项目）2-118所示。

（22）单击"常用"选项卡"注释"面板中的"多行文字"按钮，为图形添加文字说明，如图（项目）2-119所示。

（23）分别单击"常用"选项卡"绘图"面板中的"直线"按钮和"常用"选项卡"注释"面板中的"多行文字"按钮，为图形添加剩余文字说明，如图（项目）2-120所示。

（24）利用上述方法绘制剩余自然地坪以下防水做法，如图（项目）2-121所示。

项目 2 绘制别墅结构设计图

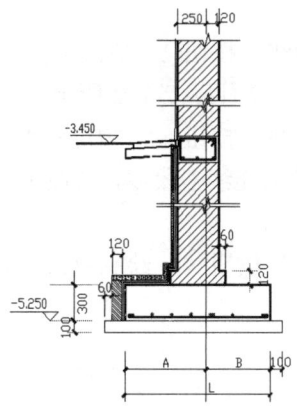

图(项目)2-116 添加标高

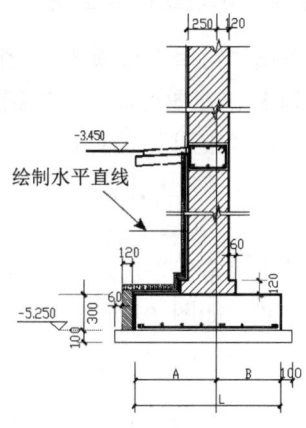

图(项目)2-117 绘制水平直线(3)

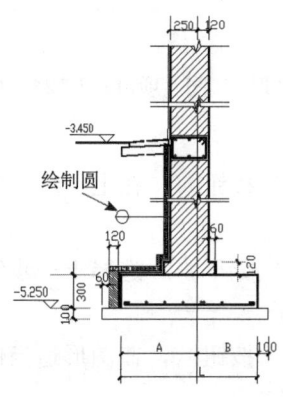

图(项目)2-118 绘制圆

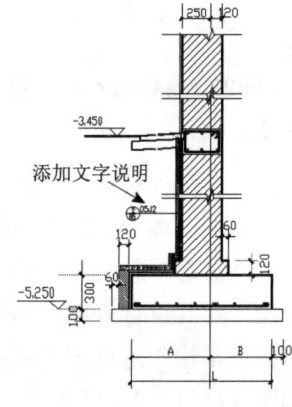

图(项目)2-119 添加文字说明(1)

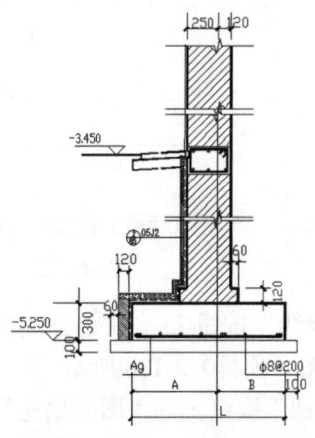

图(项目)2-120 添加剩余文字说明

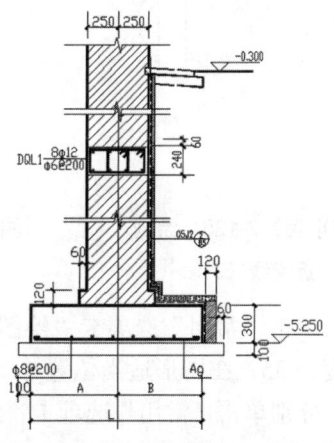

图(项目)2-121 绘制剩余自然地坪以下防水做法

213

2．绘制集水坑结构施工图

（1）单击"常用"选项卡"绘图"面板中的"多段线"按钮，指定起点宽度为50、端点宽度为50，在图形适当位置绘制连续多段线，如图（项目）2-122 所示。

（2）单击"常用"选项卡"绘图"面板中的"多段线"按钮，指定起点宽度为50、端点宽度为50，在上一步绘制的连续多段线下方再次绘制连续多段线，如图（项目）2-123 所示。

（3）单击"常用"选项卡"绘图"面板中的"直线"按钮，绘制直线，封闭前两步绘制的多段线，如图（项目）2-124 所示。

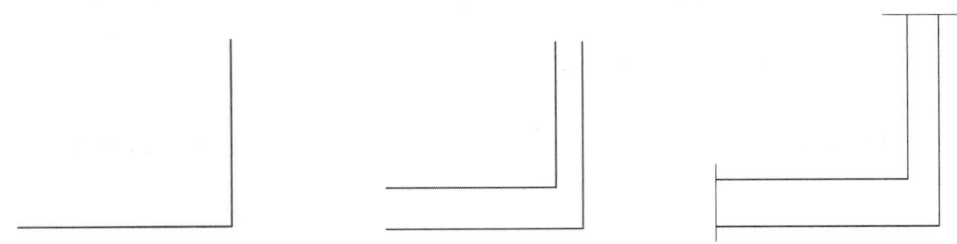

图（项目）2-122　绘制连续多段线（4）　　图（项目）2-123　绘制连续多段线（5）　　图（项目）2-124　封闭多段线

（4）单击"常用"选项卡"绘图"面板中的"直线"按钮，在上一步绘制的直线上绘制折弯线，如图（项目）2-125 所示。

（5）单击"常用"选项卡"修改"面板中的"修剪"按钮，选择上一步绘制的折弯线为修剪对象，对其进行修剪，如图（项目）2-126 所示。

（6）单击"常用"选项卡"绘图"面板中的"直线"按钮，在图形适当位置绘制连续直线，如图（项目）2-127 所示。

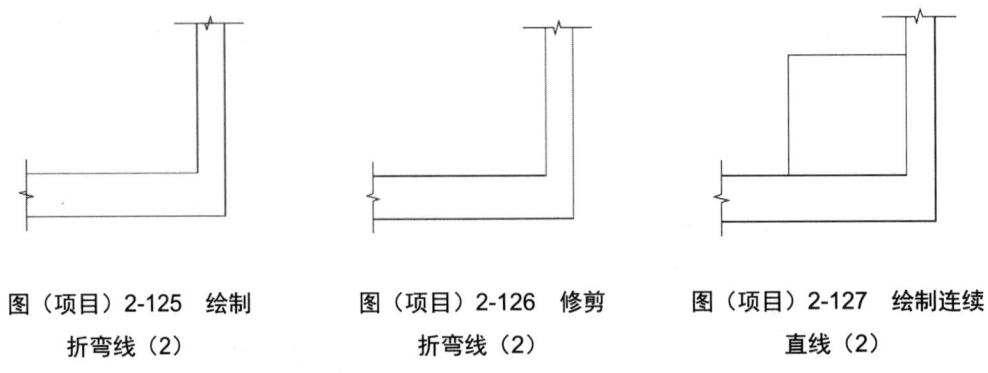

图（项目）2-125　绘制折弯线（2）　　图（项目）2-126　修剪折弯线（2）　　图（项目）2-127　绘制连续直线（2）

（7）单击"常用"选项卡"绘图"面板中的"多段线"按钮，指定起点宽度为35、端点宽度为35，在图形适当位置绘制连续多段线，如图（项目）2-128 所示。

（8）分别单击"常用"选项卡"绘图"面板中的"圆"按钮和"图案填充"按钮，绘制并填充圆，如图（项目）2-129 所示。

（9）单击"常用"选项卡"修改"面板中的"复制"按钮，选择上一步绘制的圆为复制对象,对其进行连续复制,如图(项目)2-130所示。

(10)单击"常用"选项卡"绘图"面板中的"矩形"按钮,在图形内绘制一个适当大小的矩形,如图(项目)2-131所示。

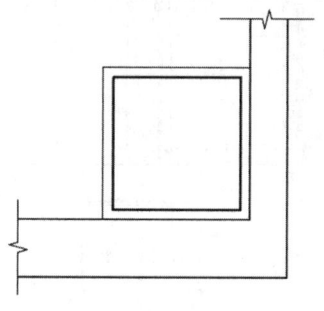

图(项目)2-128 绘制连续多段线(6)

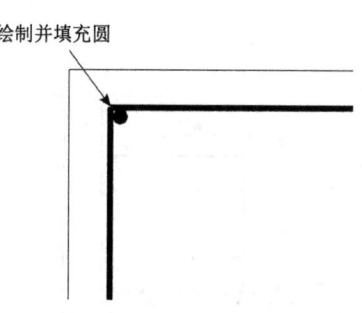

图(项目)2-129 绘制并填充圆(1)

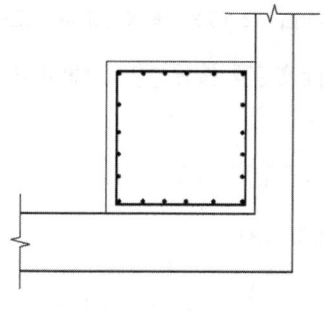

图(项目)2-130 复制圆

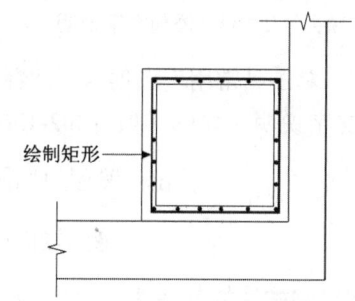

图(项目)2-131 绘制矩形(2)

(11)结合所学知识绘制基本图形,如图(项目)2-132所示。

(12)分别单击"注释"选项卡"标注"面板中的"线性"按钮和"连续"按钮,为图形添加尺寸标注,如图(项目)2-133所示。

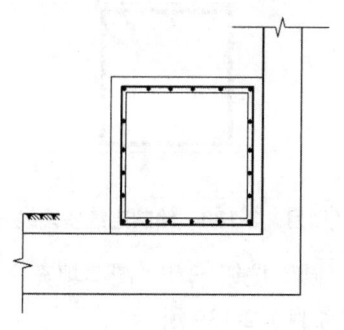

图(项目)2-132 绘制基本图形

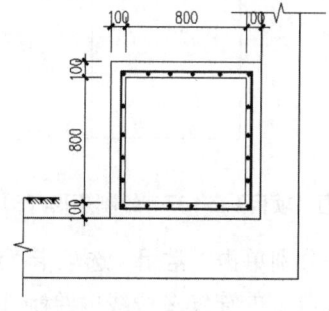

图(项目)2-133 添加尺寸标注(2)

(13)分别单击"常用"选项卡"绘图"面板中的"直线"按钮和"常用"选项卡"注释"面板中的"多行文字"按钮,为图形添加文字说明,如图(项目)2-134所示。

（14）利用上述方法完成集水坑结构施工图的绘制，效果如图（项目）2-135 所示。

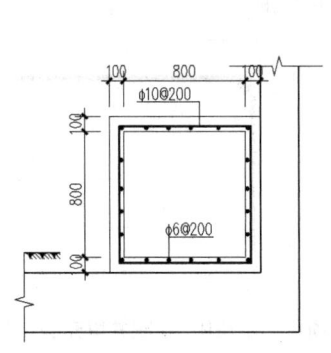
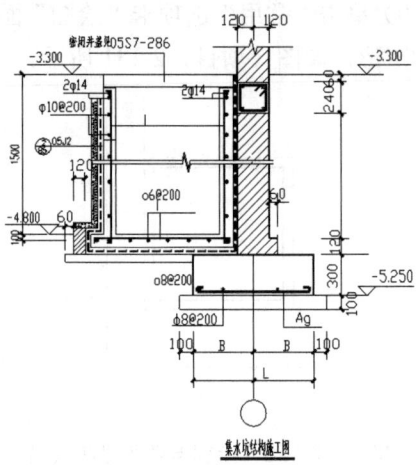

图（项目）2-134　添加文字说明（2）　　　图（项目）2-135　集水坑结构施工图

（15）单击"常用"选项卡"注释"面板中的"多行文字"按钮，为集水坑结构施工图添加文字说明，如图（项目）2-136 所示。

注：1000×1000×1500集水坑及污水泵安装参见05S7-285。

图（项目）2-136　添加文字说明（3）

3．绘制构造柱剖面 1

（1）单击"常用"选项卡"绘图"面板中的"矩形"按钮，在图形空白区域绘制一个矩形，如图（项目）2-137 所示。

（2）单击"常用"选项卡"绘图"面板中的"多段线"按钮，指定起点宽度为 50、端点宽度为 50，在上一步绘制的矩形内绘制连续多段线，如图（项目）2-138 所示。

图（项目）2-137　绘制矩形（3）　　　图（项目）2-138　绘制连续多段线（7）

（3）分别单击"常用"选项卡"绘图"面板中的"圆"按钮和"图案填充"按钮，在上一步绘制的连续多段线内绘制并填充圆，如图（项目）2-139 所示。

（4）分别单击"注释"选项卡"标注"面板中的"线性"按钮和"连续"按钮，为图形添加尺寸标注，如图（项目）2-140 所示。

（5）单击"常用"选项卡"绘图"面板中的"圆"按钮，在标注线上绘制两个相同半径的轴号圆，如图（项目）2-141 所示。

（6）分别单击"常用"选项卡"绘图"面板中的"直线"按钮和"常用"选项卡"注释"面板中的"多行文字"按钮，为图形添加文字说明，完成构造柱剖面1的绘制，效果如图（项目）2-142所示。

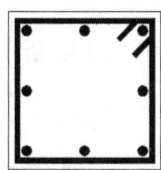

图（项目）2-139 绘制并填充圆（2）

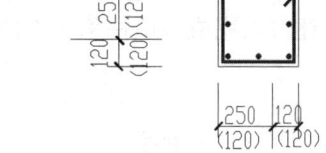

图（项目）2-140 添加尺寸标注（3）

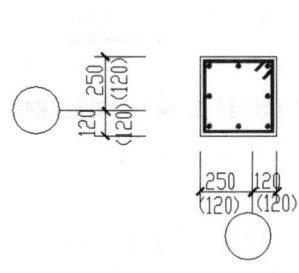

图（项目）2-141 绘制轴号圆

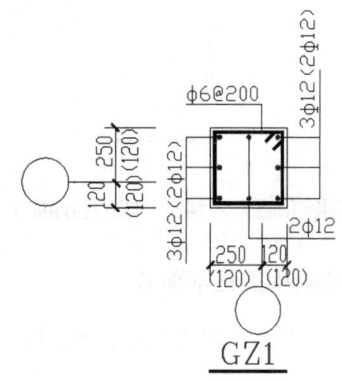

图（项目）2-142 构造柱剖面1

4. 绘制构造柱剖面2

利用上述方法完成构造柱剖面2的绘制，效果如图（项目）2-143所示。

5. 绘制构造柱剖面3

利用上述方法完成构造柱剖面3的绘制，效果如图（项目）2-144所示。

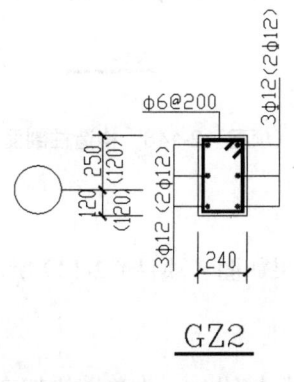

图（项目）2-143 构造柱剖面2

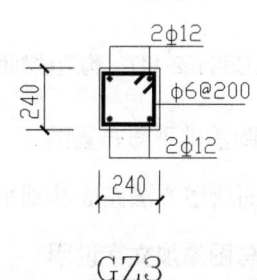

图（项目）2-144 构造柱剖面3

6．绘制构造柱剖面 4

利用上述方法完成构造柱剖面 4 的绘制，效果如图（项目）2-145 所示。

7．绘制构造柱剖面 5

利用上述方法完成构造柱剖面 5 的绘制，效果如图（项目）2-146 所示。

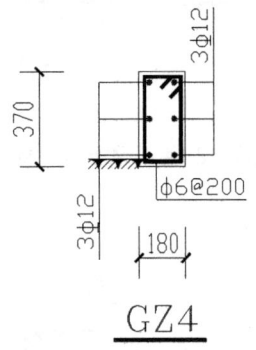

图（项目）2-145　构造柱剖面 4

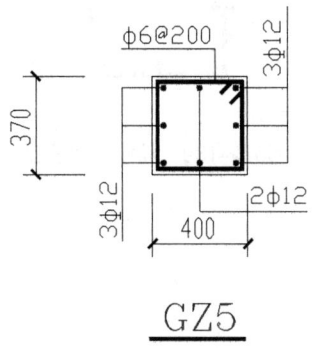

图（项目）2-146　构造柱剖面 5

8．绘制构造柱剖面 6

利用上述方法完成构造柱剖面 6 的绘制，效果如图（项目）2-147 所示。

9．绘制构造柱剖面 7

利用上述方法完成构造柱剖面 7 的绘制，效果如图（项目）2-148 所示。

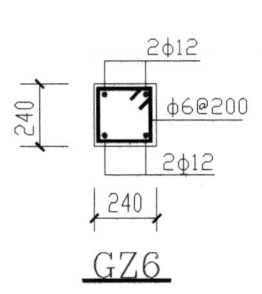

图（项目）2-147　构造柱剖面 6

图（项目）2-148　构造柱剖面 7

10．绘制基础平面布置图

利用前面所述方法完成基础平面布置图的绘制，效果如图（项目）2-149 所示。

11．为总图添加文字说明

单击"常用"选项卡"注释"面板中的"多行文字"按钮，为总图添加文字说明，如图（项目）2-150 所示。

项目 2 绘制别墅结构设计图

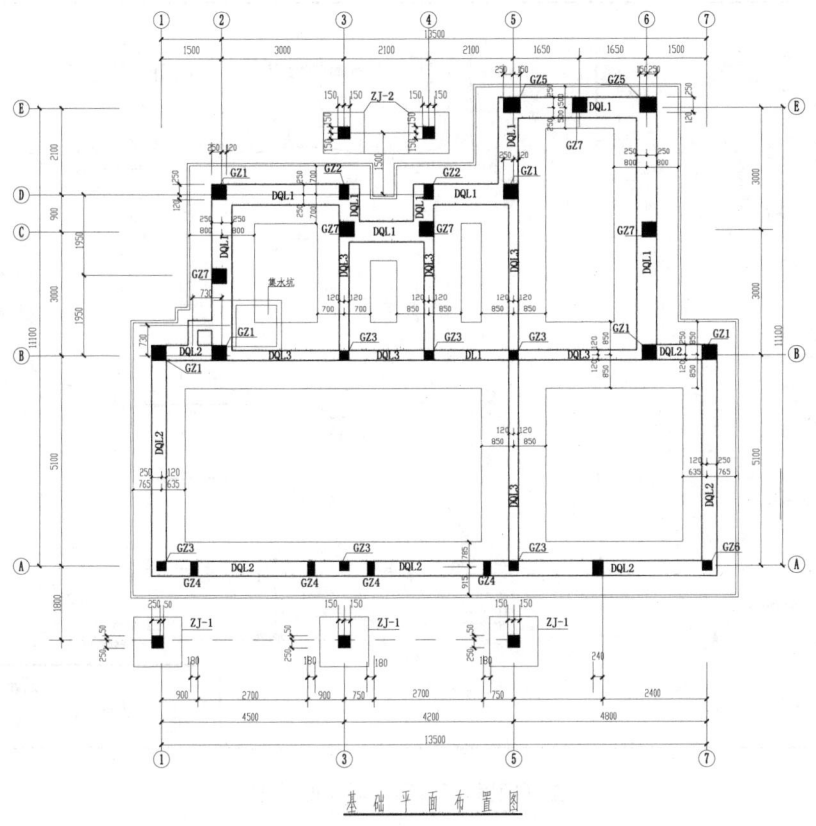

图（项目）2-149 基础平面布置图

说明：
1. 基础断面图详结-2。
2. 未注明的构造柱均为GZ3。
3. ZJ配筋见结施-09。
4. 采光井位置见建-01。

图（项目）2-150 添加文字说明（4）

12．插入图框

单击"常用"选项卡"块"面板中的"插入"按钮，打开"插入图块"对话框；单击"浏览"按钮，打开"插入块"对话框，选择"源文件\项目 2\图块\A2 图框"图块，将其放置到图形适当位置，最终效果如图（项目）2-97 所示。

任务 3　绘制别墅基础断面图

任务背景

基础断面的结构设计一般能够体现出该建筑结构的抗震等级、结构强度、防水处理方法、浇筑方法等重要信息。本任务将讲述基础断面图的绘制方法，绘制效果如图（项目）2-151 所示。

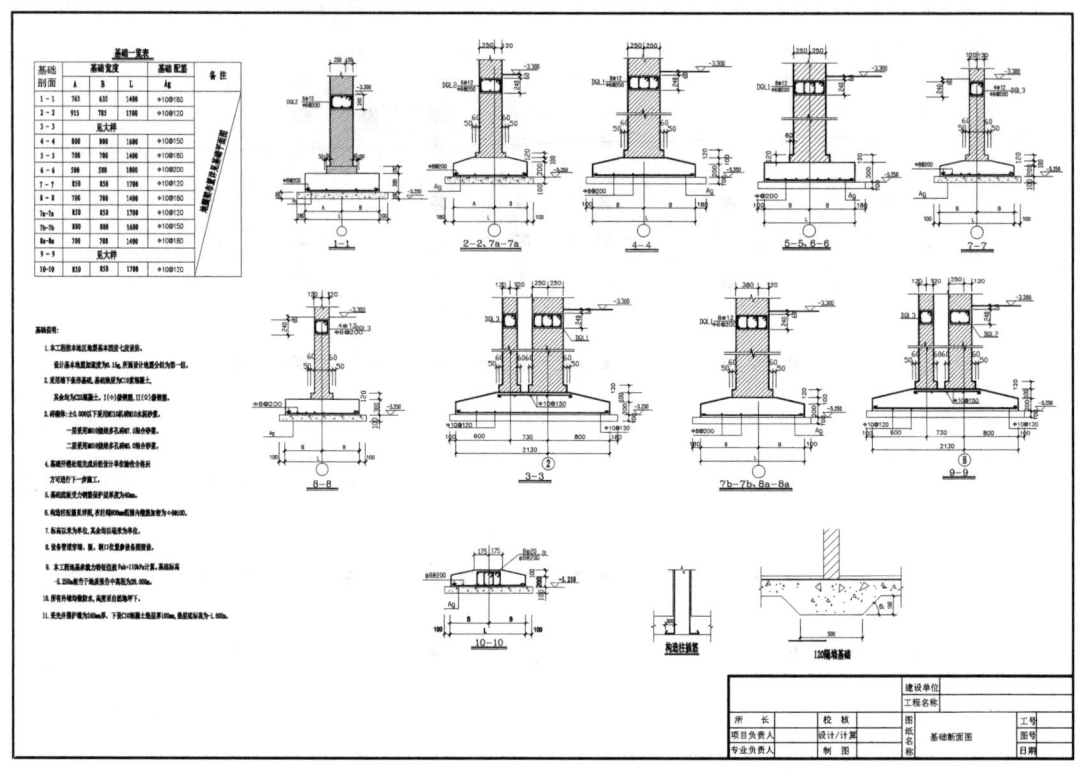

图（项目）2-151 基础断面图

操作步骤

1. 绘制图例表

（1）单击"常用"选项卡"绘图"面板中的"矩形"按钮▢，在图形适当位置绘制一个适当大小的矩形，如图（项目）2-152 所示。

（2）单击"常用"选项卡"修改"面板中的"分解"按钮，选择上一步绘制的矩形为分解对象，按 Enter 键确认分解。

（3）单击"常用"选项卡"修改"面板中的"偏移"按钮，选择上一步分解的矩形左侧竖直直线为偏移对象，连续向右进行偏移，如图（项目）2-153 所示。

（4）单击"常用"选项卡"修改"面板中的"偏移"按钮，选择第（2）步分解的矩形顶部水平直线为偏移对象，连续向下进行偏移，如图（项目）2-154 所示。

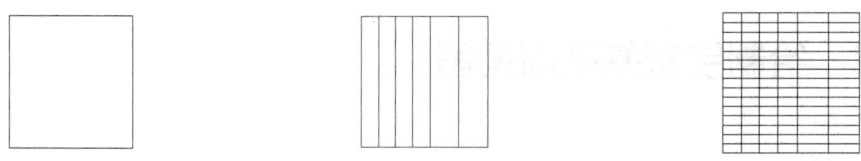

图（项目）2-152 绘制矩形（1）　　图（项目）2-153 连续偏移竖直直线　　图（项目）2-154 连续偏移水平直线

(5) 单击"常用"选项卡"修改"面板中的"修剪"按钮，选择偏移的线段为修剪对象，对其进行修剪，如图（项目）2-155 所示。

(6) 单击"常用"选项卡"绘图"面板中的"直线"按钮，在图形内绘制一条斜向直线，如图（项目）2-156 所示。

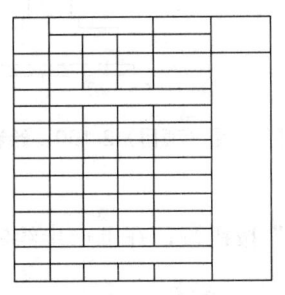

图（项目）2-155　修剪线段（1）

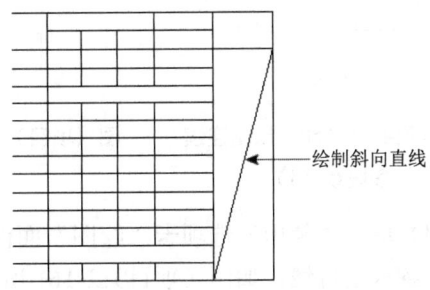

图（项目）2-156　绘制斜向直线（1）

(7) 单击"常用"选项卡"注释"面板中的"多行文字"按钮，在图形内添加文字，完成图例表的绘制，效果如图（项目）2-157 所示。

基础一览表

基础剖面	基础宽度			基础配筋	备注
	A	B	L	Ag	
1-1	765	635	1400	Φ10@180	地圈梁布置详见基础平面图
2-2	915	785	1700	Φ10@120	
3-3	见大样				
4-4	800	800	1600	Φ10@150	
5-5	700	700	1400	Φ10@180	
6-6	500	500	1000	Φ10@200	
7-7	850	850	1700	Φ10@120	
8-8	700	700	1400	Φ10@180	
7a-7a	850	850	1700	Φ10@120	
7b-7b	800	800	1600	Φ10@150	
8a-8a	700	700	1400	Φ10@180	
9-9	见大样				
10-10	850	850	1700	Φ10@120	

图（项目）2-157　图例表

2. 绘制 1-1 断面剖面图

(1) 单击"常用"选项卡"绘图"面板中的"多段线"按钮，指定起点宽度为 30、端点宽度为 30，在图形适当位置绘制连续多段线，如图（项目）2-158 所示。

(2) 单击"常用"选项卡"修改"面板"复制"下拉列表中的"镜像"按钮，选择上一步绘制的图形为镜像对象，对其进行竖直镜像，如图（项目）2-159 所示。

(3) 单击"常用"选项卡"绘图"面板中的"矩形"按钮，在上一步绘制的图形底部绘制一个适当大小的矩形，如图（项目）2-160 所示。

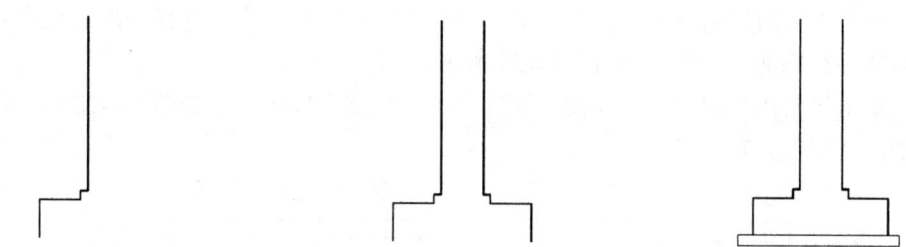

图（项目）2-158　绘制连续多段线（1）　　图（项目）2-159　镜像图形　　图（项目）2-160　绘制矩形（2）

（4）单击"常用"选项卡"绘图"面板中的"直线"按钮，在上一步绘制的图形内绘制一条水平直线，如图（项目）2-161所示。

（5）单击"常用"选项卡"修改"面板中的"偏移"按钮，选择上一步绘制的水平直线为偏移对象，向下进行偏移，如图（项目）2-162所示。

（6）单击"常用"选项卡"绘图"面板中的"多段线"按钮，指定起点宽度为50、端点宽度为50，在图形适当位置绘制连续多段线，如图（项目）2-163所示。

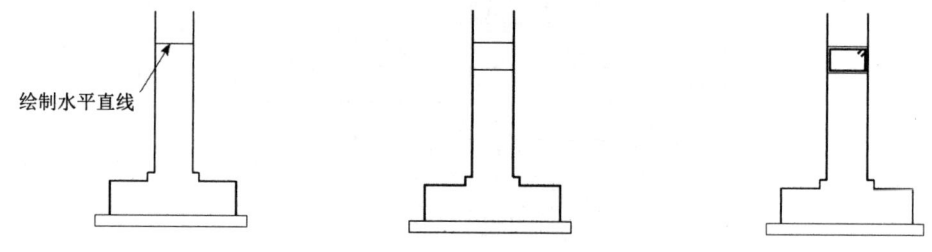

图（项目）2-161　绘制水平直线（1）　　图（项目）2-162　偏移水平直线　　图（项目）2-163　绘制连续多段线（2）

（7）单击"常用"选项卡"绘图"面板中的"直线"按钮，在上一步绘制的图形顶部绘制一条水平直线，如图（项目）2-164所示。

（8）单击"常用"选项卡"绘图"面板中的"直线"按钮，在上一步绘制的水平直线上绘制折弯线，如图（项目）2-165所示。

图（项目）2-164　绘制水平直线（2）　　图（项目）2-165　绘制折弯线（1）

（9）单击"常用"选项卡"修改"面板中的"修剪"按钮，选择上一步绘制的折弯线之间的多余线段为修剪对象，对其进行修剪，如图（项目）2-166 所示。

（10）单击"常用"选项卡"绘图"面板中的"直线"按钮，在图形适当位置绘制一条水平直线，如图（项目）2-167 所示。

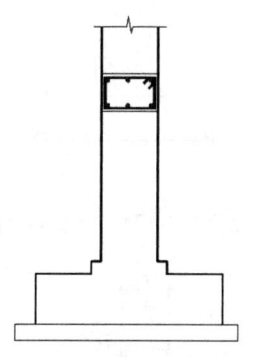
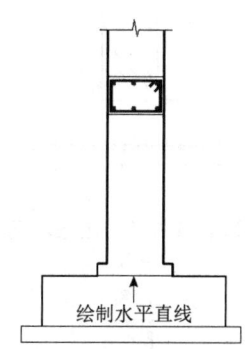

图（项目）2-166　修剪线段（2）　　　图（项目）2-167　绘制水平直线（3）

（11）单击"常用"选项卡"绘图"面板中的"多段线"按钮，在图形底部绘制连续多段线，如图（项目）2-168 所示。

（12）分别单击"常用"选项卡"绘图"面板中的"圆"按钮和"图案填充"按钮，绘制并填充圆，如图（项目）2-169 所示。

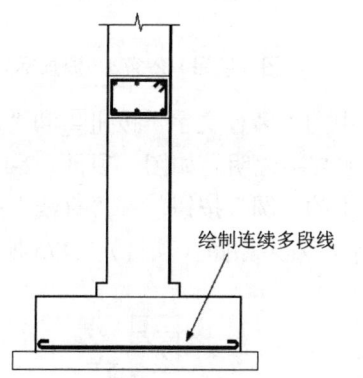
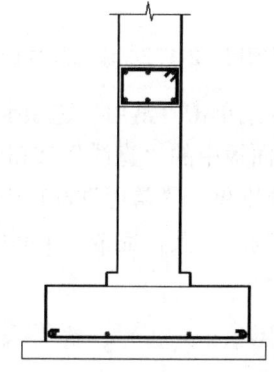

图（项目）2-168　绘制连续多段线（3）　　　图（项目）2-169　绘制并填充圆

（13）单击"常用"选项卡"绘图"面板中的"图案填充"按钮，打开"图案填充创建"选项卡，选择 ANSI31 图案，设置"填充比例"为 80，选择填充区域完成图案填充，效果如图（项目）2-170 所示。

（14）结合所学知识绘制 1-1 断面剖面图中的剩余部分，如图（项目）2-171 所示。

（15）分别单击"注释"选项卡"标注"面板中的"线性"按钮和"连续"按钮，为图形添加尺寸标注，如图（项目）2-172 所示。

（16）利用前面讲述的方法为图形添加标高，如图（项目）2-173 所示。

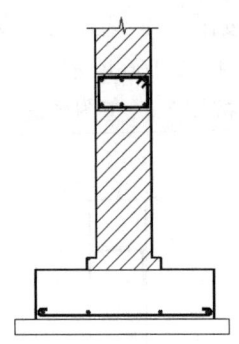
图（项目）2-170 图案填充效果

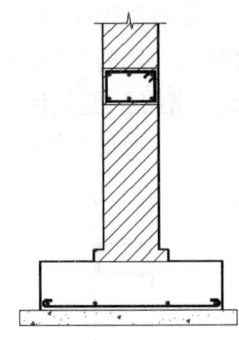
图（项目）2-171 绘制剩余部分

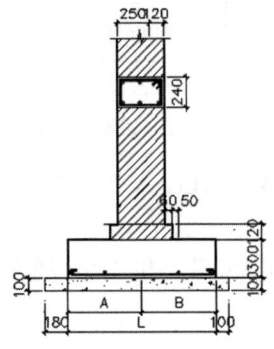
图（项目）2-172 添加尺寸标注

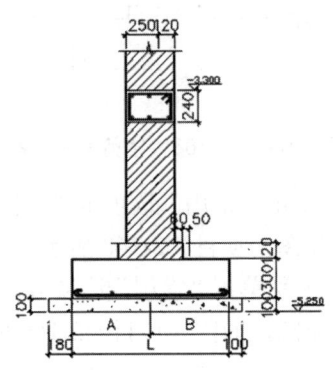
图（项目）2-173 添加标高

（17）分别单击"常用"选项卡"注释"面板中的"多行文字"按钮和"常用"选项卡"绘图"面板中的"直线"按钮，为图形添加文字说明，如图（项目）2-174所示。

（18）分别单击"常用"选项卡"绘图"面板中的"圆"按钮和"直线"按钮，在图形底部绘制轴号圆，完成1-1断面剖面图的绘制，效果如图（项目）2-175所示。

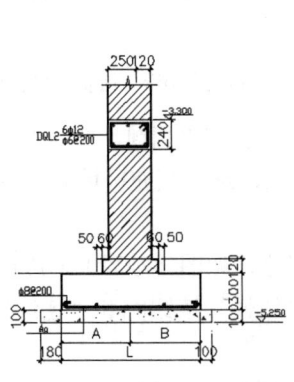
图（项目）2-174 添加文字说明（1）

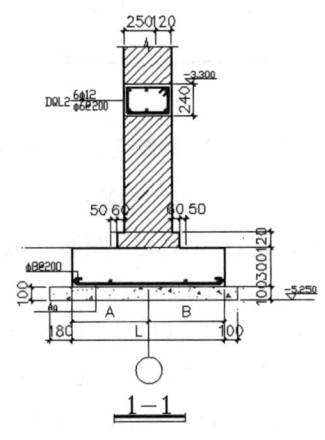
图（项目）2-175 1-1断面剖面图

3．绘制 2-2、7a-7a 断面剖面图

利用上述方法完成 2-2、7a-7a 断面剖面图的绘制，效果如图（项目）2-176 所示。

4．绘制 3-3 断面剖面图

利用上述方法完成 3-3 断面剖面图的绘制，效果如图（项目）2-177 所示。

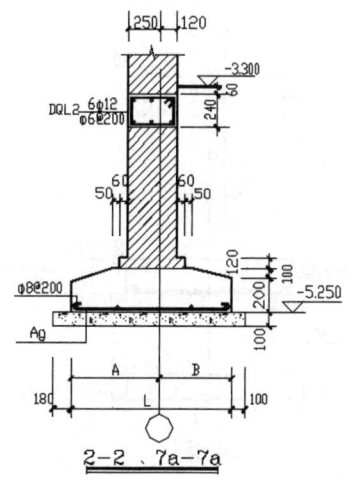

图（项目）2-176　2-2、7a-7a 断面剖面图

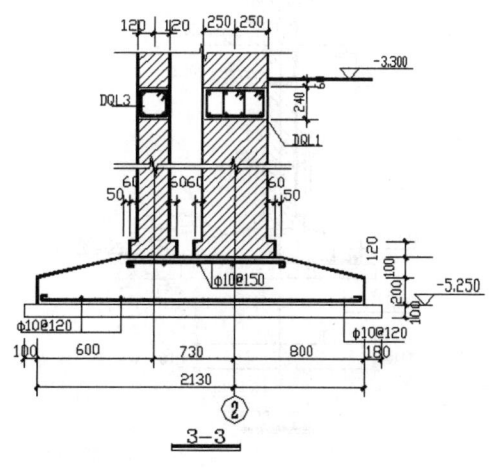

图（项目）2-177　3-3 断面剖面图

5．绘制 4-4 断面剖面图

利用上述方法完成 4-4 断面剖面图的绘制，效果如图（项目）2-178 所示。

6．绘制 5-5、6-6 断面剖面图

利用上述方法完成 5-5、6-6 断面剖面图的绘制，效果如图（项目）2-179 所示。

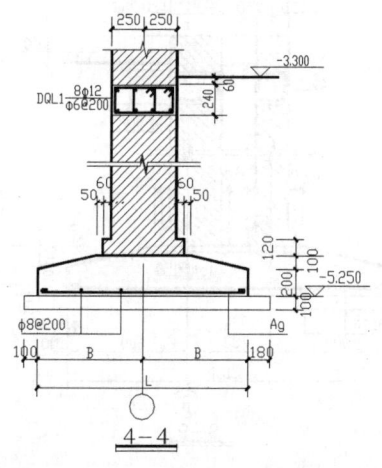

图（项目）2-178　4-4 断面剖面图

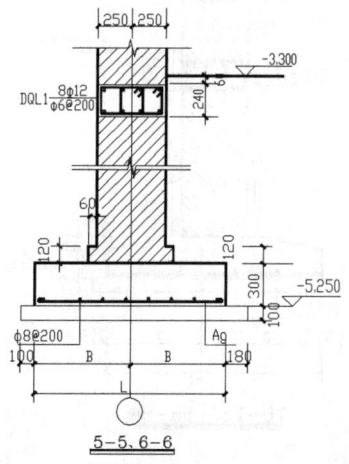

图（项目）2-179　5-5、6-6 断面剖面图

7．绘制 7-7 断面剖面图

利用上述方法完成 7-7 断面剖面图的绘制，效果如图（项目）2-180 所示。

8．绘制 8-8 断面剖面图

利用上述方法完成 8-8 断面剖面图的绘制，效果如图（项目）2-181 所示。

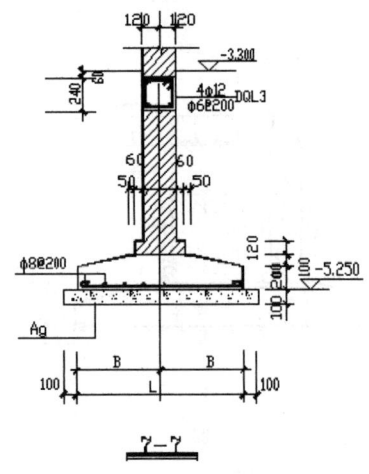

图（项目）2-180　7-7 断面剖面图　　　图（项目）2-181　8-8 断面剖面图

9．绘制 7b-7b、8a-8a 断面剖面图

利用上述方法完成 7b-7b、8a-8a 断面剖面图的绘制，效果如图（项目）2-182 所示。

10．绘制 9-9 断面剖面图

利用上述方法完成 9-9 断面剖面图的绘制，效果如图（项目）2-183 所示。

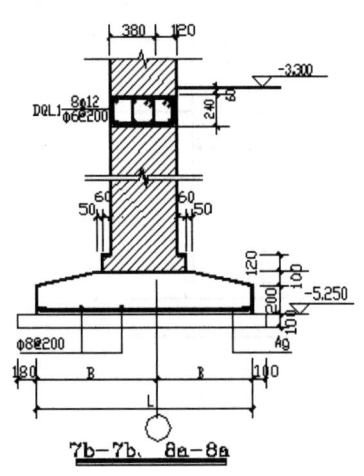
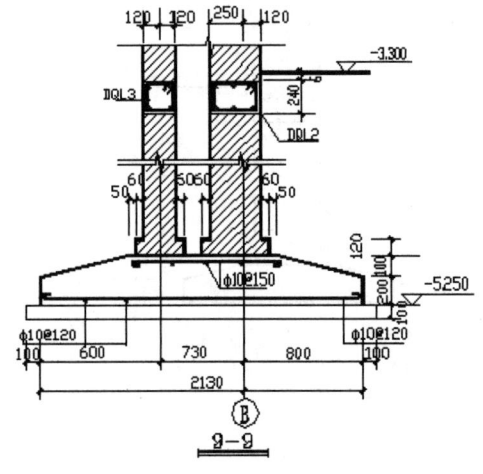

图（项目）2-182　7b-7b、8a-8a 断面剖面图　　　图（项目）2-183　9-9 断面剖面图

11. 绘制 10-10 断面剖面图

利用上述方法完成 10-10 断面剖面图的绘制，效果如图（项目）2-184 所示。

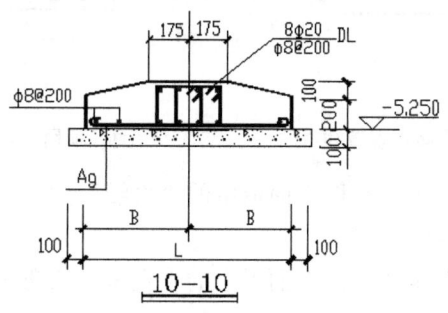

图（项目）2-184　10-10 断面剖面图

12. 绘制 120 隔墙基础

（1）单击"常用"选项卡"绘图"面板中的"多段线"按钮，指定起点宽度为 50、端点宽度为 50，在图形适当位置绘制一条水平多段线，如图（项目）2-185 所示。

（2）单击"常用"选项卡"绘图"面板中的"直线"按钮，在上一步绘制的水平多段线上方绘制一条水平直线，如图（项目）2-186 所示。

图（项目）2-185　绘制水平多段线　　图（项目）2-186　绘制水平直线（4）

（3）单击"常用"选项卡"绘图"面板中的"多段线"按钮，指定起点宽度为 0、端点宽度为 0，在上一步绘制的图形下方绘制连续多段线，如图（项目）2-187 所示。

（4）单击"常用"选项卡"绘图"面板中的"直线"按钮，在图形适当位置选取一点为直线起点，绘制一条竖直直线，如图（项目）2-188 所示。

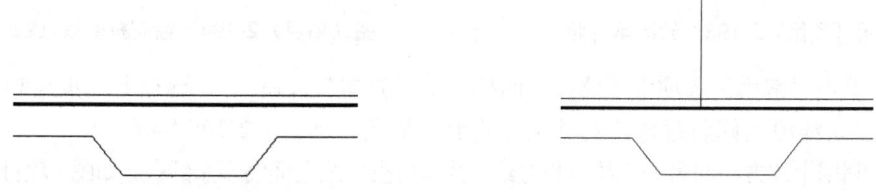

图（项目）2-187　绘制连续多段线（4）　　图（项目）2-188　绘制竖直直线

（5）单击"常用"选项卡"修改"面板中的"偏移"按钮，选择上一步绘制的竖直直线为偏移对象，向右进行偏移，如图（项目）2-189 所示。

（6）单击"常用"选项卡"修改"面板中的"修剪"按钮，选择上一步偏移的竖直直线间的多余线段为修剪对象，对其进行修剪，如图（项目）2-190 所示。

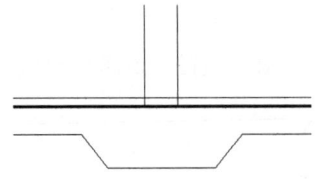
图（项目）2-189　偏移竖直直线

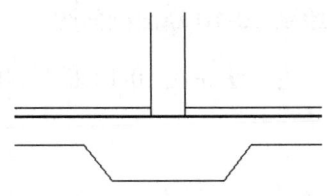
图（项目）2-190　修剪线段（3）

（7）单击"常用"选项卡"绘图"面板中的"直线"按钮，在图形适当位置绘制封闭区域线，如图（项目）2-191所示。

（8）单击"常用"选项卡"绘图"面板中的"直线"按钮，在图形适当位置绘制多条斜向直线，如图（项目）2-192所示。

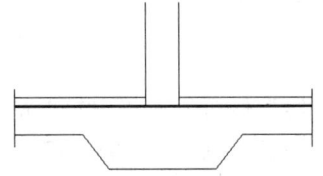
图（项目）2-191　绘制封闭区域线

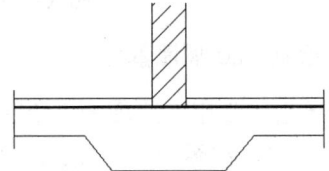
图（项目）2-192　绘制斜向直线（2）

（9）结合所学知识绘制填充物，如图（项目）2-193所示。

（10）单击"常用"选项卡"绘图"面板中的"直线"按钮，在图形左侧竖直边上绘制折弯线，如图（项目）2-194所示。

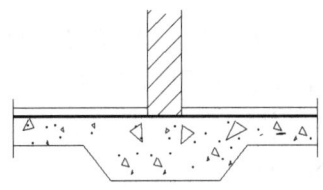
图（项目）2-193　绘制填充物

图（项目）2-194　绘制折弯线（2）

（11）单击"常用"选项卡"修改"面板中的"修剪"按钮，选择上一步绘制的折弯线之间的多余线段为修剪对象，对其进行修剪，如图（项目）2-195所示。

（12）利用上述方法在另一侧绘制折弯线，并修剪折弯线之间的多余线段，如图（项目）2-196所示。

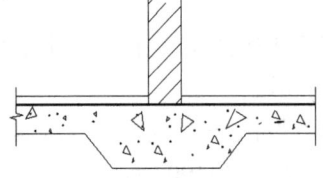
图（项目）2-195　修剪线段（4）

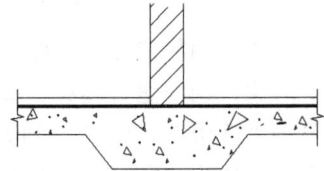
图（项目）2-196　修剪线段（5）

（13）单击"注释"选项卡"标注"面板中的"线性"按钮，为图形添加线性标注，如图（项目）2-197 所示。

（14）单击"注释"选项卡"标注"面板中的"角度"按钮，为图形添加角度标注，如图（项目）2-198 所示。

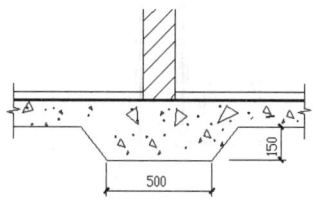
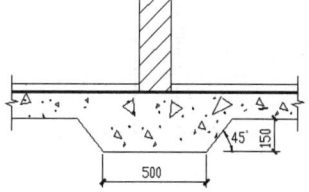

图（项目）2-197　添加线性标注（1）　　　　　图（项目）2-198　添加角度标注

13．绘制构造柱插筋

（1）单击"常用"选项卡"绘图"面板中的"多段线"按钮，指定起点宽度为 50、端点宽度为 50，在图形空白区域绘制连续多段线，如图（项目）2-199 所示。

（2）单击"常用"选项卡"修改"面板"复制"下拉列表中的"镜像"按钮，选择上一步绘制的连续多段线为镜像对象，对其进行竖直镜像，如图（项目）2-200 所示。

图（项目）2-199　绘制连续多段线（5）　　　　图（项目）2-200　镜像连续多段线

（3）单击"常用"选项卡"绘图"面板中的"直线"按钮，在图形适当位置绘制连续直线，如图（项目）2-201 所示。

（4）单击"常用"选项卡"绘图"面板中的"直线"按钮，在上一步绘制的图形下方绘制一条水平直线，如图（项目）2-202 所示。

图（项目）2-201　绘制连续直线　　　　　图（项目）2-202　绘制水平直线（5）

（5）分别单击"常用"选项卡"绘图"面板中的"直线"按钮和"常用"选项卡"修改"面板中的"修剪"按钮，绘制图形剩余部分，如图（项目）2-203 所示。

（6）单击"注释"选项卡"标注"面板中的"线性"按钮，为图形添加线性标注，如图（项目）2-204所示。

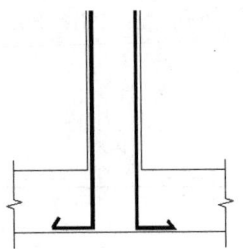
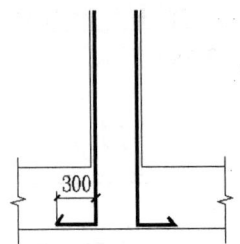

图（项目）2-203　绘制图形剩余部分　　　图（项目）2-204　添加线性标注（2）

14．添加文字说明及插入图框

（1）单击"常用"选项卡"注释"面板中的"多行文字"按钮，为图形添加文字说明，如图（项目）2-205所示。

基础说明：
1. 本工程按本地区地震基本烈度七度设防。
   设计基本地震加速度为0.15g，所属设计地震分组为第一组。
2. 采用墙下条形基础，基础垫层为C10素混凝土，
   其余均为C25混凝土。I(Φ)级钢筋，II(Φ)级钢筋。
3. 砖砌体：±0.000以下采用MU10机砖M10水泥砂浆。
   一层采用MU10烧结多孔砖M7.5混合砂浆。
   二层采用MU10烧结多孔砖M5.0混合砂浆。
4. 基础开槽处理完成后，经设计单位验收合格后
   方可进行下一步施工。
5. 基础底板受力钢筋保护层厚度为40mm。
6. 构造柱配筋见详图，在柱端800mm范围内箍筋加密为Φ6@100。
7. 标高以米为单位，其余均以毫米为单位。
8. 设备管道穿墙、板、洞口位置参照设备图留设。
9. 本工程地基承载力特征值按Fak=110kPa计算。基底标高
   -5.250m相当于地质报告中高程为28.000m。
10. 所有外墙均做防水，高度至自然地坪下。
11. 采光井围护墙为240mm厚，下设C10混凝土垫层厚100mm，垫层底标高为-1.600m。

图（项目）2-205　添加文字说明（2）

（2）单击"常用"选项卡"块"面板中的"插入"按钮，打开"插入图块"对话框；单击"浏览"按钮，打开"插入块"对话框，选择"源文件\项目2\图块\A2图框"图块，将其放置到图形适当位置，最终效果如图（项目）2-151所示。

任务4　绘制别墅楼梯结构配筋图

📖 任务背景

楼梯是建筑物必不可少的附件。楼梯结构配筋图主要表达楼梯的结构尺寸、材料选取、具

项目 2 绘制别墅结构设计图

体做法等信息。本任务将讲述楼梯结构配筋图的绘制方法，绘制效果如图（项目）2-206 所示。

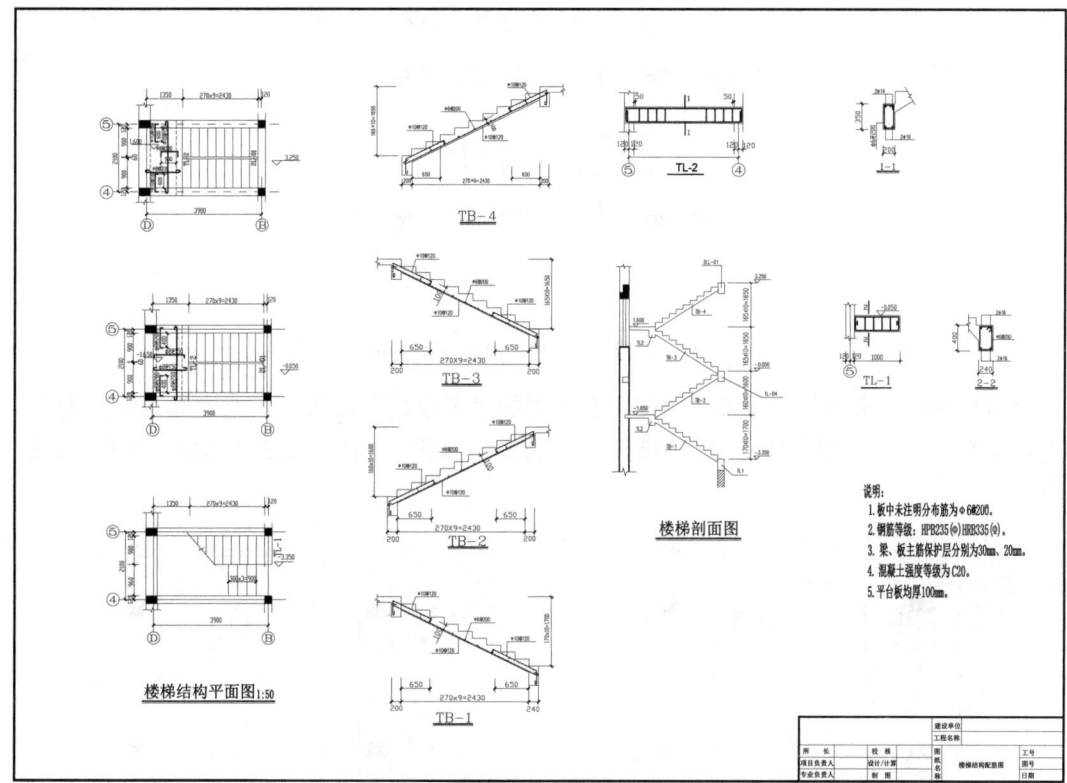

图（项目）2-206 楼梯结构配筋图

操作步骤

1. 绘制楼梯结构平面图

（1）选择"文件"→"打开"命令，打开"源文件\项目 2\楼梯结构平面图"文件，如图（项目）2-207 所示。

（2）单击"常用"选项卡"绘图"面板中的"多段线"按钮，指定起点宽度为 50、端点宽度为 50，在楼梯间绘制连续多段线，如图（项目）2-208 所示。

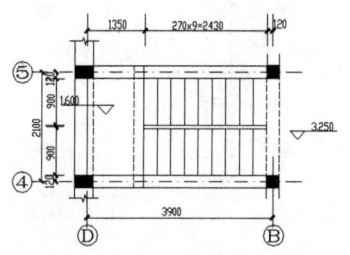

图（项目）2-207 楼梯结构平面图

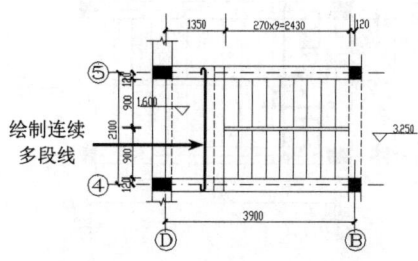

图（项目）2-208 绘制连续多段线（1）

（3）利用上述方法绘制相同的筋，如图（项目）2-209所示。

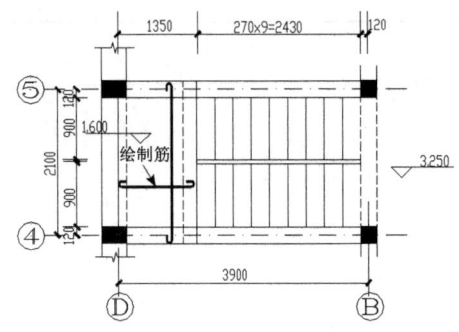

图（项目）2-209 绘制相同的筋

（4）单击"常用"选项卡"绘图"面板中的"多段线"按钮，指定起点宽度为50、端点宽度为50，在图形适当位置绘制连续多段线，如图（项目）2-210和图（项目）2-211所示。

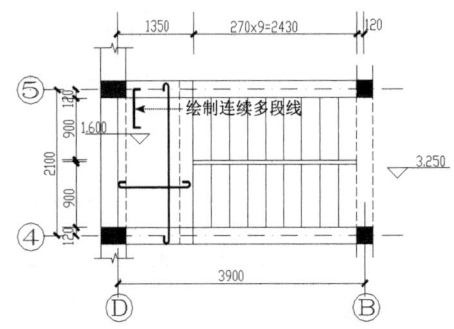

图（项目）2-210 绘制连续多段线（2）

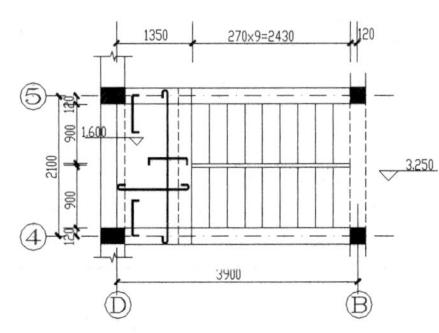

图（项目）2-211 绘制连续多段线（3）

（5）单击"注释"选项卡"标注"面板中的"线性"按钮，为图形添加线性标注，如图（项目）2-212所示。

（6）单击"常用"选项卡"注释"面板中的"多行文字"按钮，为图形添加文字说明，如图（项目）2-213所示。

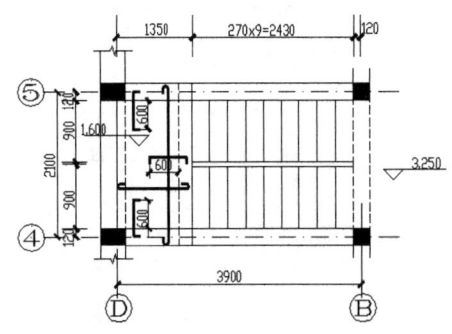

图（项目）2-212 添加线性标注

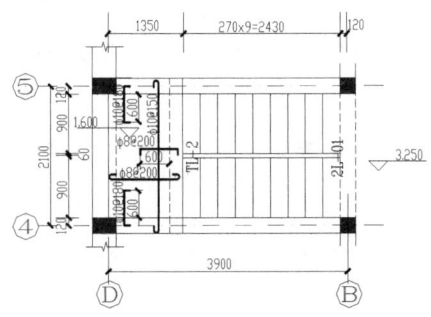

图（项目）2-213 添加文字说明（1）

项目 2　绘制别墅结构设计图

（7）利用上述方法绘制剩余楼梯结构平面图，如图（项目）2-214 所示。

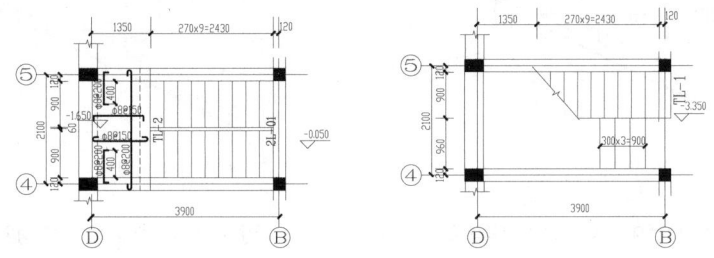

图（项目）2-214　绘制剩余楼梯结构平面图

2．绘制台阶板剖面 TB-4

（1）选择"文件"→"打开"命令，打开"源文件\项目 2\台板"文件，如图（项目）2-215 所示。

（2）单击"常用"选项卡"绘图"面板中的"多段线"按钮，指定起点宽度为 30、端点宽度为 30，在图形适当位置绘制连续多段线，如图（项目）2-216 所示。

图（项目）2-215　台板　　　　　图（项目）2-216　绘制连续多段线（4）

（3）单击"常用"选项卡"绘图"面板中的"多段线"按钮，指定起点宽度为 30、端点宽度为 30，在上一步绘制的连续多段线底部绘制连续多段线，如图（项目）2-217 所示。

（4）单击"常用"选项卡"修改"面板中的"复制"按钮，选择上一步绘制的连续多段线为复制对象，向右进行复制，如图（项目）2-218 所示。

图（项目）2-217　绘制连续多段线（5）　　　图（项目）2-218　复制连续多段线

（5）单击"常用"选项卡"绘图"面板中的"多段线"按钮，指定起点宽度为 30、端点宽度为 30，绘制剩余连接线，如图（项目）2-219 所示。

（6）分别单击"常用"选项卡"绘图"面板中的"圆"按钮和"图案填充"按钮，在上一步绘制的图形内绘制并填充圆，如图（项目）2-220 所示。

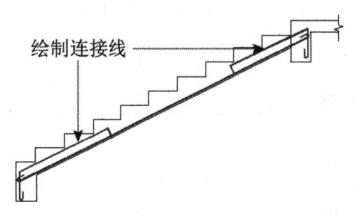 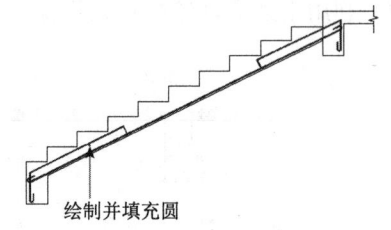

图（项目）2-219　绘制剩余连接线　　　图（项目）2-220　绘制并填充圆

（7）单击"常用"选项卡"修改"面板中的"复制"按钮，选择上一步绘制的圆为复制对象，连续向右进行复制，如图（项目）2-221所示。

（8）分别单击"注释"选项卡"标注"面板中的"线性"按钮和"连续"按钮，为图形添加尺寸标注，如图（项目）2-222所示。

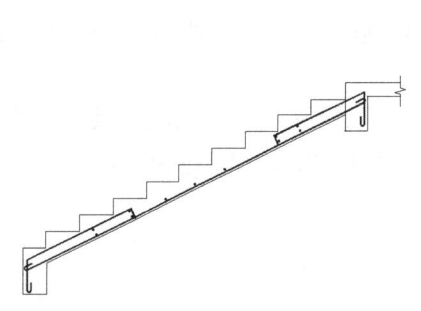 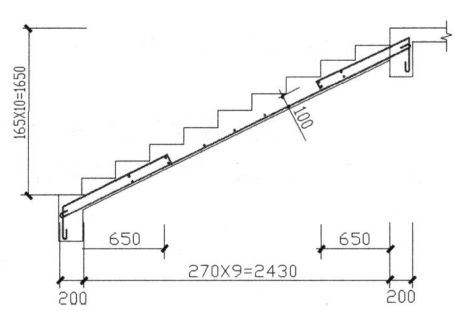

图（项目）2-221　复制圆　　　　　　　图（项目）2-222　添加尺寸标注（1）

（9）单击"常用"选项卡"注释"面板中的"多行文字"按钮，为图形添加文字说明，完成台阶板剖面TB-4的绘制，效果如图（项目）2-223所示。

（10）利用上述方法完成台阶板剖面TB-3的绘制，效果如图（项目）2-224所示。

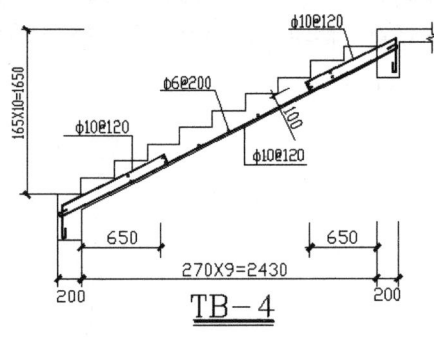 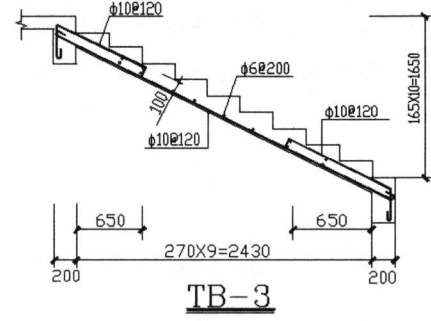

图（项目）2-223　台阶板剖面TB-4　　　图（项目）2-224　台阶板剖面TB-3

（11）利用上述方法完成台阶板剖面TB-2的绘制，效果如图（项目）2-225所示。

（12）利用上述方法完成台阶板剖面TB-1的绘制，效果如图（项目）2-226所示。

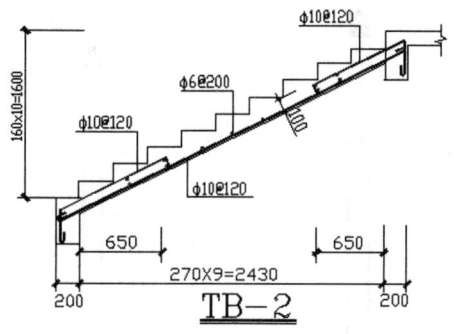
图（项目）2-225　台阶板剖面 TB-2

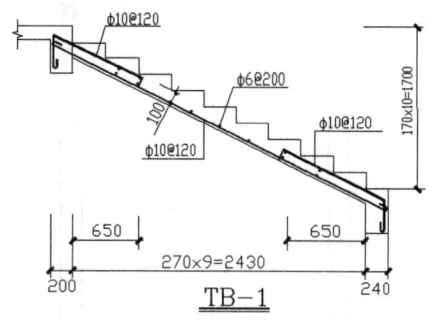
图（项目）2-226　台阶板剖面 TB-1

3．绘制楼梯剖面图

（1）单击"常用"选项卡"绘图"面板中的"多段线"按钮 ，指定起点宽度为 66、端点宽度为 66，在图形适当位置绘制连续多段线，如图（项目）2-227 所示。

（2）单击"常用"选项卡"绘图"面板中的"直线"按钮 ，在上一步绘制的图形底部绘制一条水平直线，如图（项目）2-228 所示。

图（项目）2-227　绘制连续多段线（6）　　图（项目）2-228　绘制水平直线（1）

（3）单击"常用"选项卡"绘图"面板中的"直线"按钮 ，在上一步绘制的图形适当位置绘制连续直线，如图（项目）2-229 所示。

（4）单击"常用"选项卡"绘图"面板中的"图案填充"按钮 ，打开"图案填充创建"选项卡，选择 ANSI31 图案，设置"填充比例"为 2，选择填充区域完成图案填充，效果如图（项目）2-230 所示。

（5）单击"常用"选项卡"绘图"面板中的"直线"按钮 ，绘制图形之间的连接线，如图（项目）2-231 所示。

（6）单击"常用"选项卡"绘图"面板中的"直线"按钮 ，在上一步绘制的图形顶部绘制两条竖直直线，如图（项目）2-232 所示。

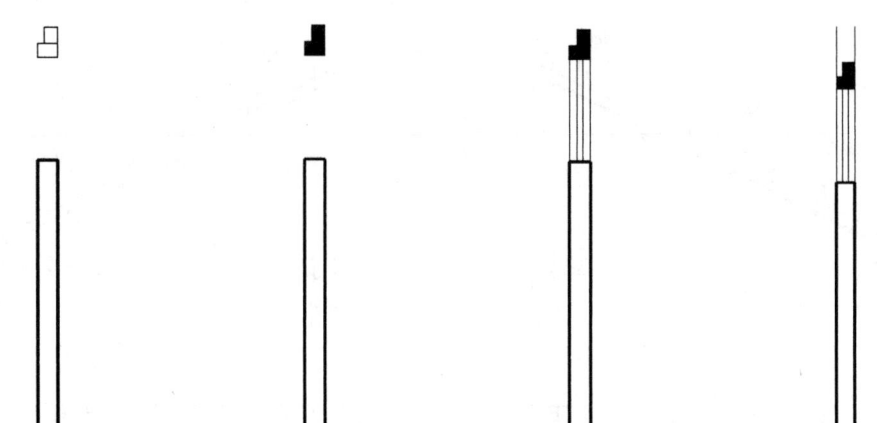

图（项目）2-229 绘制连续直线（1）　　图（项目）2-230 图案填充效果　　图（项目）2-231 绘制连接线　　图（项目）2-232 绘制竖直直线

（7）单击"常用"选项卡"绘图"面板中的"直线"按钮，在上一步绘制的图形适当位置绘制一条水平直线，如图（项目）2-233所示。

（8）单击"常用"选项卡"绘图"面板中的"直线"按钮，在上一步绘制的图形适当位置绘制折弯线，如图（项目）2-234所示。

（9）单击"常用"选项卡"修改"面板中的"修剪"按钮，选择上一步绘制的折弯线为修剪对象，对其进行修剪，如图（项目）2-235所示。

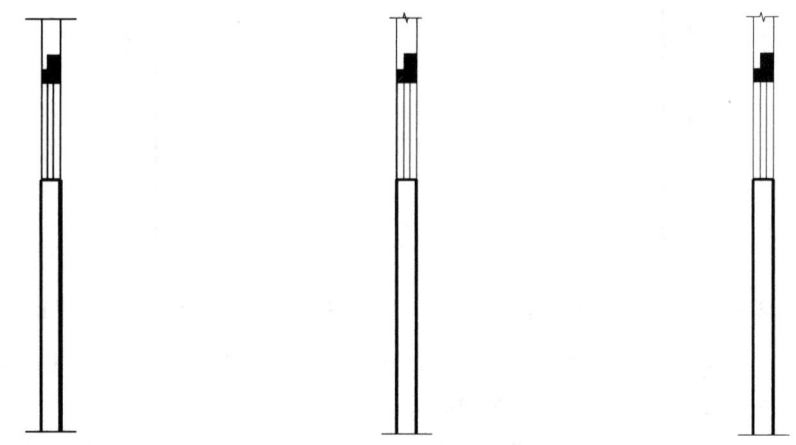

图（项目）2-233 绘制水平直线（2）　　图（项目）2-234 绘制折弯线　　图（项目）2-235 修剪折弯线

（10）利用上述方法绘制底部相同图形，如图（项目）2-236所示。

（11）单击"常用"选项卡"绘图"面板中的"直线"按钮，在上一步绘制的图形适当位置绘制连续直线，如图（项目）2-237所示。

（12）单击"常用"选项卡"修改"面板中的"修剪"按钮，选择上一步绘制的连续直线为修剪对象，对其进行修剪，如图（项目）2-238所示。

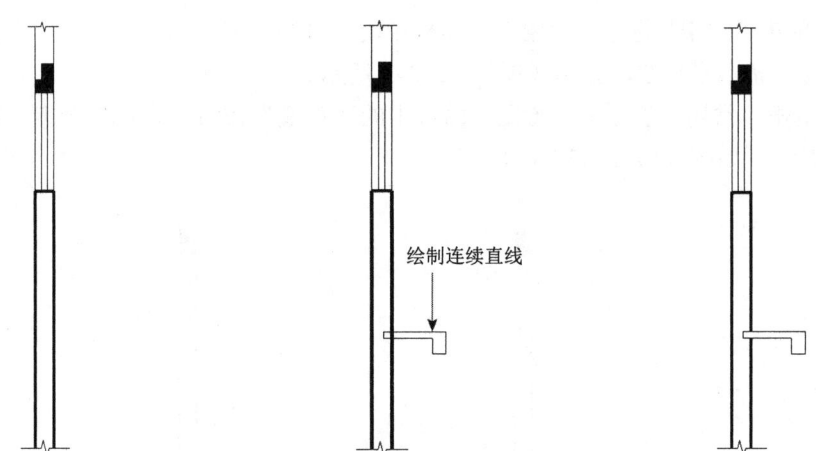

图（项目）2-236 绘制底部相同图形　　图（项目）2-237 绘制连续直线（2）　　图（项目）2-238 修剪连续直线

（13）单击"常用"选项卡"绘图"面板中的"多段线"按钮，指定起点宽度为0、端点宽度为0，在上一步绘制的图形适当位置绘制连续多段线，如图（项目）2-239所示。

（14）单击"常用"选项卡"绘图"面板中的"直线"按钮，在上一步绘制的图形适当位置绘制一条斜向直线，如图（项目）2-240所示。

（15）单击"常用"选项卡"绘图"面板中的"矩形"按钮，在上一步绘制的图形底部绘制一个矩形，如图（项目）2-241所示。

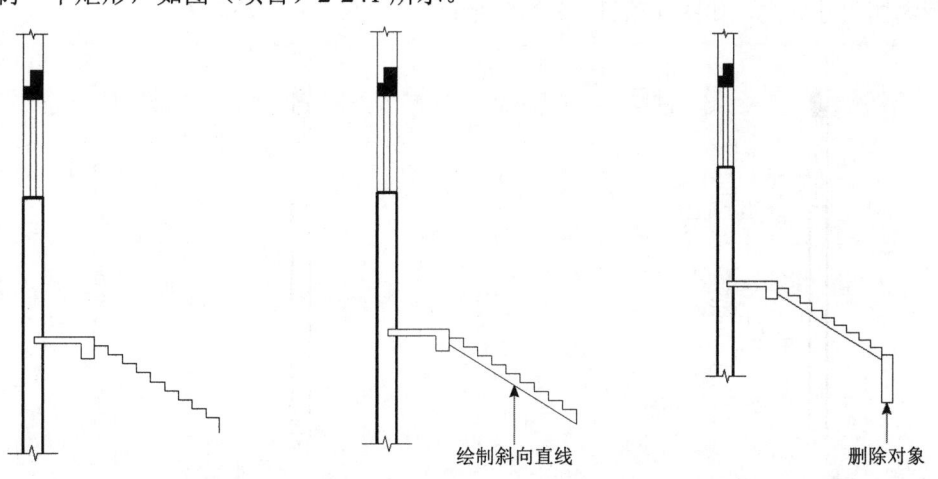

图（项目）2-239 绘制连续多段线（7）　　图（项目）2-240 绘制斜向直线（1）　　图（项目）2-241 绘制矩形

（16）单击"常用"选项卡"修改"面板中的"分解"按钮，选择上一步绘制的矩形为分解对象，按 Enter 键确认分解。

（17）单击"常用"选项卡"修改"面板中的"删除"按钮，选择上一步分解的矩形底部水平直线为删除对象，将其删除，如图（项目）2-242所示。

（18）单击"常用"选项卡"绘图"面板中的"直线"按钮，在上一步绘制的图形适当位置绘制一条水平直线，如图（项目）2-243所示。

（19）单击"常用"选项卡"绘图"面板中的"直线"按钮，在上一步绘制的图形内绘制斜向直线，如图（项目）2-244所示。

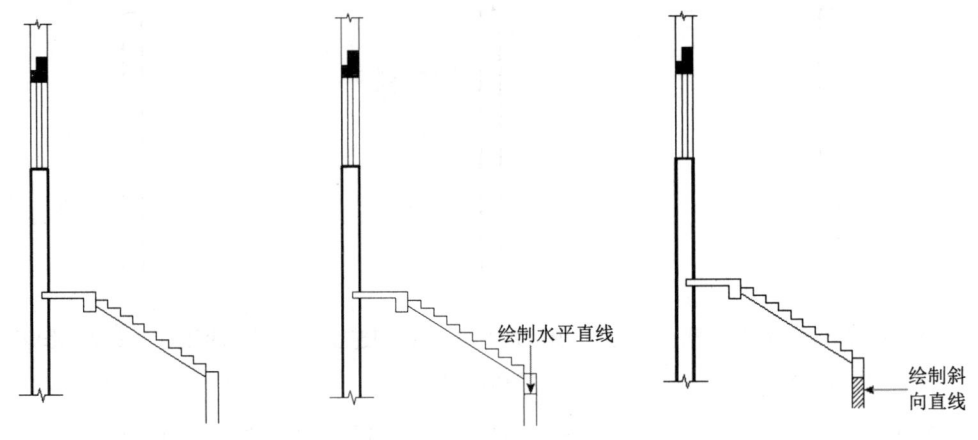

图（项目）2-242　删除底部水平直线　　　图（项目）2-243　绘制水平直线（3）　　　图（项目）2-244　绘制斜向直线（2）

（20）利用上述方法绘制剩余图形，如图（项目）2-245所示。

（21）分别单击"注释"选项卡"标注"面板中的"线性"按钮和"连续"按钮，为图形添加尺寸标注，如图（项目）2-246所示。

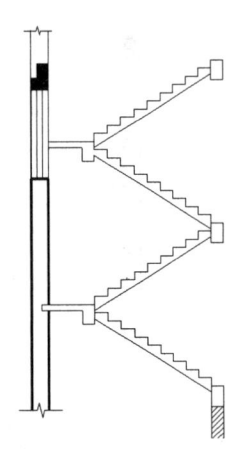 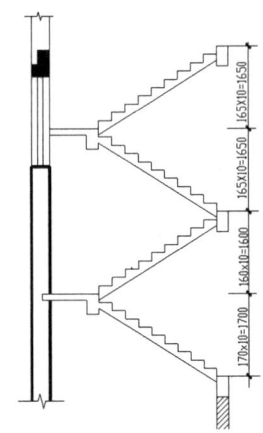

图（项目）2-245　绘制剩余图形　　　图（项目）2-246　添加尺寸标注（2）

（22）分别单击"常用"选项卡"绘图"面板中的"直线"按钮和"常用"选项卡"注释"面板中的"多行文字"按钮，为图形添加标高，如图（项目）2-247所示。

（23）分别单击"常用"选项卡"绘图"面板中的"直线"按钮和"常用"选项卡"注释"面板中的"多行文字"按钮，为图形添加文字说明，完成楼梯剖面图的绘制，效果如图（项目）2-248所示。

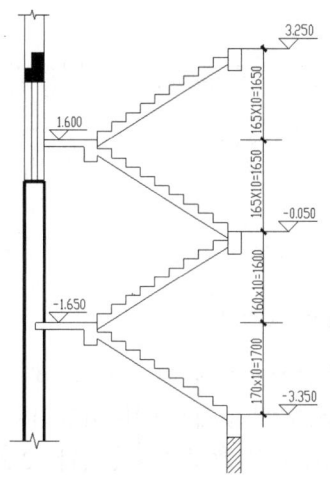

图（项目）2-247 添加标高

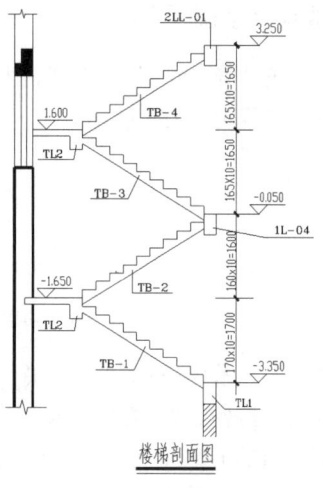

图（项目）2-248 楼梯剖面图

4．绘制箍梁

利用前面讲述的方法完成箍梁 1-1 的绘制，效果如图（项目）2-249 所示。

利用前面讲述的方法完成箍梁 2-2 的绘制，效果如图（项目）2-250 所示。

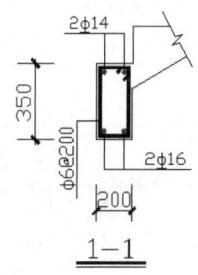

图（项目）2-249 箍梁 1-1

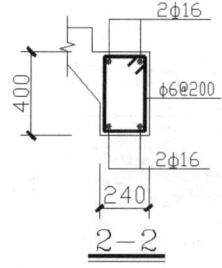

图（项目）2-250 箍梁 2-2

5．绘制挑梁

利用前面讲述的方法完成挑梁 TL-1 的绘制，效果如图（项目）2-251 所示。

利用前面讲述的方法完成挑梁 TL-2 的绘制，效果如图（项目）2-252 所示。

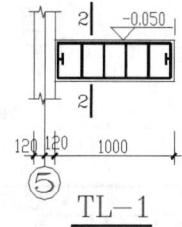

图（项目）2-251 挑梁 TL-1

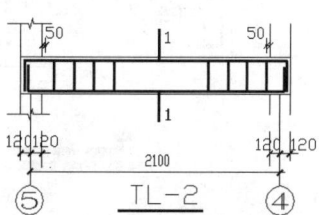

图（项目）2-252 挑梁 TL-2

6．添加文字说明及图框

（1）单击"常用"选项卡"注释"面板中的"多行文字"按钮，为图形添加文字说明，如图（项目）2-253 所示。

图（项目）2-253　添加文字说明（2）

（2）单击"常用"选项卡"块"面板中的"插入"按钮，打开"插入图块"对话框；单击"浏览"按钮，打开"插入块"对话框，选择"源文件\项目 2\图块\A2 图框"图块，将其放置到图形适当位置，完成楼梯结构配筋图的绘制，最终效果如图（项目）2-206 所示。

任务 5　绘制别墅烟囱详图

任务背景

相比普通单元住宅而言，烟囱是别墅的独有建筑结构。在现代别墅中，烟囱基本上失去了其原本排烟的实际作用，变成了一种带有象征意义的建筑文化符号。本任务将讲述 A-A、B-B 等烟囱详图的绘制方法，绘制效果如图（项目）2-254 所示。

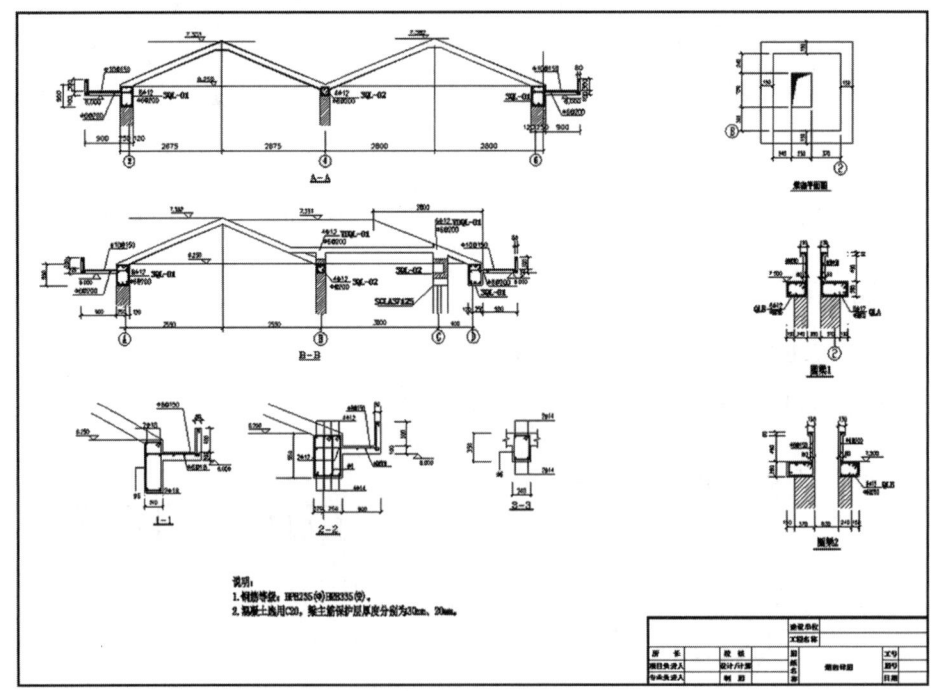

图（项目）2-254　烟囱详图

项目2 绘制别墅结构设计图

📖 **操作步骤**

1. 绘制 A-A 剖面图

（1）单击"常用"选项卡"绘图"面板中的"直线"按钮✏，在图形空白区域任选一点为起点，绘制一条长度为 27 500 的水平直线，如图（项目）2-255 所示。

图（项目）2-255　绘制水平直线（1）

（2）单击"常用"选项卡"绘图"面板中的"直线"按钮✏，以上一步绘制的水平直线左端点为起点，向上绘制一条长度为 2523 的竖直直线，如图（项目）2-256 所示。

图（项目）2-256　绘制竖直直线（1）

（3）单击"常用"选项卡"修改"面板中的"偏移"按钮⟳，选择上一步绘制的竖直直线为偏移对象，连续向右进行偏移，偏移距离分别为 925、12 149、600、12 900、925，如图（项目）2-257 所示。

图（项目）2-257　偏移竖直直线（1）

（4）单击"常用"选项卡"绘图"面板中的"多段线"按钮⌒，指定起点宽度为 50、端点宽度为 50，在图形适当位置绘制连续多段线，如图（项目）2-258 所示。

图（项目）2-258　绘制连续多段线（1）

（5）单击"常用"选项卡"绘图"面板中的"圆"按钮⊖，在上一步绘制的连续多段线内绘制一个半径为 50 的圆，如图（项目）2-259 所示。

（6）单击"常用"选项卡"修改"面板中的"偏移"按钮⟳，选择上一步绘制的圆为偏移对象，向内进行偏移，偏移距离为 45，如图（项目）2-260 所示。

　　　　　　　　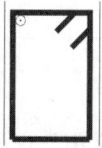

图（项目）2-259　绘制圆　　　　　　　图（项目）2-260　偏移圆

（7）单击"常用"选项卡"绘图"面板中的"图案填充"按钮▦，打开"图案填充创建"

241

选项卡，选择 SOLID 图案，选择填充区域完成图案填充，效果如图（项目）2-261 所示。

（8）单击"常用"选项卡"修改"面板中的"复制"按钮，选择上一步填充的图形为复制对象，对其进行复制，如图（项目）2-262 所示。

（9）单击"常用"选项卡"绘图"面板中的"多段线"按钮，指定起点宽度为 50、端点宽度为 50，绘制连续多段线，如图（项目）2-263 所示。

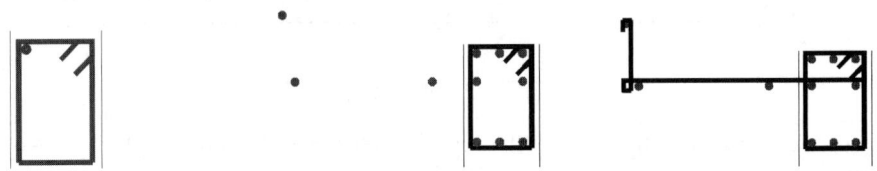

图（项目）2-261　图案填充效果（1）　　　图（项目）2-262　复制图形　　　图（项目）2-263　绘制连续多段线（2）

（10）单击"常用"选项卡"修改"面板"复制"下拉列表中的"镜像"按钮，选择左侧已有图形为镜像对象，向右进行镜像，如图（项目）2-264 所示。

图（项目）2-264　镜像图形

（11）利用上述方法绘制中间图形，如图（项目）2-265 所示。

图（项目）2-265　绘制中间图形

（12）单击"常用"选项卡"绘图"面板中的"多段线"按钮，指定起点宽度为 20、端点宽度为 20，绘制屋顶线，如图（项目）2-266 所示。

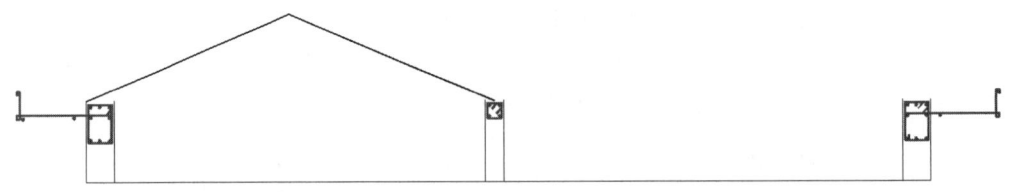

图（项目）2-266　绘制屋顶线

（13）单击"常用"选项卡"修改"面板中的"偏移"按钮，选择上一步绘制的屋顶线为偏移对象，向下进行偏移，偏移距离为 375，如图（项目）2-267 所示。

（14）单击"常用"选项卡"绘图"面板中的"多段线"按钮，在图形适当位置绘制一条水平多段线，如图（项目）2-268 所示。

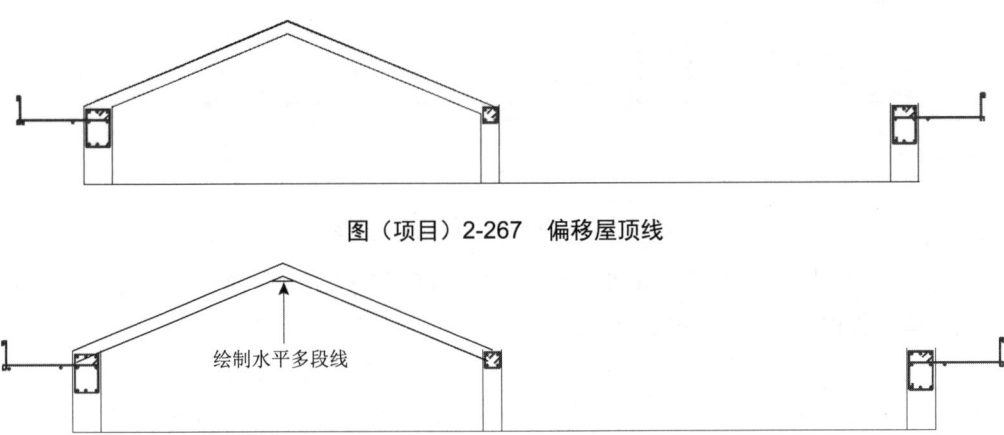

图(项目)2-267 偏移屋顶线

图(项目)2-268 绘制水平多段线

(15)单击"常用"选项卡"修改"面板中的"修剪"按钮 ⊹,选择上一步绘制的图形为修剪对象,对其进行修剪,如图(项目)2-269所示。

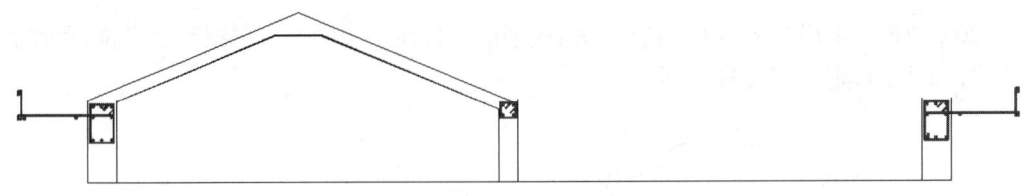

图(项目)2-269 修剪图形(1)

(16)单击"常用"选项卡"绘图"面板中的"直线"按钮 ╲,在图形适当位置绘制一条水平直线,并将上一步修剪后的屋顶线进行延伸,如图(项目)2-270所示。

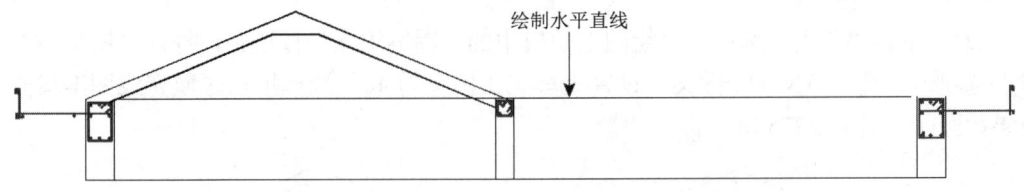

图(项目)2-270 绘制水平直线并延伸屋顶线

(17)单击"常用"选项卡"修改"面板中的"修剪"按钮 ⊹,对上一步绘制的水平直线进行修剪,如图(项目)2-271所示。

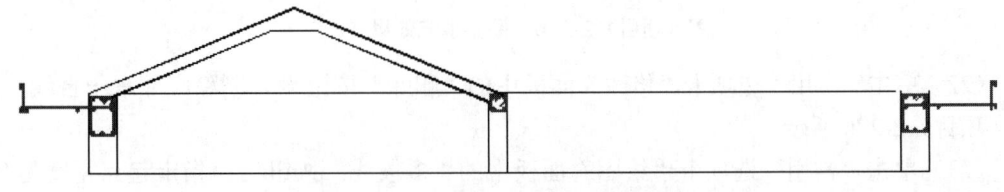

图(项目)2-271 修剪水平直线

(18)利用上述方法绘制剩余图形,如图(项目)2-272所示。

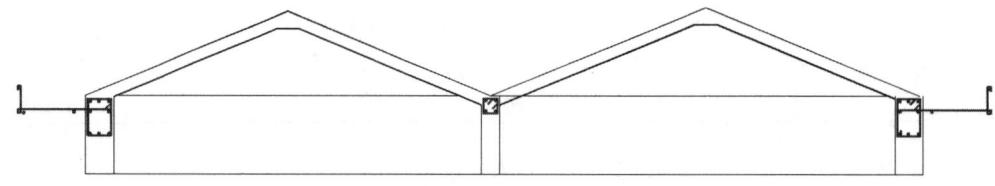

图(项目)2-272　绘制剩余图形

(19)单击"常用"选项卡"修改"面板中的"修剪"按钮，对上一步绘制的图形进行适当修剪，如图(项目)2-273所示。

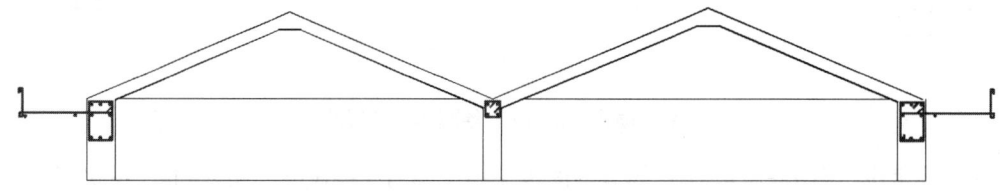

图(项目)2-273　修剪图形(2)

(20)单击"常用"选项卡"绘图"面板中的"直线"按钮，在图形适当位置绘制水平直线，如图(项目)2-274所示。

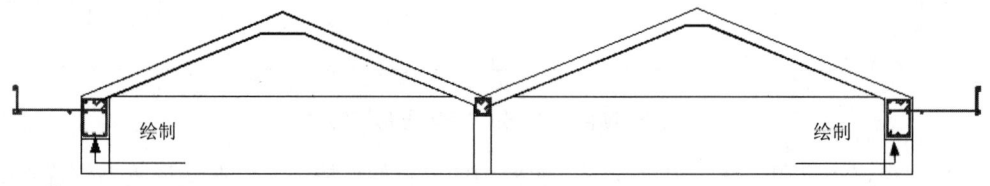

图(项目)2-274　绘制水平直线(2)

(21)单击"常用"选项卡"绘图"面板中的"图案填充"按钮，打开"图案填充创建"选项卡，选择ANSI31图案，设置"填充比例"为40，选择填充区域完成图案填充，效果如图(项目)2-275所示。

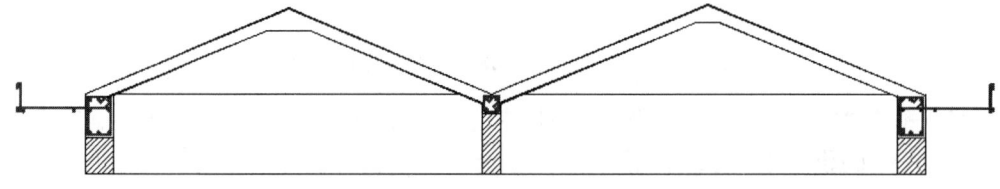

图(项目)2-275　图案填充效果(2)

(22)单击"常用"选项卡"修改"面板中的"删除"按钮，删除底部水平直线，如图(项目)2-276所示。

(23)单击"常用"选项卡"绘图"面板中的"多段线"按钮，指定起点宽度为0、端点宽度为0，在图形左、右两侧绘制连续多段线，如图(项目)2-277所示。

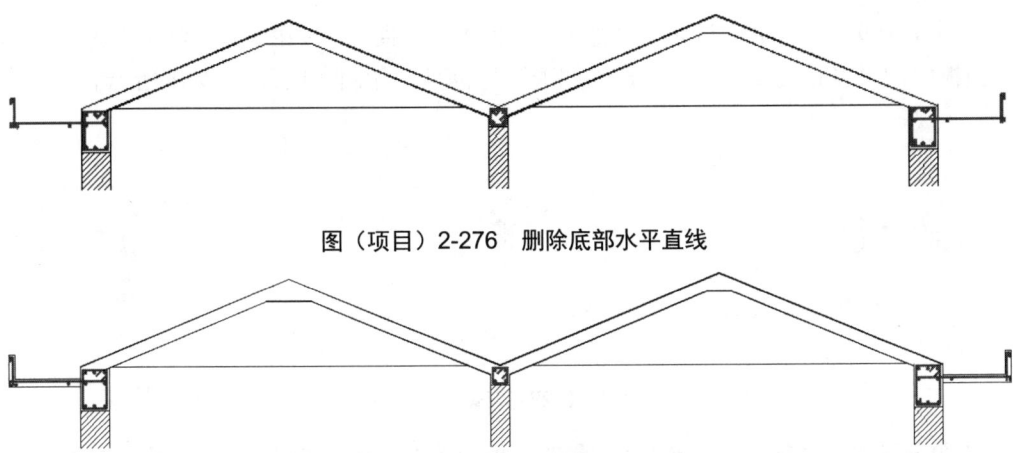

图（项目）2-276　删除底部水平直线

图（项目）2-277　绘制连续多段线（3）

（24）单击"常用"选项卡"修改"面板中的"修剪"按钮，选择多余线段进行修剪，如图（项目）2-278所示。

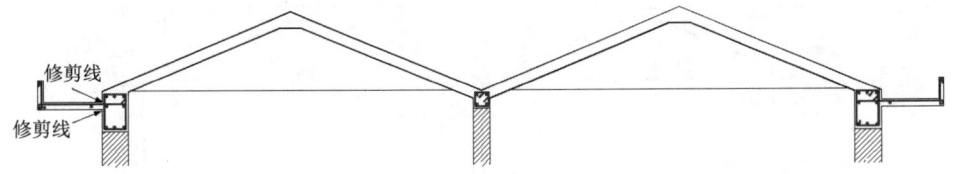

图（项目）2-278　修剪多余线段

（25）分别单击"注释"选项卡"标注"面板中的"线性"按钮和"连续"按钮，为图形添加尺寸标注，如图（项目）2-279所示。

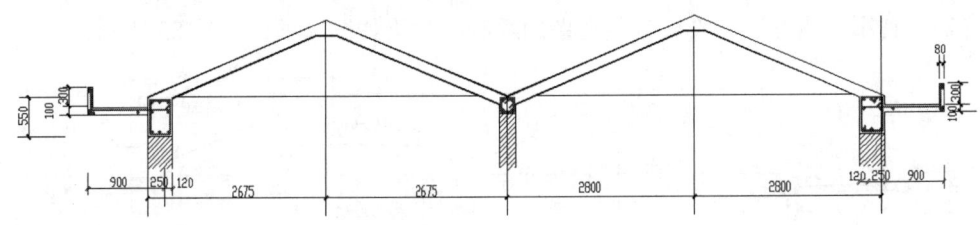

图（项目）2-279　添加尺寸标注（1）

（26）利用前面讲述的方法为图形添加轴号，如图（项目）2-280所示。

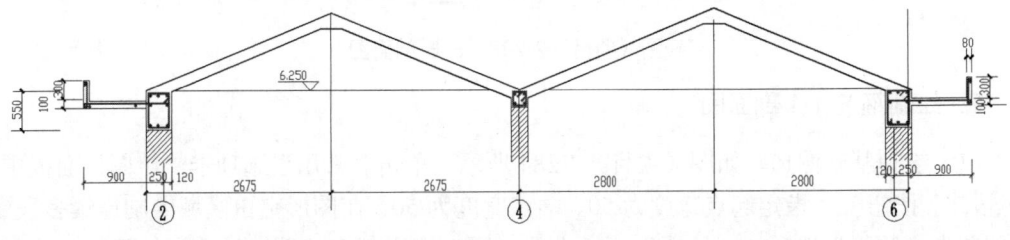

图（项目）2-280　添加轴号

（27）分别单击"常用"选项卡"绘图"面板中的"直线"按钮和"常用"选项卡"注释"面板中的"多行文字"按钮，为图形添加标高，如图（项目）2-281 所示。

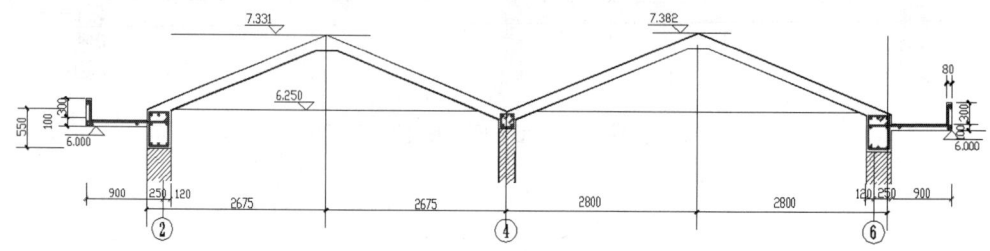

图（项目）2-281　添加标高（1）

（28）分别单击"常用"选项卡"绘图"面板中的"直线"按钮和"常用"选项卡"注释"面板中的"多行文字"按钮，为图形添加文字说明，完成 A-A 剖面图的绘制，效果如图（项目）2-282 所示。

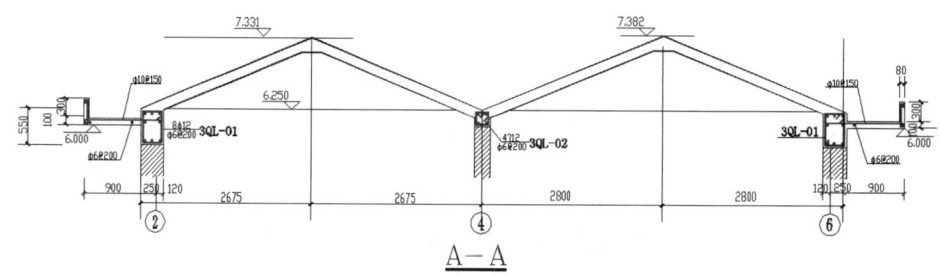

图（项目）2-282　A-A 剖面图

（29）利用上述方法完成 B-B 剖面图的绘制，效果如图（项目）2-283 所示。

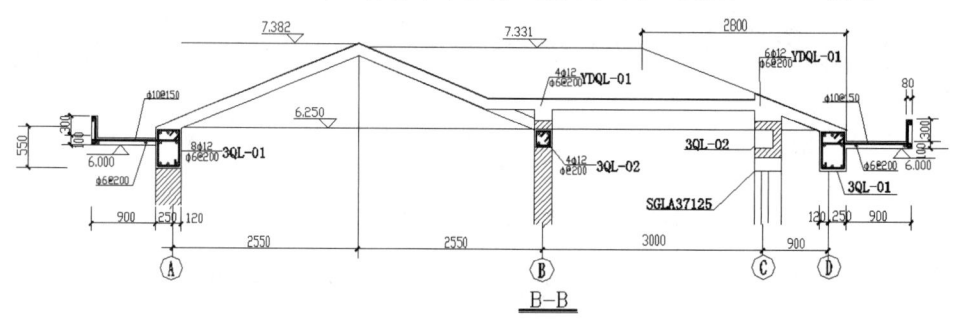

图（项目）2-283　B-B 剖面图

2. 绘制箍筋 1-1 剖面图

（1）绘制基础图形，如图（项目）2-284 所示。单击"常用"选项卡"绘图"面板中的"多段线"按钮，指定起点宽度为 50、端点宽度为 50，在图形空白区域绘制连续多段线；分别单击"常用"选项卡"绘图"面板中的"圆"按钮和"图案填充"按钮，绘制并填充圆；单击"常用"选项卡"修改"面板中的"复制"按钮，选择刚填充的圆为复制

项目 2　绘制别墅结构设计图

对象，对其进行连续复制，完成基础图形的绘制。

（2）单击"常用"选项卡"绘图"面板中的"多段线"按钮，指定起点宽度为 0、端点宽度为 0，在上一步绘制的基础图形外围绘制连续多段线，如图（项目）2-285 所示。

（3）单击"常用"选项卡"绘图"面板中的"直线"按钮，在上一步绘制的图形顶部绘制两条斜向直线，如图（项目）2-286 所示。

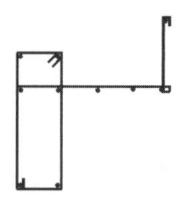 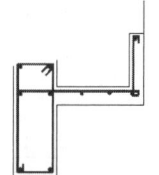 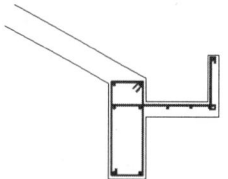

图（项目）2-284　绘制基础图形　　　图（项目）2-285　绘制连续多段线（4）　　　图（项目）2-286　绘制斜向直线

（4）分别单击"注释"选项卡"标注"面板中的"线性"按钮和"连续"按钮，为图形添加尺寸标注，如图（项目）2-287 所示。

（5）利用前面讲述的方法为图形添加文字说明和标高，完成箍筋 1-1 剖面图的绘制，效果如图（项目）2-288 所示。

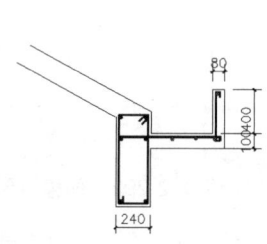 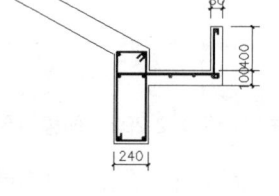

图（项目）2-287　添加尺寸标注（2）　　　图（项目）2-288　箍筋 1-1 剖面图

3．绘制箍筋 2-2 剖面图

利用上述方法完成箍筋 2-2 剖面图的绘制，效果如图（项目）2-289 所示。

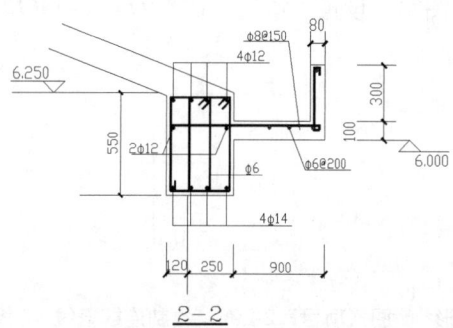

图（项目）2-289　箍筋 2-2 剖面图

247

4．绘制箍筋 3-3 剖面图

利用上述方法完成箍筋 3-3 剖面图的绘制，效果如图（项目）2-290 所示。

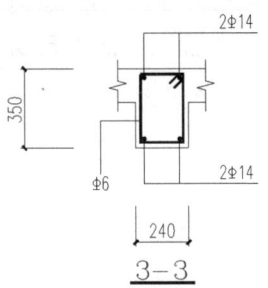

图（项目）2-290　箍筋 3-3 剖面图

5．绘制烟囱平面图

（1）单击"常用"选项卡"绘图"面板中的"矩形"按钮，在图形空白区域绘制一个适当大小的矩形，如图（项目）2-291 所示。

（2）单击"常用"选项卡"修改"面板中的"偏移"按钮，选择上一步绘制的矩形为偏移对象，向内进行偏移，偏移距离为 150，如图（项目）2-292 所示。

图（项目）2-291　绘制矩形　　　　　　　图（项目）2-292　偏移矩形

（3）单击"常用"选项卡"绘图"面板中的"矩形"按钮，在上一步绘制的图形适当位置选取矩形起点，绘制一个小矩形，如图（项目）2-293 所示。

（4）单击"常用"选项卡"绘图"面板中的"直线"按钮，在上一步绘制的小矩形内绘制连续直线，如图（项目）2-294 所示。

（5）单击"常用"选项卡"绘图"面板中的"图案填充"按钮，打开"图案填充创建"选项卡，选择 ANSI31 图案，设置"填充比例"为 4，选择填充区域完成图案填充，效果如图（项目）2-295 所示。

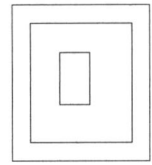 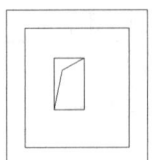 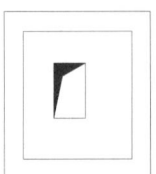

图（项目）2-293　绘制小矩形　　图（项目）2-294　绘制连续直线　　图（项目）2-295　图案填充效果（3）

（6）单击"注释"选项卡"标注"面板中的"线性"按钮，为图形添加线性标注，如图（项目）2-296所示。

（7）利用前面讲述的方法为图形添加轴号和文字说明，完成烟囱平面图的绘制，效果如图（项目）2-297所示。

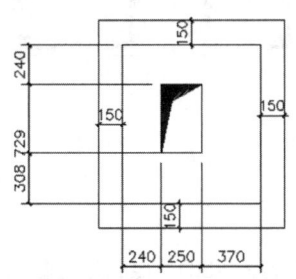
图（项目）2-296 添加线性标注

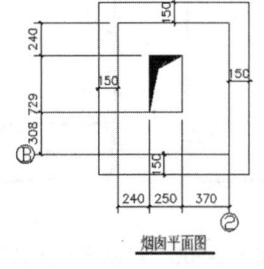
图（项目）2-297 烟囱平面图

6．绘制圈梁1

（1）单击"常用"选项卡"绘图"面板中的"多段线"按钮，指定起点宽度为45、端点宽度为45，在图形空白区域绘制连续多段线。

（2）分别单击"常用"选项卡"绘图"面板中的"圆"按钮和"图案填充"按钮，绘制内部图形，如图（项目）2-298所示。

（3）单击"常用"选项卡"修改"面板"复制"下拉列表中的"镜像"按钮，选择上一步绘制的图形为镜像对象，对其进行竖直镜像，并将镜像后的图形向右拉伸，如图（项目）2-299所示。

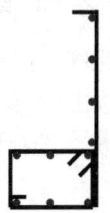
图（项目）2-298 绘制内部图形

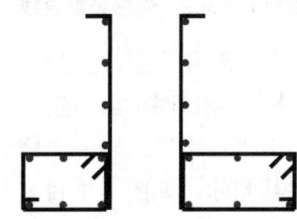
图（项目）2-299 镜像并拉伸图形

（4）单击"常用"选项卡"绘图"面板中的"多段线"按钮，指定起点宽度为0、端点宽度为0，在上一步绘制的图形外围绘制连续多段线，如图（项目）2-300所示。

（5）单击"常用"选项卡"绘图"面板中的"直线"按钮，在图形适当位置绘制一条竖直直线，如图（项目）2-301所示。

（6）单击"常用"选项卡"修改"面板中的"偏移"按钮，选择上一步绘制的竖直直线为偏移对象，连续向右进行偏移，偏移距离分别为800、859、1233，如图（项目）2-302所示。

（7）单击"常用"选项卡"绘图"面板中的"直线"按钮，绘制竖直直线底部的连接线，如图（项目）2-303所示。

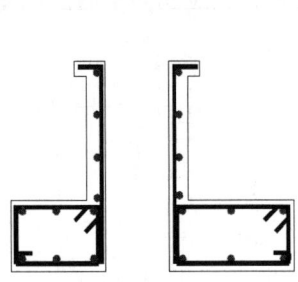

图（项目）2-300　绘制连续多段线（5）

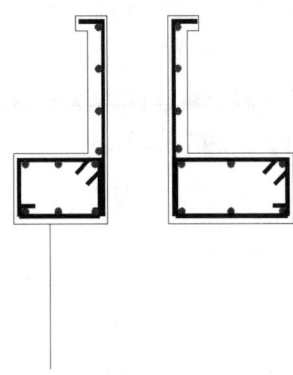

图（项目）2-301　绘制竖直直线（2）

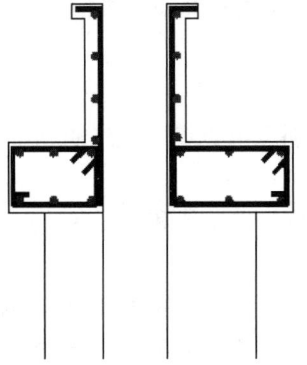

图（项目）2-302　偏移竖直直线（2）

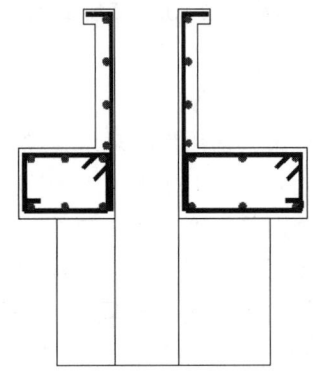

图（项目）2-303　绘制连接线

（8）单击"常用"选项卡"绘图"面板中的"图案填充"按钮▦，打开"图案填充创建"选项卡，选择ANSI31图案，选择填充区域完成图案填充，效果如图（项目）2-304所示。

（9）单击"常用"选项卡"修改"面板中的"删除"按钮，选择底部的连接线为删除对象，将其删除，如图（项目）2-305所示。

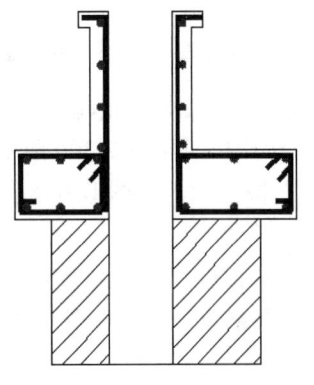

图（项目）2-304　图案填充效果（4）

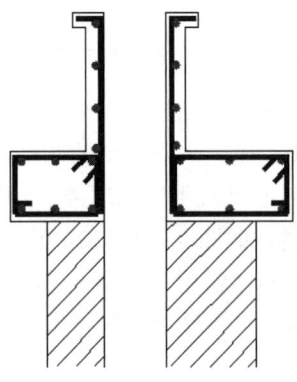

图（项目）2-305　删除底部连接线

（10）分别单击"注释"选项卡"标注"面板中的"线性"按钮和"连续"按钮，为图形添加尺寸标注，如图（项目）2-306所示。

（11）利用前面讲述的方法为图形添加标高，如图（项目）2-307所示。

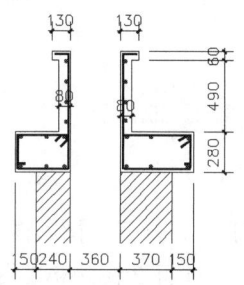
图（项目）2-306 添加尺寸标注（3）

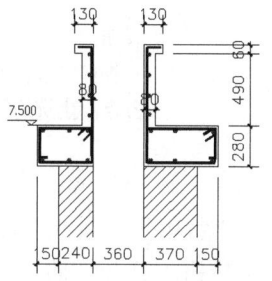
图（项目）2-307 添加标高（2）

（12）利用前面讲述的方法为图形添加轴号和文字说明，完成圈梁1的绘制，效果如图（项目）2-308所示。

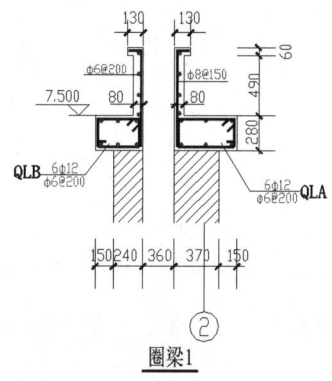
图（项目）2-308 圈梁1

7. 绘制圈梁2

利用上述方法完成圈梁2的绘制，效果如图（项目）2-309所示。

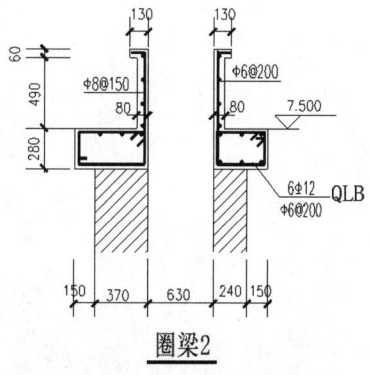
图（项目）2-309 圈梁2

8. 添加文字说明及图框

(1) 单击"常用"选项卡"注释"面板中的"多行文字"按钮，为图形添加文字说明，如图（项目）2-310 所示。

说明：
1. 钢筋等级：HPB235(φ) HRB335(Φ)。
2. 混凝土选用C20，梁主筋保护层厚度分别为30mm、20mm。

图（项目）2-310　添加文字说明

(2) 单击"常用"选项卡"块"面板中的"插入"按钮，打开"插入图块"对话框；单击"浏览"按钮，打开"插入块"对话框，选择"源文件\项目 2\图块\A2 图框"图块，将其放置到图形适当位置，完成烟囱详图的绘制，最终效果如图（项目）2-254 所示。

反侵权盗版声明

电子工业出版社依法对本作品享有专有出版权。任何未经权利人书面许可，复制、销售或通过信息网络传播本作品的行为；歪曲、篡改、剽窃本作品的行为，均违反《中华人民共和国著作权法》，其行为人应承担相应的民事责任和行政责任，构成犯罪的，将被依法追究刑事责任。

为了维护市场秩序，保护权利人的合法权益，我社将依法查处和打击侵权盗版的单位和个人。欢迎社会各界人士积极举报侵权盗版行为，本社将奖励举报有功人员，并保证举报人的信息不被泄露。

举报电话：（010）88254396；（010）88258888
传　　真：（010）88254397
E-mail：　dbqq@phei.com.cn
通信地址：北京市万寿路173信箱
　　　　　电子工业出版社总编办公室
邮　　编：100036